"十二五"职业教育国家规划教材

经全国职业教育教材审定委员会审定

北京高等教育精品教材

计算机网络概论

（第二版）

陈 明 编著

中国铁道出版社

CHINA RAILWAY PUBLISHING HOUSE

内 容 简 介

　　本书基于 ISO/OSI 参考模型的层次结构，自底向上地介绍了计算机网络，并以 TCP/IP 协议为背景详细讨论各种网络协议和应用。本书主要内容包括网络基础、数据通信、计算机网络的组成元素、局域网、广域网、无线网络、IP 基础、ARP 与 ICMP 协议、IP 路由、UDP 与 TCP 协议、DNS 与 DHCP 协议、互联网、网络安全、网络管理、网络规划与设计、物联网等。

　　本书内容系统而全面，逻辑层次清晰、图文并茂、深入浅出，可作为大学计算机网络及相关课程的教材，也可作为计算机网络工程技术人员的参考书。

图书在版编目（CIP）数据

计算机网络概论 / 陈明编著. -- 2版. -- 北京：
中国铁道出版社，2015.1（2018.5重印）
"十二五"职业教育国家规划教材　北京高等教育精
品教材
ISBN 978-7-113-19542-7

Ⅰ. ①计… Ⅱ. ①陈… Ⅲ. ①计算机网络－高等学校
－教材 Ⅳ. ①TP393

中国版本图书馆CIP数据核字（2014）第266206号

书　　名：计算机网络概论（第二版）
作　　者：陈　明　编著

策　　划：秦绪好　　　　　　　　　　　读者热线：（010）63550836
责任编辑：祁　云　何　佳
封面设计：付　巍
封面制作：白　雪
责任校对：汤淑梅
责任印制：李　佳

出版发行：中国铁道出版社（100054，北京市西城区右安门西街8号）
网　　址：http://www.tdpress.com/51eds/
印　　刷：三河市航远印刷有限公司
版　　次：2012年9月第1版　　　2015年1月第2版　　　2018年5月第2次印刷
开　　本：787 mm×1 092 mm　　1/16　　印张：19.25　　字数：464 千
书　　号：ISBN 978-7-113-19542-7
定　　价：45.00 元

第二版前言
FOREWORD

计算机科学与技术的产生与发展是 20 世纪科学发展史上最伟大的事件之一，计算机网络技术的出现是计算机应用的又一里程碑，计算机网络的出现与发展对人类政治、经济和文化产生了深远的影响。十余年前，Sun 公司提出了网络就是计算机的著名理念，在此之后，计算机网络得到了飞速的发展，走过了从局域网、广域网到 Internet 的普及道路。今天，随着云计算和物联网的兴起，网络已经不仅是充当连接不同计算机的桥梁，更应成为扩展计算能力，提供公共计算服务的平台。

互联网实现了机器与机器之间的连接，社会网实现了人与人之间的连接，物联网实现了物与物之间的连接。物联网的出现进一步推动了计算机网络的应用。

计算机网络是计算机密切结合的产物，也是计算机科学与技术应用中非常活跃的研究领域，尤其在最近十余年发展迅速。Internet 的出现与发展，改变了人们的学习、生活和工作方式，并对人类社会产生了巨大影响。

本书是"十二五"职业教育国家规划教材。经全国职业教育教材审定委员会审定。北京高等教育精品教材。

本书在第一版的基础之上进行了修改，各章的内容都进行了精简和优化，去掉了理论较深的内容，并增加了第 16 章物联网的介绍。

本书由陈明编著，共分为 16 章，第 1 章介绍计算机网络基础；第 2 章介绍数据通信；第 3 章介绍网络组成元素；第 4 章介绍局域网；第 5 章介绍广域网；第 6 章介绍无线网络；第 7 章介绍 IP 基础，第 8 章介绍 ARP 与 ICMP 协议；第 9 章介绍 IP 路由；第 10 章介绍 UDP 与 TCP 协议；第 11 章介绍 DNS 与 DHCP 协议；第 12 章介绍互联网；第 13 章介绍网络安全；第 14 章介绍网络管理；第 15 章介绍网络规划与设计；第 16 章介绍物联网。

通过本书的学习，能够系统地理解计算机网络的基本原理和基础知识，了解计算机网络构建中可能遇到的主要问题，以及解决问题的基本方法，为后续课程的学习及实际应用建立坚实的基础。

由于编者水平有限，书中不足之处在所难免，敬请读者批评指正。

作 者
2014 年 11 月

目 录
CONTENTS

第①章

网络基础

通信技术是一门经典的技术，19世纪30年代发明了电报，19世纪70年代发明了电话，而计算机是20世纪中叶的重要发明。计算机网络是计算机技术和通信技术相结合的产物。图1-1所示的是通过集线器（Hub）将5台计算机工作站连接成的计算机网络。

随着在大规模集成电路LSI和超大规模集成电路VLSI技术上取得成就与进展，计算机网络迅速地应用到计算机和通信两

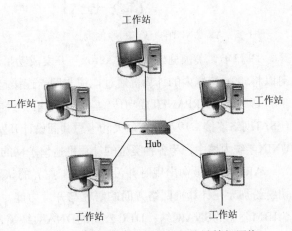

图1-1　5台计算机工作站连接成计算机网络

个领域。一方面，计算机网络为计算机之间数据传输和交换提供了必要的手段，另一方面，数字信号技术的发展已渗透到通信技术中，又推动了计算机网络的各项性能的提高。

1.1　计算机网络的产生和发展

计算机网络的发展可分为四个阶段，即初始阶段、Internet推广阶段、Internet普及阶段和Internet发展阶段。

1. 初始阶段

1964年8月，美国兰德公司提出"论分布式通信"的研究报告。这篇报告使得美国军方一些高层人士对通信系统有了新的设想：建立一个类似于蜘蛛网的网络系统，如果现代战争

的通信网络中的某一个交换结点被破坏之后，系统能够自动地寻找另外的路径，从而保证通信畅通并可共享计算机中的信息资源。1968年，加州大学洛杉矶分校的贝拉涅克领导的研究小组开始研究这个项目，1969年8月，该小组成功推出了由4个交换结点组成的分组交换式计算机网络系统ARPANET，出现了计算机网络的雏形，其原图如图1-2所示。

计算机网络技术的发展与计算机操作系统的发展密切相关。AT&T于1969年成功开发了多任务分时操作系统UNIX，最初的ARPANET的4个结点处理机IMP都采用了装有UNIX操作系统的PDP-11小型机。基于UNIX操作系统的开放性，以及ARPANET的出现所带来的曙光鼓舞，许多学术机构和科研部门纷纷加入该网络，致使ARPANET在短时期内就得到了较大的发展。UNIX操作系统通常被分成内核（Kernel）、Shell和文件系统3个主要部分，其结构示意图如图1-3所示。

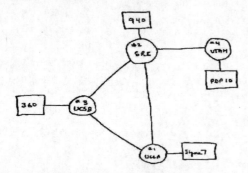

图1-2　ARPANET的4结点的原图（1969年）

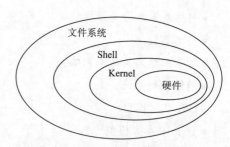

图1-3　UNIX的结构示意图

1972年，美国施乐公司（Xerox）开发成功了著名的以太网（Ethernet），通过这项技术，可以将500m范围内的计算机通过电缆与网卡连接起来，以10Mbit/s的速度传输通信数据。

1972年，ARPANET成功传输了世界上第一封电子邮件。1973年，ARPANET与卫星通信系统SAT网络连接。1974年赛尔夫和卡恩共同设计开发成功了著名的TCP/IP通信协议，并把它插入UNIX系统内核中，为各种类型的计算机通信子网的互相连接提供了标准与接口。

ARPANET最初出现时并没有得到工业界的认可。从20世纪70年代初期开始，各计算机公司纷纷加大在计算机网络方面的研究与开发力度，提出自己的网络体系结构，其中的典型代表为IBM公司的SNA网络、DEC公司的DNA网络等，但是不同体系结构中的计算机网络无法互相连接和通信。为了解决这个问题，国际标准化组织ISO在70年代末期成立了开放系统互连（Open System Interconnection，OSI）委员会，提出了OSI参考模型，以使各种计算机厂商能够遵循该模型来开发相应的网络产品，从而便于不同厂商的计算机网络软、硬件产品能够互相连接和互相通信与操作。OSI开放系统的各层功能介绍如图1-4所示。

OSI参考模型对于推动计算机网络理论与技术的研究和发展起了巨大的作用。但是，因为OSI参考模型所规定的网络体系结构在实现上的复杂性，以及

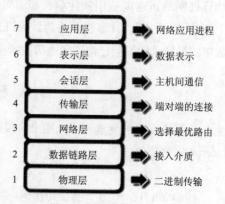

图1-4　OSI的各层功能介绍

ARPANET与UNIX系统的迅速发展，TCP/IP协议逐渐得到了工业界、学术界以及政府机构的认可，从而得到了迅速发展，以致形成了现在广泛应用的Internet网络。

2．Internet推广阶段

ARPANET于1986年被正式分成两大部分：美国国家基金会资助的NSFNET和军方独立的国防数据网。在美国国家基金会的支持之下，许多地区和院校的网络开始使用TCP/IP协议来和NSFNET连接。使用TCP/IP协议连接的各个网络被正式改名称为Internet。1986年美国Cisco公司成功开发出了世界上首台多协议路由器，为Internet网络产品的开发和发展提供了产业基础。

日内瓦欧洲粒子物理实验室于1989年成功开发了万维网（World Wide Web，WWW），为在Internet上存储、发布和交换超文本的图文信息提供了强有力的工具。

从1986年至1989年，这一时期的Internet处于推广阶段，Internet的用户主要集中在大学和有关研究机构，学术界认为Internet与TCP/IP协议将向OSI参考模型转换。OSI参考模型无论是在学术界还是在工业界和政府部门都具有相当大的影响力。

3．Internet普及阶段

1990年开始，FTP、电子邮件、消息组等Internet应用越来越广泛，TCP/IP协议在UNIX系统中的实现进一步推动了这一发展。1993年，美国伊利诺依大学国家超级计算中心开发成功了网上浏览工具Mosaic，后来发展成Netscape。通过使用Mosaic或Netscape，Internet用户可以自由地在Internet上浏览和下载WWW服务器上发布和存储的各种软件与文件，WWW与Netscape的结合引发了Internet的第二次大发展高潮。各种商业机构、企业、机关团体、军事、政府部门和个人开始大量进入Internet，并在Internet上大量发布Web主页广告，进行网上商业活动，一个网络上的虚拟空间开始形成。

随着Internet规模的日益扩大，不同地域和国家之间开始建立相应的交换中心。Internet的管理中心开始把相应的IP地址分配权向各地区交换中心转移。

4．Internet发展阶段

从1993年开始，OSI参考模型已不是计算机网络发展的主流，从学术界、工业界、政府部门到广大用户，都看出了Internet的重要性和巨大潜力，纷纷开始支持和使用Internet。以Internet为代表的计算机网络进入了迅速发展阶段。

1993年，美国宣布正式实施国家信息基础设施计划。美国国家科学基金会也宣布，自1995年开始不再向Internet注入资金，使其完全进入商业化运作。

光纤通信技术的发展，极大地促进了计算机网络技术的勃兴。光纤作为一种高速率、高带宽、高可靠的传输介质，为建立高速的网络奠定了基础。网络带宽的不断提高，更加刺激了网络应用的多样化和复杂化，网络应用正迅速朝着宽带化、实时化、智能化、集成化和多媒体化的方向发展。

1996年出现了跨平台的网络语言Java语言和网络计算机概念，1997年提出了NGI（Next Generation Internet）和Internet II等新研究计划。现在，网格计算、对等计算、云计算和普适计算等已成为计算机科学技术研究的热点。物联网（The Internet of Things）的出现致使物体间无所不在和无时不在的通信，可以以任何地点、任何时间、任何人、任何物的形式部署。从洗衣机到冰箱、从房屋到汽车都可以通过物联网进行信息交换。物联网技术融入了射频识别（Radio Frequency Identification， RFID）技术、传感器技术、云计算技术、智能技术与嵌入技术。物联网技术是将改变人们生活和工作方式的重要技术。

需求是科学技术发展的原动力。目前，大数据问题的出现与研究已经成为计算机科学与技术研究的新热点，并显示出日益强大的吸引力，科学大数据的出现催生了数据密集型知识发现的第四科学研究范式的出现。目前，大数据技术与应用展现出锐不可当的强大生命力，科学界与企业界寄予无比的厚望。云计算与云存储成为了大数据的存储与分析的主要技术，不难看出，计算机网络占有不可缺少的地位，它是云计算与云存储的坚实基础。

1.2　网络基本概念

个人计算机已逐渐普及于家庭与办公室。当拥有了计算机之后，接着便会面临计算机之间必须交换信息的问题。就像在办公室，同事之间总会因工作所需，彼此交换公文、档案、便条等，计算机与计算机之间也必须相互交换信息。

在个人计算机兴起的年代，其实已有网络产品问世。可是那时候的网卡价格昂贵，只好利用软驱实现信息交换，即用户可将信息存储在软盘上，再通过人工方式来交换软盘，如图1-5所示。

图1-5　通过软盘交换信息

当然，这种做法现在看来相当不便。不过，那时网络没有普及，个人计算机所能处理的数据量也都不大，利用软盘交换信息也很适用。随着设备成本的降低，加上计算机数目不断增加，处理的数据也越来越大，软盘逐渐无法满足实际需求，随之，计算机网络时代终于宣告来临了。

计算机网络是指将一组计算机通过缆线（或其他无线传输介质）互相连接起来，彼此可以共享信息，如图1-6所示。

图1-6　网络让用户之间共享信息更为容易，也更有效率

1.2.1 网络的主要资源

计算机之间通过网络可以共享数据资源、设置，甚至应用程序等，这些统称为网络资源。在网络上常共享的主要资源如下所述。

1. 数据资源

数据资源主要包括文件与数据库。网络上最早出现，最常用操作便是交换文件。文件交换的基本原理虽然简单，但却派生出许多种应用，从 Windows 平台上的文件夹共享到互联网上的文件上传与下载，都是文件交换的应用。由于文件存储在硬盘、软盘、光盘等存储设备中，因此共享文件就等于让其他用户可以访问这些存储设备上的文件系统。

2. 信息

网络上有许多种形式的信息，电子邮件便是其中之一。早期的电子邮件只能传送文字，但现在可以附带传送图像、声音、动画等各类文件，让邮件内容更为丰富、多样化。由于电子邮件远较传统邮件迅速、方便，所以不仅是个人，许多企业也以电子邮件来取代传统的邮件。

3. 外围设备

网络上的计算机彼此之间除了共享存储设备上的文件外，也可共享外围设备，其中最常用的便是打印机。只要网络上有一部计算机安装了打印机，其他计算机便可通过网络使用该打印机。除了打印机之外，只要操作系统支持，许多外围设备也都能在网络上共享，例如：传真机、扫描仪等。

4. 应用程序

计算机可通过网络共享彼此的应用程序。例如：A 计算机通过网络从远程执行 B 计算机上的应用程序，B 计算机再将执行结果返回 A 计算机。应用程序的共享机制通常较为复杂，需要得到操作系统与应用程序的支持。

网络资源的种类繁多，要实现资源共享，不仅需要将计算机相互连接，还必须有硬件、协议、操作系统、应用程序等配合完成。

1.2.2 网络的组成

计算机网络是由不同通信媒体连接的、物理上独立的多台计算机组成的、通过网络软件实现网络资源共享的系统。通信媒体可以是电话线路、有线电缆（包括数据传输电缆与有线电视信号传输电缆等）、光纤、无线、微波以及卫星等。利用这些通信媒体把相应的交换和互连设备连接，组成相应的通信网络，也称为通信系统。因此，计算机网络也可以看作由地理上分散的多台计算机，利用相应的数据发送和接收设备以及通信软件与通信网络连接，通过发送、接收和处理不同长度的数据分组，从而共享信息与计算机软、硬件资源的系统。

1. 计算机

与计算机网络连接的计算机可以是巨型机、大型机、小型机或工作站、PC以及笔记本电脑，或其他具有CPU处理器的智能设备。这些设备在计算机网络中具有唯一的可供计算机网络识别和处理的通信地址。但是，并不是所有连在一起的计算机组建的系统都是计算机网络。例如，由一台主控机和多台从属机组成的系统不是网络，同样的道理，一台含有大量终端的大型计算机也不能称为网络。处于计算网络中的计算机应无主从关系，即具有独立性。如果一台计算机可以强制启动、停止和控制另一台计算机，或者说如果把一台计算机与网络的连接断开，它就不能工作了，这台计算机就不具备独立性。通常将具有独立性的计算机系统称之为自治计算机系统。

2. 网络设备

计算机网络也可以看作在物理上分布的相互协作的计算机系统。其硬件部分除了计算机、光纤、同轴电缆以及双绞线等传输媒体之外，还包括插入计算机中用于收发数据分组的各种通信网卡、把多台计算机连接到一起的集线器、扩展带宽和连接多台计算机用的交换机等。

3. 软件

与计算机网络有关的软件部分大致可分为下述5类。

（1）操作系统核心软件

操作系统核心软件是网络软件系统的基础。一般来说，计算机网络连接的主机或交换设备所使用的操作系统必须是多任务的，否则将无法处理来自不同计算机数据的收发任务。这也是UNIX操作系统能够成为Internet主流操作系统的原因。

（2）通信控制协议软件

协议是计算机网络中通信双方所必须遵守的规则的集合，它定义了通信双方交换信息时的语义、语法和时序。协议软件是计算机网络软件中最重要、最核心的部分。计算机网络的体系结构由协议所决定。网络管理软件、交换与路由软件以及应用软件等都要通过协议才能发挥作用。

（3）管理软件

管理软件管理计算机网络的用户与网络的接入、认证、安全以及网络运行状态和计费等工作。

（4）交换与路由器软件

交换与路由器软件负责为通信的各部分建立和维护传输信息所需的路径。

（5）应用软件

计算机网络通过应用软件为用户提供网络服务，即信息资源的传输和共享。应用软件可分为两类：一类是由网络软件公司开发的通用应用软件工具，包括电子邮件、Web服务器以及相应的浏览搜索工具等。例如，使用电子邮件软件传输信息，使用网络浏览查询Web服务器上的各类信息等。另一类应用软件则是依赖于不同的用户业务，例如，网络上的金融、电信管理，制造厂商的分布式控制与操作。与操作系统为开发用户程序提供系统调用功能一样，计算机网络为一类应用软件的开发提供相应的接口和服务。通常把此类应用软件的开发与网络建设一起称为系统集成。

综上所述，计算机网络是将具有独立功能的两个以上的计算机系统（自治计算机系统），通过通信设备和线路（或无线）将其连接起来，由功能完善的网络软件（网络协议、网络操作系统）实现网络资源共享和信息交换的系统。自治计算机、通信标准和协议、资源共享是计算机网络的三个基本要素。

1.3　网络类型

根据网络规模大小可将网络分成三种基本类型：局域网、城域网与广域网。

1.3.1 局域网

局域网 （Local Area Network，LAN） 为规模最小的网络，范围通常在 2 km 内，如图 1-7 所示，例如：同一层楼的办公室，或是同一栋建筑物内的网络。

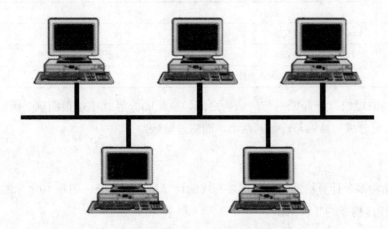

图 1-7 小型办公室的局域网

由于局域网的范围较小，所以可使用质量较高、速度较快的传输缆线。此外，局域网的设备也都比较便宜，一般小型企业甚至个人都可负担得起。

1.3.2 城域网

城域网（Metropolitan Area Network，MAN）的范围在 2～10 km，大概是一个城市的规模。城域网可视为数个局域网相连所组成，例如：一所大学内各个校区分布在整个城市各处，将这些网络相互连接起来，便形成一个城域网，如图 1-8 所示。城域网比局域网稍慢，设备也比较昂贵。

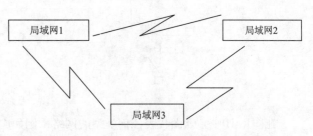

图 1-8 由三个局域网相连组成的城域网

1.3.3 广域网

广域网（Wide Area Network，WAN）为规模最大的网络，涵盖的范围可以跨越城市、国家甚至洲界。例如，大型企业在全球各个城市都设立分公司，各分公司的局域网相互连接，即形成广域网，如图 1-9 所示。广域网的连线距离极长，连接速度通常低于局域网或城域网，使用的设备也都相当昂贵。

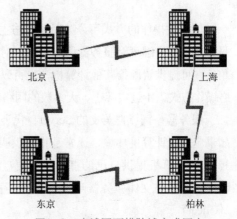

图 1-9 广域网可横跨城市或国家

1.3.4　三种网络类型的比较

局域网、城域网与广域网三种网络类型的特性比较如表1-1所示。

表1-1　网络类型的比较

网络类型	范　　围	传输速度	成　　本
局域网	2 km内，同一栋建筑物内	快	便宜
城域网	2~10 km，同一城市内	中等	昂贵
广域网	10 km以上，可跨越国家或洲界	慢	昂贵

因为城域网的规模介于局域网与广域网之间，彼此的分界并不是很明确，所以有些人在区分网络类型时，只分成局域网与广域网两类，而略过城域网。

1.3.5　互联网

互联网是指将多个计算机网络相互连接构成的计算机网络集合，图1-10所示的是4个网络用4台路由器相互连接构成的互联网。

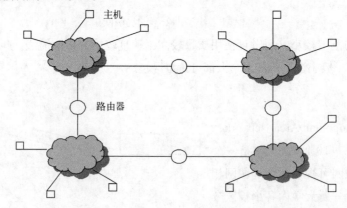

图1-10　互联网

在图1-10中，云图代表任何类型的网络，例如广域网或局域网，也可以是一条点到点拨号线路或专线。互联网的常用形式就是将多个局域网通过广域网连接起来。

1.4　网络的基本操作方式

网络按操作的方式可分为对等式与主从式两种网络。主从式网络中的计算机可分为客户端与服务器，客户端可对服务器请求资源。对等式网络则是每部计算机可同时扮演客户端与服务器的角色，可提供资源给其他计算机，也可以向其他计算机请求资源。虽然理论上可区分上述两种网络操作方式，不过实际上，大多数的网络系统都结合了这两种方式，可称为混合式网络。

服务器一词译自英文的Server，代表服侍者、提供服务的人，例如：旅馆、餐厅的服务生。如果应用到计算机环境，通常是指提供服务的计算机，例如：网络上有A、B、C三台计算机，其中C计算机提供自己的打印机与硬盘给A、B两台计算机使用，于是C计算机便扮演了打印机服务器与文件服务器两种角色；至于A、B这两台享受服务的计算机，则通常称为客户端（Client）。

1.4.1　对等式网络

最简单的网络类型便是对等式网络。在对等式网络中，每台计算机都可以扮演客户端与服务器的角色。在此种网络中，没有集中式的资源存储系统。数据与资源分布在整个网络上，每个用户都可将其资源供其他计算机使用，如图1-11所示。

　1. 对等式网络的优点

对等式网络最大的优点在于架设容易，且成本低廉。对等式网络适合用于小型网络（例如在 10 台计算机以下），例如：家庭办公室或个人工作室等。由于对等式网络不需要功能强大的服务器，所以架设这类网络的成本也较低。其安装过程相当容易。只要具备了网卡、传输缆线（或其他传输介质）、操作系统，将数台独立的计算机连接起来即可架设对等式网络。

　2. 对等式网络的缺点

当网络规模较大时（例如大于 10 台计算机时），对等式网络的效率明显下降。试想在一个由20台计算机所组成的对等式网络，如果每台计算机都共享两三种资源，要从如此多的资源中找出所需要的信息，将是一件费时费力的事情。此外，在对等式网络中，每个用户都必须了解共享资源的方法，换言之，对用户的要求较高。当用户人数众多时，培训的工作量大为增加。对等式网络的管理也是一个大问题。由于资源分散在网络上的各台计算机，对于网络管理员而言，要管理这些分散各处的资源，几乎是不可能的任务。

1.4.2　主从式网络

在主从式网络中（见图1-12）可能有一台或数台服务器，专门提供客户端所需的资源。这些服务器会根据其提供的服务，而配备较好的硬件设备。例如：提供文件资源的服务器可能配备容量较大、访问速度较快的硬盘等。

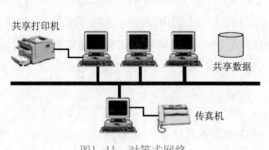

图1-11　对等式网络　　　　　　　　　图1-12　主从式网络

　1. 主从式网络的优点

与对等式网络相比较，主从式网络最大的优点即适用于较大的网络，例如：10 台以上计算机所组成的网络环境。由于主从式网络的资源集中放在服务器上，无论是访问或管理，都比对等式网络来得容易。对于网络管理员而言，只要设置好数量有限的服务器，即可管理网络上所有资源。

2. 主从式网络的缺点

主从式网络的主角是服务器。一般而言对于服务器的要求较高，例如：必须能长时间开机运作。因此，服务器等级的计算机也都较为昂贵，对于许多企业来说，是一笔不小的负担。

此外，服务器上的操作系统或应用程序通常较为复杂，管理员必须受过相当的训练，才能妥善地管理服务器。

1.4.3　混合式网络

上述对等式与主从式网络的区分，比较偏向于理论，实际操作中通常是两者混合使用。以小型办公室而言，可能架设一部或两部服务器，专门存放重要的数据或执行重要的应用程序，其他计算机则作为客户端。但是，这些客户端仍然能够共享彼此之间的资源，例如：共享的文件夹等。因此，整个网络同时以对等式与主从式两种方式在运作，图1-13所示。

图1-13　混合式网络

1.5　网络操作系统

网络操作系统是计算机网络的重要组成部分，每个网络结点只有安装网络操作系统后，才能作为网络成员对其他结点提供网络服务。单机操作系统只能为本地用户使用本机资源提供服务，不能满足开放的网络环境的服务需求。联网计算机的资源既是本机资源又是网络资源，它们既要为本地用户使用资源提供服务，又要为远程网络用户使用资源提供服务。

1.5.1　网络操作系统的定义与分类

OSI参考模型定义的计算机网络由七层构成，而初期的局域网标准只定义低层（物理层、数据链路层）协议。例如，IEEE 802协议只涵盖物理层与数据链路层的内容。实现局域网协议的硬件与驱动程序只能为用户提供数据传输功能，因此人们将早期的局域网定义为通信网络。局域网要为用户提供完备的网络服务功能，就必须具备局域网高层软件（即网络操作系统）。

1. 网络操作系统的定义

网络操作系统（Network Operating System，NOS）是具有网络功能的操作系统，用于管理网络通信与共享网络资源，协调网络环境中多个网络结点中的任务，并向用户提供统一的、有效的网络接口的软件集合。网络操作系统主要有网络通信、资源管理、网络服务、网络管理与互操作能力等功能。网络操作系统通常包括两个组成部分：客户端操作系统与服务器端操作系统。网络操作系统的基本任务就是：屏蔽本地资源与网络资源的差异性，为用户提供各种网络服务功能，并提供网络系统的安全性服务。

2. 网络操作系统的分类

纵观近年来网络操作系统的发展，网络操作系统经历了从对等结构向非对等结构演变的过程。图1-14给出了网络操作系统的演变过程。

网络操作系统可以分为面向任务型与通用型两种类型。其中，面向任务型的网络操作系统是为某种特定的网络应用而设计的操作系统；通用型的网络操作系统能够提供基本的网络服务功能，并且支持用户在各个网络应用领域的需求。通用型的网络操作系统又可以分为变形级系统与基础级系统两种。其中，变形级系统是在原有的单机操作系统的基础上，通过增加网络服务功能而形成的；基础级系统则是以计算机硬件为基础，根据网络服务的特殊要求，利用计算机硬件与少量软件专门设计的网络操作系统。

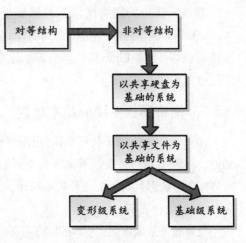

图1-14　网络操作系统的演变过程

对等结构网络操作系统中的所有联网结点地位平等，安装在每个结点的操作系统软件相同，并且联网结点的资源可以相互共享。每台联网结点都以前后台方式工作，前台为本地用户提供服务，后台为其他结点的网络用户提供服务。局域网中任何两个结点之间都可以直接通信。对等结构操作系统可以共享硬盘、打印机、屏幕与CPU服务等。对等结构网络操作系统的优点是结构简单，任何结点之间都能直接通信。对等结构网络操作系统的缺点是每台联网结点既是工作站又是服务器，结点既要完成本地用户的信息处理任务，又要承担较重的网络通信管理与共享资源管理任务，这将会增加联网结点的负荷。因此，对等结构操作系统支持的网络系统一般规模较小。

非对等结构网络操作系统分为服务器端软件与工作站端软件两个部分。由于服务器集中管理网络资源与服务，因此服务器是局域网的逻辑中心部分。服务器运行的网络操作系统的功能与性能，直接决定着网络服务、系统性能与安全性。早期的非对等结构网络操作系统中，通常在局域网中安装一台或几台带大容量硬盘的服务器。服务器硬盘可以作为多个网络工作站使用的共享硬盘空间。

服务器将共享的硬盘空间划分为多个虚拟盘体。虚拟盘体可以分为专用盘体、公用盘体与共享盘体三个部分。专用盘体可以被分配给不同的用户，用户通过网络命令将专用盘体链接到工作站，并通过口令、盘体属性来保护存储的用户数据；公用盘体为只读属性，它允许多个用户同时进行读操作；共享盘体的属性为可读写，它允许多用户同时进行读写操作。共享硬盘服务系统的缺点是：用户每次使用服务器硬盘时首先要链接，需要自己用DOS命令建立专用盘体上的目录结构，因此它使用不便、效率低与安全性差。

1.5.2　文件服务器的概念

为了克服共享硬盘服务系统的缺点，研究人员提出基于文件服务的网络操作系统。这种网络操作系统分为两个部分：文件服务器与工作站软件。文件服务器具有分时系统文件管理的全部功能，它支持文件的概念与标准的文件操作，提供网络用户访问文件、目录的并发控制与安全保密措施。因此，文件服务器应具备完善的文件管理功能，能够对全网实行统一的文件管理，各工作站用户可以不参与文件管理工作。文件服务器能为网络用户提供完善的数据、文件和目录服务。

目前，流行的网络操作系统都属于基于文件服务的操作系统。例如，Microsoft公司的Windows NT操作系统、Novell公司的NetWare操作系统、IBM公司的LAN Server操作系统、UNIX操作系统与开放的Linux操作系统等。这些操作系统能够提供强大的网络服务功能，为局域网的广泛应用奠定了基础。

1.5.3 网络操作系统的基本功能

网络操作系统除了具备单机操作系统的基本功能，还需要能够提供网络通信与资源共享等功能。尽管不同网络操作系统具有不同的特点，但是它们提供的网络服务功能有很多相同点。网络操作系统都具有以下几种基本功能。

（1）文件服务

文件服务是最重要、基本的网络服务功能。文件服务器以集中方式管理共享文件，网络工作站根据权限对文件进行读写或其他操作，文件服务器为网络用户的文件安全提供必需的控制方法。

（2）打印服务

打印服务是基本的网络服务功能之一。打印服务可以通过设置专门的打印服务器完成，或者由工作站或文件服务器来担任。在局域网中安装一台或几台网络打印机，网络用户就可以远程共享网络打印机。打印服务负责实现打印请求接收、打印机配置、打印队列管理等功能。网络打印服务在接收用户打印请求后，基于先到先服务的原则，将多个用户需要打印的文件排队打印。

（3）数据库服务

数据库服务是一种重要的网络服务功能。数据库服务可以提供远程的数据库查询功能。客户端可以用结构化查询语言（SQL）向数据库服务器发送查询请求，由服务器进行查询后将查询结果返回客户端。

（4）通信服务

通信服务是一种重要的网络服务功能。网络通信服务主要包括：工作站与服务器之间的通信服务、工作站与工作站之间的对等通信等。

（5）网络管理服务

网络管理服务是一种重要的网络服务功能。网络操作系统提供了丰富的网络管理工具，可以提供网络性能分析、网络状态监控、网络存储管理等多种服务功能。

（6）Internet服务

为了适应Internet与Intranet的网络应用，网络操作系统一般都支持TCP/IP协议，提供各种Internet服务与支持Java开发工具，使局域网服务器很容易成为Internet服务器，全面支持对Internet与Intranet的访问。

1.5.4 常用的网络操作系统

1. Windows NT操作系统

Windows NT操作系统是Microsoft公司开发的网络操作系统，它是目前流行的、有众多版本的一种网络操作系统。Windows NT操作系统分为Windows NT Server与Windows NT Workstation

两个部分。其中，Windows NT Server是服务器软件，而Windows NT Workstation是客户端软件。Windows NT操作系统定位在高性能台式机、工作站与服务器，以及政府机关、大型企业网络等多种应用环境。Windows NT操作系统具有友好易用的图形用户界面，并且能够提供很强的网络服务与安全功能，适用于构建各种规模的网络系统。由于Windows NT操作系统对Internet的支持，使它成为Internet服务器的重要操作系统之一。尽管Windows NT操作系统的版本不断变化，但是从网络操作与系统应用角度来看，工作组模型与域模型这两个概念始终没有变化。

Windows NT操作系统以域为单位对网络资源进行集中管理。Windows NT域中的服务器可以分为主域控制器、后备域控制器与普通服务器三种类型。主域控制器负责为用户与用户组认证提供信息；后备域控制器的主要功能是提供系统容错，它保存着用户与用户组的信息备份；普通服务器不负责进行用户与用户组认证。

图1-15给出了典型Windows NT域的组成。在一个Windows NT域中，只能有一个主域控制器，但可以有多个后备域控制器与普通服务器，它们都是运行Windows NT Server的计算机。后备域控制器与主域控制器都能处理用户请求。当主域控制器正常的情况下，由主域控制器单独处理用户请求；当主域控制器失效的情况下，后备域控制器将会自动升级为主域控制器，由它来代替主域控制器处理用户请求。

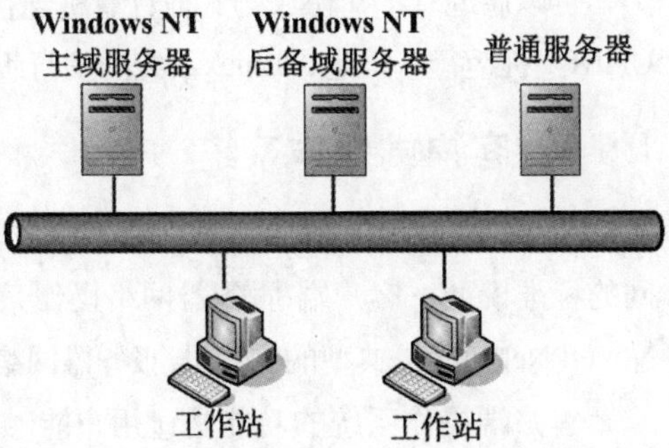

图1-15　典型Windows NT域的组成

2. UNIX操作系统

UNIX操作系统是一些公司或研究机构开发的操作系统，它是一系列流行的、有很多版本的网络操作系统的统称。UNIX操作系统作为工业标准已被很多计算机厂商接受，并被广泛应用于大型机、中型机、小型机、工作站与微型机，特别是工作站几乎全部采用UNIX操作系统。TCP/IP作为UNIX的核心协议，使得UNIX与TCP/IP共同得到普及与发展。1969年，AT&T公司的Bell实验室的研究人员创造了UNIX，至今UNIX操作系统已经发展成为主流操作系统之一。UNIX是一个通用的多任务、多用户的操作系统。运行UNIX的计算机可以同时支持多个计算机程序，其中典型的是支持多个登录的网络用户。UNIX支持对网络用户的分组，管理员可以将多个用户分配在同一个组中。

UNIX操作系统主要有以下几个特点：UNIX系统是一个多用户、多任务的操作系统；UNIX系统具有良好的用户界面；UNIX系统的文件、目录与设备采用统一处理方式；UNIX系统具有很强的核外程序功能；UNIX系统具有很好的可移植性；UNIX系统可以直接支持网络功能。UNIX操作系统的主要缺点是不同的UNIX的不兼容。

3. Linux操作系统

Linux操作系统是一些公司、研究机构或个人开发的操作系统，它是一系列流行的、有很多版本的网络操作系统的统称。Linux操作系统已逐渐被国内用户所熟悉。Linux操作系统是可以免费使用与自由传播的软件包，它可将普通PC变成装有Linux操作系统的工作站。Linux操作系统是Internet的产物，代表了一种开放、平等、自由与梦想。Linux操作系统支持很多种应用软件，其中包括大量的免费软件。最初萌发设计Linux念头的是一位来自芬兰的年轻人Linus Torvalds。1991年5月，Linus Torvalds发布了有一万多行代码的Linux v0.01，它在新闻组comp.os.mimix发布并被命名为Freax，目标是成为一个基于Intel硬件、在微型机上运行、类似于UNIX的新操作系统。Linux操作系统虽然与UNIX操作系统类似，但是它并不是UNIX操作系统的变种。Linus Torvalds开始编写内核代码时就仿效UNIX，几乎所有UNIX工具都可以运行在Linux中。因此，熟悉UNIX的人就能很容易掌握Linux。Linus Torvalds将源代码放在芬兰最大的FTP站点中，建了一个Linux子目录来存放这些源代码，结果Linux这个名字就被使用并沿用至今。

Linux系统主要有以下几个特点：Linux系统是免费且开源的软件；Linux系统不限制应用程序可用内存的大小；Linux系统具有虚拟内存的能力，可以利用磁盘空间来扩展内存；Linux系统允许同时运行多个应用程序；Linux系统支持多个用户同时使用主机；Linux系统具有先进的网络能力，可以通过TCP/IP协议与其他计算机连接；Linux系统符合UNIX标准，可以将Linux程序移植到UNIX主机运行。但是，Linux系统的发行版本众多，这也会影响Linux系统得到普及的程度。

1.5.5　客户端操作系统

局域网的组建模式通常有对等网络和客户端/服务器网络两种。客户端/服务器网络是目前组网的标准模型。客户端/服务器网络操作系统由客户端操作系统和服务器操作系统两部分组成。Novell NetWare是典型的客户端/服务器网络操作系统。

客户端操作系统的功能是让用户能够使用本地资源和处理本地的命令和应用程序，另一方面实现客户端与服务器的通信。这类版本通常比较简单，仅提供基本的网络功能，价格也比较便宜，例如：Windows NT Workstation、Windows 2000 Professional等。这类版本的网络操作系统通常仍具有共享资源的功能，以便在对等式网络中与其他计算机共享资源。

服务器操作系统的主要功能是管理服务器和网络中的各种资源，实现服务器与客户端的通信，提供网络服务和提供网络安全管理。

1.6　网络性能指标

在进行网络学习和深入分析之前，了解并理解计算机网络性能的主要指标十分必要。这些指标包括响应时间、吞吐量、延迟、带宽、容量等。

1.6.1　响应时间、延迟时间和等待时间

响应时间、延迟时间和等待时间是网络的重要指标，它们都是以时间为基础的指标，将对网络的性能产生较大影响。

响应时间是指从发出请求信号开始到接收到响应信号为止所用的时间，它主要用来评价终端向主机交互式地发出请求信息所用的时间。例如，响应时间是当用户按【Enter】键开始到全部的数据返回到终端显示器上所经历的全部时间。影响响应时间的因素有连接速度、协议优先机制、主机繁忙程度、网络设备等待时间和网络配置等。一般来说，响应时间依赖于网络和处理器的工作情况。

下面以一个例子来说明响应时间。

1．主从式结构中的响应时间

图1-16给出了传统的IBM网络中典型响应时间组成部分。从图1-16中可以看出，响应时间是数据通过网络中的每一部分所用时间之和。每一个设备、通信连接以及处理过程的自身延迟都会影响整个响应时间。

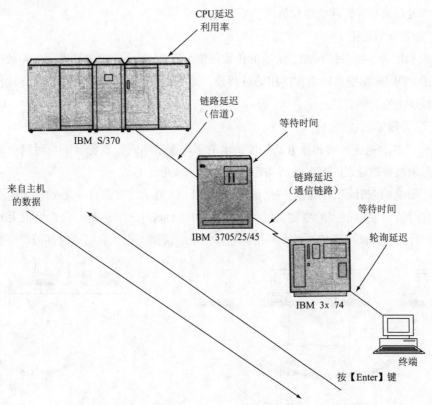

图1-16　传统IBM网络的主从式结构中的响应时间组成

响应时间是下述4个时间之和：

（1）轮询延迟

轮询是在不平衡数据通信配置结构中控制主从结点间进行通信的一种方法。如果网络设备有数据需要发送，它必须一直等到主设备（上级控制者或主机）对它进行查询，才能发送数据。

（2）链路延迟

链路延迟与在指定链路上传输数据的速度相关。链路的速度越快，在两点间传输数据的速度越快，延迟就越短。在传统的IBM网络结构中，一般的链路速度是9.6 Kbit/s或19.2 Kbit/s。

（3）等待时间

等待时间指的是网络设备如网桥或路由器在收到数据包后分解和重发所耗费的时间。

（4）CPU延迟

CPU延迟指的是服务器的中央处理器处理网络请求所用的时间。一般来说，CPU越繁忙，处理请求的时间就越长。

2．客户机/服务器结构中的响应时间

在客户机/服务器网络结构中，响应时间指的是服务器响应客户工作站提出的请求所用的时间。客户机/服务器网络结构如图1-17所示。

在这种结构中，影响响应时间的因素如下：

（1）网卡延迟

在网络信道中网卡会引起延迟。当一个应用程序提出一个网络连接请求，就会产生一个延迟用于网卡处理请求并访问物理介质。

（2）物理介质延迟

响应时间取决于网络结构细节决定的传输速度。在4 Mbit/s的令牌环网上传输数据就会比在100 Mbit/s的FDDI网络上传输数据所用的时间长。使用位数较长的信息帧传输文件比使用位数较短的信息帧所用的时间长。

（3）服务器延迟

由于处理器的速度不同和服务器处理请求的平均数量不同，服务器响应时间可能会有很大的变化。影响服务器延迟的因素是队列延迟和磁盘存取延迟。

另一个影响响应时间的因素是网络延迟，如图1-18所示。当请求/应答通信流通过公共广域网时，响应时间会发生很大的变化。例如，当使用Internet时，响应时间会产生很大的变化，甚至会因为超时而断开网络连接。这类网络延迟非常难以预测，而且会随着时间而产生变化。

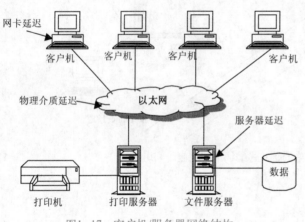

图1-17　客户机/服务器网络结构

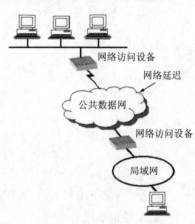

图1-18　网络延迟

1.6.2　利用率

利用率反映出选定设备在使用时所能发挥的最大能力。在网络分析与设计过程中，通常考虑CPU利用率和链路利用率。

1．CPU利用率

CPU利用率是指在处理网络发出的请求和做出响应时处理器的繁忙程度。网络设备互连（例如路由器）要处理的数据包越多，则所耗费的CPU时间就越长。由于CPU的处理能力一定，如果新的工作需要更快的CPU，则有些工作就必须排队等待。

从图1-19中可以看出路由器的CPU利用率与网络性能的关系。当路由器的CPU利用率超过了某个值后，路由器就不能及时处理涌入的数据包，网络的整体性能就将随之下降。图1-19中的路由器有效最大利用率低于100%。如果路由器必须处理转发数据以外的事务，例如各个路由器之间需要交换数据来维护路由表，许多设备保存管理信息，并要用相应网络管理命令。随着设备越来越复杂，就必须利用更多的CPU时间来处理这些额外事务。

2．链路利用率

链路利用率是链路总带宽的有效使用百分比。例如对于一条T1线路，它有24条信道，最大带宽为每条信道64 Kbit/s，如果只充分利用了6条信道，则这条线路的利用率就是64 Kbit/s×6=384 Kbit/s，即最大带宽的25%（384/（64×24））。

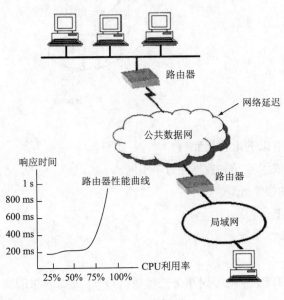

图1-19　网络瓶颈

1.6.3　带宽、容量和吞吐量

1．带宽

带宽是指通过通信线路或通过网络的最高频率与最低频率之差。带宽对于模拟信号网络而言，其单位为赫兹（Hz）；对于数字信号网络而言，其单位为比特/秒（bit/s）。

2．容量

容量指的是通信信道或通信线路的最大数据传输能力。它经常用来描述通信信道或连接的能力。例如，一条T1信道的容量是64 Kbit/s。但这并不表明通信信道总是处于64 Kbit/s的数据传输状态，而是表明它具有64 Kbit/s的数据传输的上限。容量和带宽可互换使用。

3．吞吐量

吞吐量是指在网络用户之间有效地传输数据的能力。如果说带宽给出了网络所能传输的比特数，那么吞吐量就是它真正有效的数据传输率。

吞吐量常用来评估整个网络的性能，如图1-20所示。对吞吐量进行度量的一种有效方法是信息比特吞吐率（TRIB），有效的吞吐量与响应时间是直接相关的，有效吞吐量越高，响应时间越快。有效吞吐量和吞吐量经常互换使用。一般以数据包每秒（PPS）、字符每秒（CPS）、每秒事务处理数（TPS）或每小时事务处理数（TPH）为吞吐量的单位。

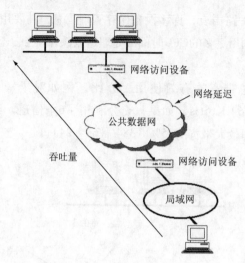

图1-20 吞吐量示意图

影响吞吐量的因素有以下几个方面：

① 协议效率，不同的协议传输数据的效率不同。

② 服务器/工作站的CPU类型。

③ 网卡（NIC）类型。

④ 局域网/链路容量。

⑤ 响应时间。

每秒事务处理数（TPS）和每小时事务处理数（TPH）是最常见的度量吞吐量的方法。例如7200 TPH或者2 TPS。知道TPH还不足以衡量整个网络的性能，还必须知道TPH的平均大小和一天中什么时间发生的TPH。图1-21显示了对给定网络吞吐量的不同度量值和吞吐量与分组包大小之间的关系。

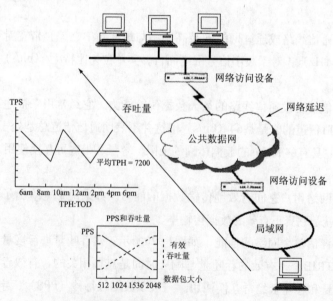

图1-21 吞吐量分析

1.6.4 可用性、可靠性和可恢复性

1. 可用性

可用性是指网络或网络设备（例如主机或服务器）可用于执行预期任务的时间的总量（百分比）。网络管理员的目标有时就是关注网络的可用性。换句话说，就是使网络的可用性尽可能地接近100%。任何关键的网络设备的停机都将影响到可用性。例如，一个可提供每天24小时、每周7天服务的网络，如果网络在一周168小时之内运行了166小时，其可用性是98.81%。

可用性通常表示平均可运行时间。95%可用性表明1.2小时／天的停机时间，而99.99%的可用性则表示8.7秒／天的停机时间。

一般而言，可用性与网络运行时间的长短有关，它通常与冗余有关，尽管冗余并不是网络的目标，而是提供网络可用性的一种手段。可用性还与可靠性有关，但比可靠性更具体。

2. 可靠性

可靠性是网络设备或计算机持续执行预定功能的可能性。可靠性经常用平均故障间隔时间（MTBF）来度量。这种可靠性度量也适用于硬件设备和整个系统。它表示了系统或部件发生故障的频率。例如，如果MTBF为5800小时，则大约每8个月可能发生一次故障。

网络设计中的可靠性设计主要是为了要找到以下问题的答案：

① 一个特殊设备在网络中发生故障的可能性有多大？

② 设备的故障是否会导致网络的崩溃？

③ 网络的故障将对企业的生产力产生什么样的影响？

可靠性与可用性紧密相关。它们都是企业计算环境设计的目标。可用性可用来度量可靠性，可用性越高，可靠性越好。

3. 可恢复性

可恢复性是指网络从故障中恢复的难易程度和时间。可恢复性即指平均修复时间（MTTR）。平均修复时间用来估算当故障发生时，需要花多长时间来修复网络设备或系统。影响MTTR的因素有以下方面。

① 维护人员的专业知识。

② 设备的可用性。

③ 维护合同协议。

④ 发生时间。

⑤ 设备的使用年限。

⑥ 故障设备的复杂程度。

在设备或系统方面，不同的设备需要不同级别的可恢复性。例如，为了应付意外情况的发生，需要为中心交换机储备一台备用的交换机。对于一个总共使用12个传真设备的公司而言，只需要用一台备用的传真设备就可解决可恢复性问题。

1.7 协 议

计算机网络的通信需要有协议以及相应的网络软件。因为仅仅使用硬件来进行通信就好

像用0和1二进制编程那样难以实现。为了方便网络通信，计算机利用网络软件，自动处理底层的通信细节和问题。因此大多数应用程序依靠网络软件通信，并不直接与网络硬件打交道。网络通信是指在不同系统中的实体之间的通信。实体是指能发送和接收信息的任何对象，包括终端、应用软件和通信进程等。

1.7.1　协议的概念

实体之间通信需要一些规则和约定，例如，传送的信息块采用何种编码和格式；如何识别收发者的名称和地址；传送过程中出现错误如何处理；发送和接收速率不一致如何处理。简单地说，将通信双方在通信时需要遵循的一些规则和约定统称为协议。网络协议就是为不同的系统提供共同的用于通信的环境。例如为了让两个工作站能够充分地进行通信，它们必须使用相同的协议。

系统可以包含一个或多个实体，两实体间要能通信，就必须能够相互理解，共同遵守都能接受的协议。因此协议也可被称为两实体间控制数据交换规则的集合，用来实现计算机网络资源共享、信息交换，各实体之间的通信和对话。

1.7.2　协议的基本要素

网络协议是由三个要素组成：

① 语义。语义是解释控制信息每个部分的意义。它规定了需要发出何种控制信息，以及完成的动作与做出什么样的响应。

② 语法。语法是用户数据与控制信息的结构与格式，以及数据出现的顺序。

③ 时序。时序是对事件发生顺序的详细说明（也可称为"同步"）。

将这三个要素描述为：语义表示要做什么，语法表示要怎么做，时序表示做的顺序。

以两个人打电话为例来说明协议的概念。

甲要打电话给乙，首先甲拨通乙的电话号码，对方电话振铃，乙拿起电话，然后甲乙开始通话，通话完毕后，双方挂断电话。

在这个过程中，甲乙双方都遵守了打电话的协议。其中，电话号码就是语法的一个例子，一般电话号码由5～8位阿拉伯数字组成，如果是长途要加拨区号，国际长途还有国家代码等。

甲拨通乙的电话后，乙的电话振铃，振铃是一个信号，表示有电话打进，乙选择接电话，讲话；这一系列的动作包括了控制信号、响应动作、讲话内容等，就是语义的例子。

同步的概念更容易理解，因为甲拨了电话，乙的电话才会响，乙听到铃声后才会考虑要不要接，这一系列事件的因果关系十分明确，不可能没有人拨乙的电话而乙的电话会响，也不可能在电话铃没响的情况下，乙拿起电话却从话筒里传出甲的声音。

由此可见，通信是一个很复杂的过程，特别是计算机网络通信。如果没有严格的协议，数据通信过程是不可能完成的。

1.7.3　协议的层次结构

为简化问题，降低协议设计复杂性，便于维护，提高运行效率，协议采用了层次结构。每一层都建立在下层之上，每一层都是为其上层提供服务，并对上层屏蔽服务实现的细节。各层协议互相协作，构成一个整体，常称之为协议集或协议族。

同层实体叫做对等实体。对等实体间通信必须遵守同层协议。实际上数据并不是在两个对等实体之间直接传送，而是由发送方实体将数据逐层传递给它的下一层，直至最下层通过物理介质实现实际通信，到达接收方；又由接收方最下层逐层向上传递直至对等实体，完成对等实体间的通信。

协议也有高低层次之分，低层协议直接描述物理网络上的通信，高层协议描述较为复杂、较抽象的功能。通信双方以各自的高层使用自己低层为它提供的服务来完成通信功能。不仅如此，各部分之间还必须要互相识别要交换的数据格式，从应用层到物理层是一个由抽象到具体、自上而下的单向依赖关系，而从物理层到应用层则是一个逐渐抽象和完善的过程。

计算机网络体系结构指的是网络的基本设计思想及方案，各个组成部分的功能和定义。而层次结构是描述体系的基本方法，其特点是每一层多建立在前一层基础上，低层为高层提供服务。因此网络设计者通常依据逻辑功能的需要来划分网络层次，使每一层实现一个定义明确的功能集合，尽量作到相邻层间接口清晰。另外，合理选择层数，使层次数足够多，每一层都易于管理；同时，层数又不能太多，避免综合开销太大。通信系统采用了层次化的结构，具有许多优点。

① 抽象化。每一个层次的内部结构对上层对下层的抽象，均是不可见的。

② 便于系统化和标准化。

③ 层次接口清晰，减少层次间传递的信息量，便于层次模块的划分和开发。

④ 与实现无关，允许用等效的功能模块灵活地替代某层模块，而不影响相邻层次的模块。

⑤ 各层之间相互独立，高层不必关心低层的实现细节。

⑥ 有利于实现和维护，某个层次实现细节的变化不会对其他层次产生影响。

1.8 OSI 模型

OSI 模型是Open Systems Interconnection Model（OSI Model）的英文缩写。在这里主要介绍模型的用途、模型与网络地址的关系。

1.8.1 模型的用途

举例说明模型的用途。

假设小陈是某社区开发案的专案负责人，要在发表会上说明整个专案的背景、设计理念与特色。小陈如果仅以书面材料和口头报告，尽管说得天花乱坠、栩栩如生，可是听众的反应却可能很冷淡。因为小陈所讲的都是看不到、摸不着、很抽象的画面，而且每个人所想象的画面可能大相径庭，自然激不起共同、热烈的反响。反之，小陈如果将社区的设计尺寸按等比例缩小，制作一个栩栩如生的模型。在发表会上，利用该模型逐项讲解。由于听众能够具体地看到各种设施的外观、位置，因此能充分了解整个设计的优点，必然给予较正面的回应。

由上例观之，一个适当的模型能将复杂的事情具体化、简单化。而网络上的工作错综复杂，如果能利用一个好的模型来说明，肯定能对学习有正面的帮助。然而网络模型的设计，实无定法，各家的模型都有所长。以下所要介绍的模型，是被公认为最著名、最具影响力的OSI参考模型。

1.8.2 OSI 模型简介

国际标准组织（ISO，International Standards Organization）于 1984 年发表了 OSI 模型，将整个网络系统分成七层，每层各自负责特定的工作，如图1-22所示，七层的功能简述如下：

1. 物理层

物理层主要功能如下：

① 规定传输信息的介质规格。

② 将数据以实体呈现并规定传输的规格。

③ 规定接头的规格。

无论哪种通信，双方最终都要通过实体的传输介质来连接，例如：同轴电缆、双绞线、无线电波、红外线等（无线电波、光波也是介质）。而不同的介质有不同的特性，所以 0 与 1 的数字信息在传送之前，可能会经过转换，将数字信息转变为光脉冲或电脉冲以方便传输，这些转换及传输工作由物理层负责。此外，决定传输带宽、工作脉冲、电压高低、相位等细节，也都是在此层规定。

图1-22　OSI参考模型的7层结构

例如：在个人计算机上广泛运用的 RS.232 （正式名称应为 EIA.232），及讨论调制解调器时必谈的 V.90、V.92等，都是此层通信协议。

2. 数据链路层

数据链路层的主要功能如下：

（1）同步

网络上可能包含不同厂商的设备，不能保证所有设备都能同步操作。因此数据链路层协议在传送数据时，同时进行连接同步化，使传送与接收双方达到同步，确保数据传输的正确性。

（2）检测

接收端收到数据之后，首先检查该数据的正确性，才决定是否继续处理。检查错误的方法有许多种，在数据链路层最常用的是：传送端对于即将送出的数据，先经过特殊运算产生一个 CRC （Cyclic Redundancy Check） 码，并将这个 CRC 码随着数据一起传过去。而接收端也将收到的数据经过相同的运算，得到另一个 CRC 码，将这个 CRC 码与对方传过来的 CRC 码相比较，即可判定收到的数据是否完整无误。

接收端在许多层都能做检测工作，但数据链路层是第一关，如果是过不了这一关，通常这份数据就直接被舍弃掉。至于是否通知对方再重送一份，则每种数据链路层协议的做法不同，有的自己做，有的交给上层的协议来处理。

（3）介质访问控制方法

当网络上的多个设备都同时要传输数据时，要决定其优先顺序。常用的方法是抢占优先，或是赋予每个设备不同的优先等级，这套管理办法通称为介质访问控制方法。

3. 网络层

此层的主要工作包括下述内容。

（1）定址

在网络中，所有网络设备都必须有一个独一无二的名称或地址，才能相互找到对方并传送数据。至于究竟采用名称或地址、命名时有何限制、如何分配地址、这些工作都是在网络层决定。

（2）选择传送路径

以图1-23为例，由4台计算机互连所形成的网络，如果从发送端到接收端有许多条路径，需说明要决定走哪一条路径。

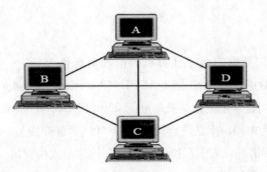

图1-23　由4台计算机互连所形成的网络

从 A 传数据到D有5条路径，如表1-2所示。

表1-2　在网络中传送数据的可能路径

编　号	路　径
1	A→D
2	A→B→D
3	A→C→D
4	A→B→C→D
5	A→C→B→D

似乎以第 1 号路径距离最短，因为它没经过其他结点，所以传输速率最快。然而实际上却未必如此，还应该考虑线路质量、可靠度、使用率、带宽、成本等因素，才能选出最佳路径。

4. 传输层

此层的主要功能如下：

（1）编定序号

当所要传送的数据量很大时，便会切割成多段较小的数据，而每段传送出去的数据，未必能遵循"先传先到"的原则，有可能"先传后到"，因此必须为每段数据编上序号，以便接收端收到后，能组回原貌。

（2）控制数据流量

如同日常生活中难免遇到塞车，网络传输也会遇到堵塞情况。此时传输层协议便负责通知传送端："这里堵塞了，请暂停传送数据！"等到恢复顺畅后，再告知传送端继续传送数据。换言之，就像交通指挥员，控制数据流的顺畅。

（3）检测与错误处理

所用的检测方式可以和数据链路层相同或不同，两者完全独立。一旦发现错误，也未必要求对方重送。例如：TCP 协议要求对方重送，但 UDP 协议则不要求对方重送。

5. 会话层

负责通信的双方在正式开始传输前的沟通，目的在于建立传输时所遵循的规则，使传输更顺畅、有效率。沟通的议题包括：使用全双工模式或半双工模式、如何发起传输、如何结束传输、如何设置传输参数等。

6. 表示层

（1）内码转换

在键盘上输入的任何数据，到了计算机内部都会转换为代码，这种内部用的代码称为"内码"。现今绝大多数的计算机都是以 ASCII（American Standard Code for Information Interchange）码为内码，可是早期的计算机却可能采用 EBCDIC（Extended Binary Coded Decimal Interchange Code）代码为内码，于是这台计算机的"0"可能变成另一部计算机的"9"，如此势必造成混乱。遇到这种情况，表示层协议就可以在传输前或接收后，将数据转换为接收端所用的内码系统，以免解读有误。

（2）压缩与解压缩

为了提高传输效率，传送端可在传输前将数据压缩，而接收端则在收到后予以解压缩，恢复为原来数据，这个压缩、解压缩工作可由表示层协议来做。但是实际上，有些应用层的软件却能做得又快又好。因此压缩、解压缩的工作反而较少由表示层协议来做。

（3）加密与解密

网络安全一直是令人头疼的问题，没人敢担保在网络中传输的数据不会被窃取。因此在传输敏感性数据前，应该予以加密。如此即使黑客截取到该数据，也未必能看懂真正的内容。理论上来说，加密的次数越多、加密的方法越复杂，被破解的概率越低，可是这样也会耗费较多的时间，所以效率会下降。一种好的表示层协议，便能在安全与效率之间取得平衡，可靠又快速地执行加密任务。

7. 应用层

直接提供文件传输、电子邮件、网页浏览等服务给用户。在实际操作上，大多是应用程序，例如：Internet Explorer、Netscape、Outlook Express等，而且有些功能强大的应用程序，甚至涵盖了会话层与表示层的功能，因此OSI 模型上 3 层（第 5、6、7 层）的分界已然模糊，往往很难精确地将工作归类于某一层。

在以上 7 层中，应用层是最接近用户的层级，属于此层的都是用户较熟悉、可直接操作的软件，而越往下层则距离用户的操作越远，反而与硬件的关联越大。例如：链路层所负责的工作，几乎都是由网卡控制芯片和驱动程序来做；物理层的工作，更是由硬件设备一手掌控，用户完全无法干涉。但是，OSI 模型只是定义出"原则"。这些原则说明了总共分成几层，各层应该做哪些事情，并未规定各层必须采用哪种通信协议与产品。所以纵然同是遵循 OSI 模型所开发的产品，却未必会采用相同的通信协议。

1.8.3　OSI 模型运作方式

数据由传送端的最上层（通常是指应用程序）产生，由上层往下层传送。每经过一层，都在前端增加一些该层专用的信息，这些信息称为报头，然后才传给下一层，可将加上报头想象为套上一层信封。因此到了最底层时，原本的数据已经套上了七层信封，而后通过网线、电话线、光纤等介质，传送到接收端。

接收端接收到数据后，从最底层向上层传送，每经过一层就拆掉一层信封（即去除该层所认识的报头），直到最上层，数据便恢复成当初从传送端最上层产生时的原貌，如图1-24所示。

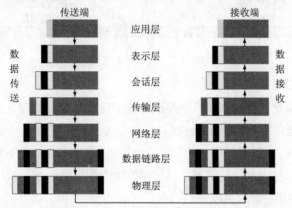

图1-24　数据在各层之间传播时会附加或删除报头/报尾信息

如果以网络的术语来说，这种每一层将原始数据加上报头的操作，便是数据的封装，而封装前的原始数据则称为数据承载。在传送端，上层将数据传给下层，下层将上层传过来的数据当成数据承载，再将数据承载封装成新的数据，继续传给更下一层去封装，直到最底层为止。

在上述的封装过程中，在某些层除了加上报头之外，还将在数据的尾部加上一些信息，这些信息称为报尾。由于报头与报尾的运作原理相同，故只以前者为例说明。

1.8.4　OSI 模型的优点

综观整个 OSI 模型的设计，可以归纳出以下优点。

1. 分工合作，责任明确

性质相似的工作划分在同一层，性质相异的工作则划分到不同层。如此一来，每一层所负责的工作范围，都区分得很清楚，彼此不会重叠。万一出了问题，很容易判断是哪一层没做好，就应该先改善该层的工作，不至于无从着手。

2. 对等交谈

对等是指所处的层级相同，对等交谈意指同一层找同一层谈，例如：第 3 层找第 3 层谈、第 4 层找第 4 层谈……，依此类推。所以某一方的第 N 层只与对方的第 N 层交谈，是否收到、解读自己所送出的信息即可，完全不必关心对方的第 N−1 层或第 N+1 层会如何做，因为那是由一方的第 N−1 层与第 N+1 层来处理。

其实，双方以对等身份交谈是常用的规则，这样的最大好处是简化了各层所负责的事情。因此，通信协议是对等个体通信时的一切约定。开放系统A向开放系统B的数据传送过程如图1-25所示。

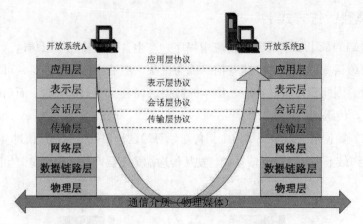

图1-25　只有位于同一层的协议才会彼此交谈

3. 逐层处理，层层负责

既然层次分得很清楚，处理事情时当然应该按部就班，逐层处理，决不允许越过上一层，或是越过下一层。因此，第 N 层收到数据后，一定先把数据进行处理，才会将数据向上传送给第 N+1 层；如果收到第 N+1 层传下来的数据，也是处理无误后才向下传给第 N-1 层。任何一层收到数据时，都可以相信上一层或下一层已经做完它们该做的事，层级的多少还要考虑效率与实际操作的难易，并非层数越多越好。

一般标准的制定方式可分成以下两类：

① 具有公信力的国际性机构所制定的国际标准。

② 有些厂商自订的规格，在历经市场竞争后，广为业界普遍采用，虽然未经国际性机构认可，却俨然也形成一种标准，这种标准便称为业界标准。

事实上，很多国际标准都是源自于业界标准，往往在业界标准已经占领市场后，那些国际性机构眼见生米既然煮成了熟饭，便顺水推舟，将业界标准略加修改后成为国际标准。

1.9　TCP/IP 参考模型

OSI 模型虽然广受支持，但是部分网络系统并未参考它，例如目前的互联网就是典型的例子。因为互联网采用 TCP/IP 协议，而 TCP/IP 协议的诞生于 OSI 模型之前，所以自然无法参考OSI 模型。因此，在这里介绍 TCP/IP 协议独特的网络模型，即TCP/IP 参考模型。

其实是先有了 TCP/IP 协议族，后来才建立TCP/IP 模型，而 OSI 却是先有模型，后有协议。两者正好相反。

1.9.1　TCP/IP 协议族

在许多文件中，经常提到 TCP/IP 协议族。它除了代表 TCP 与 IP 这两种通信协议外，更包含了与 TCP/IP 相关的数十种通信协议，例如：SMTP、DNS、ICMP、POP、FTP、Telnet等。TCP/IP 通信协议是指 TCP/IP 协议族，而非单指 TCP 和 IP 两种通信协议。

因为互联网的前身ARPANET 选择 TCP/IP 协议族为其通信协议，整个网络结构沿袭迄今。以目前趋势来看，很难有其他通信协议能取代 TCP/IP 协议族在互联网上的霸主地位。

　　TCP/IP 协议族大多数都定义在 RFC（Request For Comments）文件内，如果需要，可到 www.rfc.editor.org/index.html 下载。

1.9.2　TCP/IP 参考模型简介

　　TCP/IP 参考模型所定的结构，分工不像 OSI 参考模型那么精细，而只是简单地分为四层。

　　虽然TCP/IP 参考模型与 OSI 参考模型各有自己的结构，但是大体上两者仍能互相对照，如图1-26所示。

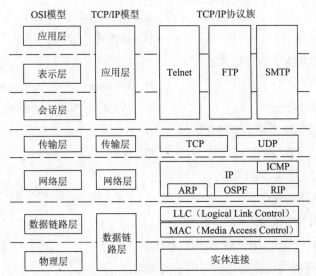

图1-26　OSI 参考模型、TCP/IP 参考模型与 TCP/IP 协议族的对照

　　由图1-26可以看出，TCP/IP 参考模型与 OSI 参考模型有以下两点主要差异：

　　① TCP/IP 参考模型的应用层相当于 OSI 模型的第 5、6、7 三层。

　　② TCP/IP 参考模型的数据链路层相当于 OSI 模型的第 1、2 层。

　　毕竟TCP/IP 参考模型的分工比较粗略，不像 OSI 模型那么精细。在实际操作中，TCP/IP 参考模型比较简单和有效率；在学习上，则以参考 OSI 参考模型较容易理清各层的职责。两者可说是各有千秋。此外，TCP/IP 参考模型的网络层对应 OSI参考模型的网络层、TCP/IP 参考模型的传输层对应 OSI 参考模型的传输层，双方不但功能相同，连名词都一样，容易记忆。

　　从表面上来看，既然互联网采用 TCP/IP 协议族，而 TCP/IP 参考模型就是为 TCP/IP 协议族而量身订做，那么以 TCP/IP 参考模型来说明互联网的运作，自然是顺理成章的事。但是从学习的角度来看，OSI 参考模型是一个优良的范本，在整个网络界占有举足轻重、不可忽视的地位，掌握其结构十分必要。

小　　结

　　本章主要介绍了计算机网络的产生与发展过程、网络基本概念与性能指标、网络类型、对等网络与主从式网络、网络操作系统、 OSI参考模型和 TCP/IP 参考模型等内容。对于这些内容的介绍，立足于概念，掌握这些概念之后，可以对计算机网络有了初步的认识。

拓 展 练 习

1．以下哪一个不是网络上可共享的资源（　　）？

A．文件　　　　　B．打印机　　　　　C．内存　　　　　D．应用程序

2．局域网可覆盖的范围大约在（　　）。

A．2 km内　　　　B．2～10 km　　　　C．10 km以上　　　　D．没有范围限制

3．以下哪一个为主从式网络的特性（　　）？

A．架设容易　　　　　　　　　B．成本低廉

C．适用于小型网络　　　　　　D．资源集中管理

4．以下哪种操作系统适用于服务器（　　）？

A．Windows 98　　　　　　　　B．Windows 2000 Professional

C．Windows 2000 Server　　　　D．Windows NT Workstation

5．TCP/IP 协议族的规格属于哪种文件（　　）？

A．RFC　　　　　B．OSI　　　　　C．IEEE　　　　　D．IETF

6．列举 3 种网络上常共享的资源。

7．说明主从式网络的优点。

8．画出 OSI 七层参考模型。

9．简单说明 OSI 参考模型中网络层的主要功能。

10．简单说明 OSI 参考模型中传输层的主要功能。

第②章

数据通信

本章主要内容

- 数字与模拟
- 数据传输方式
- 基带编码技术
- 频带调制技术
- 数据传输同步方式
- 单工与双工
- 通信方式
- 带宽

数据通信是计算机网络的基础，没有数据通信技术的出现与发展，就没有计算机网络。因此，学习计算机网络，首先要掌握数据通信技术。

数据要通过传输介质从发送端传递到接收端，先按照传输介质的特性，将数据转换成传输介质上所承载的信号。接收端从传输介质取得信号后，再将其还原成数据。不同传输介质所承载的信号类型各不相同，信号的物理特性也不同，铜制线缆的数据传输如图2-1所示。

光纤线缆的数据传输如图2-2所示。

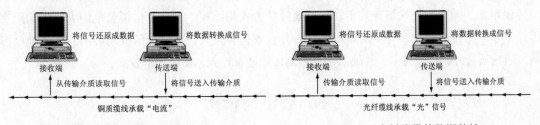

图2-1　铜制线缆的数据传输　　　　　　图2-2　光纤线缆的数据传输

无线类型的数据传输如图2-3所示。

尽管不同传输介质承载各自不同的信号，铜质缆线承载的是电流信号，光纤缆线承载的是光信号，无线通信则通过天空传递电磁波信号。但是，各种信号之间的差异无论有多大，数据与各类信号之间的转换方式却大致相同。

地面微波通信是指在可视范围内，利用微波波段的电磁波进行信息传播的通信方式。显然，利用地面微波进行长距离通信，需要使用中继站。中继站的作用是进行变频、放大和功率补偿。一般将微波天线安装在地势较高的位置，天线的位置越高所发出的信号就越不容易被建筑物或高山遮挡，进而传播的距离就越远，两者之间的关系可以用如下公式表示：

$$D=7.14(kh)^{1/2}$$

其中D为天线之间的最大距离，单位为km；h为天线的高度；k为调节因子，一般为4/3。

地面微波通信的优点是频带宽，通信容量大，在长距离传输中建设费用低，更易克服地理条件的限制。缺点是相邻站点之间不能有障碍物，中继站不便于建立和维护，通信保密性差，易被窃听。

卫星通信的工作原理如图2-4所示。通信卫星相当一个中继站，两个或多个地球站通过它实现相互通信。一个通信卫星可以在多个频段上工作，这些频段称为转发器信道。卫星从一个频段接收信号，信号经放大和再生后从另一个频段发送出去。通常将用于地面站向卫星传输信号的转发器信道称为上行通道，将用于卫星向地面站传输信号的转发器信道称为下行通道。

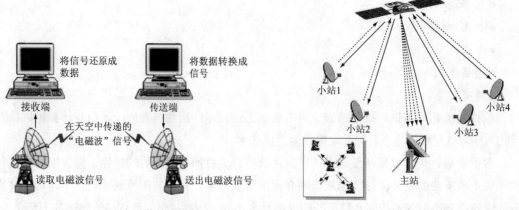

图2-3　无线类型的数据传输　　　　　图2-4　卫星通信原理

卫星传输的最佳频段是1~10 GHz。卫星通信最显著的特点是传输延时长、传输损耗大、这与传输距离、频率和天气都有关系。与其他通信方式相比较，卫星通信覆盖范围大、传输距离远，卫星使用微波频段，可使用频段宽广，并且通信容量大；卫星通信机动灵活、不受地面影响，通信质量好，可靠性高。其缺点是远距离传输延时较大，发射功率较高。

2.1　数字与模拟

2.1.1　数据的数字与模拟

数字是指一切可数的信息，模拟则是那些只能通过比较技巧进行区分的不可数信息。

举例来说，传统的水银温度计就是模拟装置，现代的数字温度计则是数字设备，如图2-5所示。在传统的温度计上，水银的体积会随温度的变化而热胀冷缩，通过玻璃管柱旁的刻度便可读出温度值。水银在管柱内升降时，不见得就会准确地落在刻度上，刻度与刻度之间，有着无限多种可能的高度，所以是模拟设备。相比之下，数字温度计上的温度有变化时，每个温度值则直接跳到下一个温度值，两个温度值之间并不存在其他间隔状态，所以它是数字设备。

传统温度计（模拟）　　数字温度计（数字）

图2-5　模拟与数字温度计

数字信息由可数的信息元素所组成。可数的信息有一个最小的分阶单位，元素与元素之间，不存在任何中间状态，也就是说元素与元素之间不存在其他中间元素。依次将不可数元素排列起来会呈现出锯齿状的离散分布。

模拟信息由不可数的信息元素所组成。不可数的数字信息元素不分阶，元素与下一个元素之间可以存在无限多种中间状态，换句话说也就是元素与元素之间还存在着无数个中间元素。依次将不可数元素排列起来会呈现出流线型的连续分布，如图2-6所示。

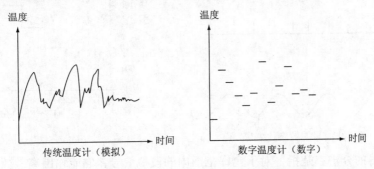

图2-6　模拟信息的连续分布与数字信息的离散分布

数字表是数字设备，指针表也不例外。指针表的指针在齿轮的带动下，在表面刻度间停停走走，时间一到，立即跳到下一个刻度上停下来，不在刻度之间的位置稍做停留。所以，它也是一种数字设备。

2.1.2　数据的数字化

1. 采样

采样是指将时间上、幅值上都连续的模拟信号，在采样脉冲的作用下，转换成时间上离散（时间上有固定间隔）、但幅值上仍连续的离散模拟信号。所以采样又称为波形的离散化过程。

2. 采样率

模拟信号在时域上是连续的，因此可以将它转换为时间上连续的一系列数字信号。这样就要求定义一个参数来表示新的数字信号采样自模拟信号的频率。这个频率称为转换器的采样率或采样频率。采样的作用是把时间上连续的信号，变成在时间上不连续的信号序列。

3. 采样定理

可以采集连续变化、带宽受限的信号（即每隔一段时间测量并存储一个信号值），然后可以通过插值将转换后的离散信号还原为原始信号。这一过程的精确度受量化误差的限制。根据采样定理，只有当采样频率高于声音信号最高频率的两倍时，才能把离散模拟信号表示的声音信号唯一地还原成原来的声音。采样频率越高，数字化后声波就越接近于原来的波形，即声音的保真度越高，但量化后声音信息量的存储量也越大，如图2-7所示。

4. 数字化过程

模拟数据经过采样、量化之后就变成了数字信息，所以把这种采样、量化过程又称为数字化过程。为了概念性地说明，采用的是如图2-8所示的较简单的1伏模拟电压。通常的模数转换器是将一个输入电压信号转换为一个输出的数字信号。由于数字信号本身不具有实际意义，仅仅表示一个相对大小。故任何一个模数转换器都需要一个参考模拟量作为转换的标准，比较常见的参考标准为最大的可转换信号大小。而输出的数字量则表示输入信号相对于参考信号的大小。

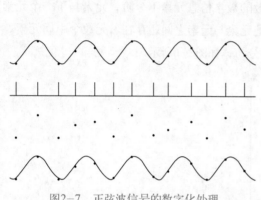

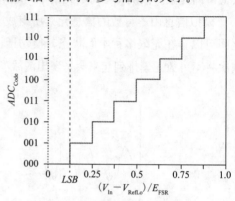

图2-7　正弦波信号的数字化处理　　　　　图2-8　1伏模拟电压的量化过程

模数转换器的分辨率是指，对于允许范围内的模拟信号，它能输出离散数字信号值的个数。这些信号值通常用二进制数来存储，因此分辨率经常用比特作为单位，且这些离散值的个数是2的幂指数。例如，一个具有8位分辨率的模数转换器可以将模拟信号编码成256个不同的离散值（因为$2^8=256$），从0到255（即无符号整数）或从-128到127（即带符号整数），至于使用哪一种，则取决于具体的应用。

例1：对于一个2位的电压模数转换器，如果将参考设为1 V，那么输出的信号有00、01、10、11，4种编码，分别代表输入电压在0～0.25 V，0.26～0.5 V，0.51～0.75 V，0.76～1 V时的对应输入。分为4个等级编码，当一个0.8 V的信号输入时，转换器输出的数据为11。

例2：对于一个4位的电压模数转换器，如果将参考设为1 V，那么输出的信号有0000、0001、0010、0011、0100、0101、0110、0111、1000、1001、1010、1011、1100、1101、1110、1111，16种编码，分别代表输入电压在0～0.0625 V，0.0626～0.125 V，…，0.9376～1 V。分为16个等级编码（比较精确），当一个0.8 V的信号输入时，转换器输出的数据为1100。

5. 分辨率

分辨率是指把采样所得的值（通常为反映某一瞬间声波幅度的电压值）数字化，即用二进制来表示模拟量，进而实现模/数转换。显然，用来表示一个电压模拟值的二进制数位越多，其分辨率也越高。

2.1.3　信号的数字与模拟

在传统的电话系统之下，发话端利用声音的模拟振动直接改变传输电流大小，在铜质缆线上产生出模拟电流变动，接收端则根据模拟电流变动还原出模拟振动的声音。在整套传输过程中没有对信号的电流变化状态进行量化操作，所以是模拟信息通过模拟信号传递的典型例子。

传统的调幅/调频（AM/FM）广播电台可以通过相同方式以模拟振动产生模拟无线电信号。至于现代的局域网数字传输技术，以二阶的基带传输为例，在传送由 0 与 1 所组成的数字信息时，发送端按照数据位的内容（0 或 1）分别输出高低两种电位状态。接收端则根据电位的高低状态还原出数据内容。在传输过程中发送端送出的信号状态只有两种，接收端也只根据这两种信号状态还原数据。信号的制作与解读时都对信号状态进行分阶操作，所以是数字信息通过数字信号传递的典型例子。

由于数字信号的信号状态有分阶，所以抗干扰能力较强。以 +1 V 与 -1 V 所组成的二阶基带信号为例，发送端与接收端只承认这两种电位状态。发送端若送出一个 +1 V 信号，传输途中就算有一个 -0.1 V 的噪声混入，接收端依旧会将这个 +0.9 V 的信号视为 +1 V 信号，将噪声所造成的干扰信息过滤掉了。

2.1.4　数字化信息的转换、压缩、传输与存储

声音、图像、图片等信息，通过数字化处理转变成数字数据，再接着进一步压缩、传递与存储。早期还有通过模拟信号传递模拟信息的数据通信方式，现今随着数字通信技术的突飞猛进，模拟信息通过数字化处理转变成数字信息，再通过数字传输技术传送。这已成为一种典型的流行方法。

2.2　数据传输方式

数据传输根据数据在传输线上原样不变地传输还是调制后再传输，分为基带传输和频带传输。在本节，主要介绍二进制数字信号的这两种传输方式。其中基带传输是直接控制信号状态的传输方式；频带传输则是控制载波信号状态的传输技术。

在各种新闻媒介与广告中，常常会出现宽带上网这类术语。这里的宽带是表示线路的传输带宽很宽，所以连接速率很快，相比之下传统的调制解调器连接则被称为窄带连接。

2.2.1　基带的信号发送与接收

基带传输是控制信号状态的直接传输方式，例如数字信号以原来的0或1形式原封不动地在信道中传送称之为基带传输。在基带传输时，传输信号的频率可以从0到几兆赫，要求信道有较宽的频率特性。一般的电话线路不能满足这个要求，需要根据传输信号的范围选用专用的传输线路。基带传输的信号频率可以很低，含有直流成分，因此又称直流传输，以铜质缆线上的电流信号为例，便是直接改变电位状态来传输数据，如图2-9所示。

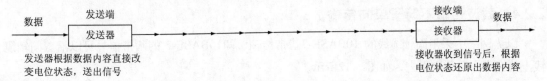

图2-9　基带的信号发送与接收

2.2.2　频带信号的发送和接收

　　频带传输方式是指通过载波信号的调制与解调来实现数据的传输。载波是指可以用来载送数据的信号。因为数据并不是直接转换为信号送出去，而是要通过改变载波信号的特性来承载数据，信号到达目的地之后，才由接收端将数据从载波信号上分离出来。在实际上，以正弦波信号作为载波，并根据数据内容是 0 或 1 来改变载波的特性（通常是改变频率、振幅或相位其中一种），接收端收到这个被修改过的载波后，将它与正常的载波（正弦波）比较，便可得知哪些特性有变动，再从这些变动部分推出原本的数据，这种传输方式便是宽带传输的重要特性，其过程如图2-10所示。

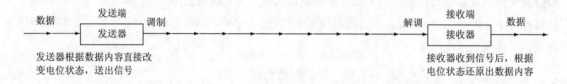

图2-10　频带的信号发送与接收

　　上述将数据放上载波的操作称为调制，执行调制操作的装置或程序称为调制器；而将数据与载波分离的操作称为解调，执行解调制操作的设备或程序称为解调器。

2.2.3　载波传输不等于模拟传输

　　由于早期的载波传输都应用在模拟传输上，例如AM 与 FM 无线电广播、模拟电话系统、模拟式无线电视系统、模拟式有线电视系统等，所以早期都将载波传输与模拟传输画等号。然而宽带传输也用到载波传输，于是宽带传输就被归类成模拟传输，其实这种认识并不正确。

　　随着载波在数字传输上的应用越来越频繁，通信卫星的无线载波通信早已数字化，未来将普及的高清晰度电视（HDTV），广播信号也采用数字载波信号传送电视节目，图2-11所示的是HDTV无线广播发送过程。

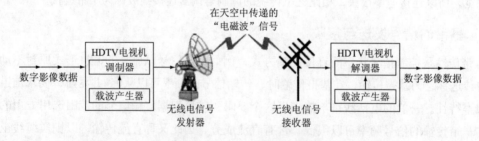

图2-11　HDTV无线广播发送流程图

2.2.4　载波传输不等于单向传输

　　以太网络中采用同轴缆线的 10BASE-2 基带传输，即10BASE-2 的基带信号可以沿着同轴缆线上的两个方向传递出去，如图2-12所示。

图2-12　10BASE-2的两个方向传递

以太网络中也采用10Broad-36宽带传输，即10Broad-36的宽带信号仅能沿着同轴缆线上一个固定方向传递过去，如图2-13所示。

图2-13　10Broad-36的一个固定方向传递

传输信号可以区分出的信号状态越多阶，所能代表的信息也就越多。随着数字信号处理技术的进步，相信未来无论是基带传输或是宽带传输，还将可以区分出更多逻辑状态的传输控制技术。

2.3　基带编码技术

为了解释各种基带（Baseband）传输控制技术如何将数据转换成信号，下面以电流脉冲为例说明。至于光纤与无线电磁波的基带传输，则原理相同。

2.3.1　二阶基带信号的编码方式

在基带传输的演变过程中，最早出现的是采用二阶信号的基带传输。所谓的二阶信号是指信号上仅能区分出两种逻辑状态。以电流脉冲来说，就是电位的"高"与"低"，如图2-14所示。

1. Nonreturn-To-Zero（NRZ，不归零）方式

1 = 高电位

0 = 低电位

NRZ方式是最原始的基带传输方式，它的主要缺点是接收方和发送方不能保持正确的时序关系，并且当信号中包含的1的个数与0的个数不同时，存有直流分量。

100VG-AnyLAN网络便采用这种传输方式。

2. Return-To-Zero（RZ，归零）方式

1 = 在位的前半段保持高电位，后半段则恢复到低电位状态

0 = 低电位

10 Mbit/s ARCNET 网络采用这种传输方式，如图2-15所示。

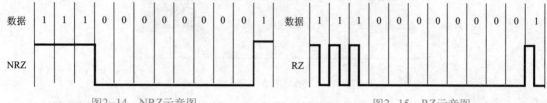

图2-14　NRZ示意图　　　　　　　　图2-15　RZ示意图

3. Nonreturn-To-Zero-Inverted（NRZI，不归零反转）方式

1 = 变换电位状态

0 = 不变换电位状态

10BASE-F网络采用这种传输方式，假设无论数据内容是0还是1，前一位的电位为低电位，NRZI的示意图如图2-16（a）所示，假设前一位的电位为高电位，NRZI的示意图如图2-16（b）所示。

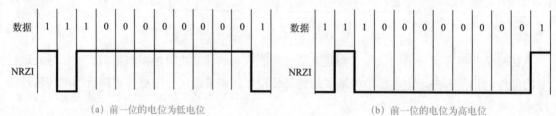

（a）前一位的电位为低电位　　　　　　　　（b）前一位的电位为高电位

图2-16　NRZI示意图

4. 曼彻斯特（Manchester）方式

曼彻斯特方式中的代码每一位中间（1/2周期时）都有跳变，该跳变可以作为时钟，也可以代表数字信号的取值当每位中间由低电位转变到高电位跳变时，代表1；由高电位转变到低电位代表0，如图2-17所示。

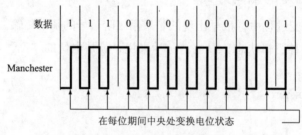

图2-17　Manchester示意图

1 = 由低电位转变到高电位

0 = 由高电位转变到低电位

10BASE-T 网络采用这种传输方式。

5. 微分式曼彻斯特（Differential Manchester）方式

微分式曼彻斯特继承和改进了曼彻斯特固定在每位中变换电位状态的做法，电位状态的变化方式则有所不同，如图2-18所示。二进制数据的取值由每一位开始的边界是否存有跳变而定，一位的开始边界有跳变代表0，无跳变代表1。在图2-18 (a)中，表示无论数据内容是0或1，前一位周期边界出现由低电位升到高电位的跳变；在图2-18 (b)中，表示前一位的数据内容无论是0或1，前一位周期边界出现由高电位降到低电位的跳变。

Token Ring 网络采用这种传输方式。

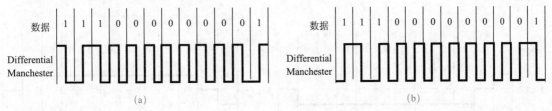

图2-18 Differential Manchester示意图

2.3.2 多阶基带信号的编码方式

对三阶的电流脉冲来说，信号通常分成三种电位状态，分别为：正电位、零电位、负电位。三阶的基带传输方式有：

① Bipolar Alternate Mark Inversion（Bipolar-AMI，双极交替记号反转）：早期 T-Carrier 网络采用这种传输方式。

② Bipolar-8-Zero Substitution（B8ZS，双极信号八零替换）：新式 T-Carrier 网络采用这种传输方式。

③ High density bipolar 3（HDB3，高密度双极信号 3）：E-Carrier 网络采用这种传输方式。

④ Multilevel Transmission 3（MLT-3，多阶传输 3）：100BASE-TX 网络采用这种传输方式。

后来可以区分出五种逻辑状态的"脉冲振幅调制 5"（PAM5）基带传输也出现了，100BASE-T2 与 1000BASE-T 都采用这种五阶基带传输方式。

在众多三阶基带传输技术中，100BASE-TX 网络所采用的 MLT-3 传输方式是 Crescendo Communications 公司（在 1993 年被 Cisco 公司并购）所发明的基带传输技术，是由Mario Mazzola、Luca Cafiero 与 Tazio De Nicolo 三人共同开发出此技术的，也因此将其命名为"MLT-3"。

MLT-3 的运作方式很简单：

0 = 不变化电位状态

1 = 按照正弦波电位顺序（0、+、0、-）变换电位状态，如图2-19所示。

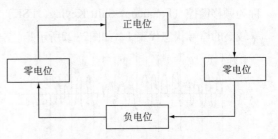

图2-19 MLT-3电位时态变换示意图

所以数据行"111000000001"将转变成下列四种信号状态变化方式，如图2-20所示。

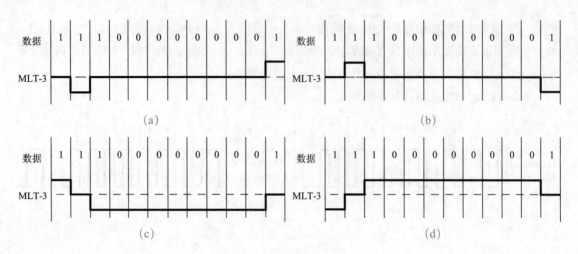

图2-20　MLT-3示意图

2.4　频带调制技术

一般的通信线只适于传输音频范围的模拟信号，不适于直接传输基带信号，远距离通信时，需先要将模拟信号转换为数字信号，发送端根据数据内容，命令调制器改变载波的物理特性，接收端则通过解调器从载波上读出这个物理特性的变换，将其还原成数据。调制常通过改变载波的振幅、频率、相位三种物理特性来完成。控制载波振幅的技术称为振幅调制技术；控制载波频率的技术则为频率调制技术；控制载波相位的技术便是相位调制技术。这种通过载波的控制来传递数据的技术称为频带传输技术。

1．振幅调制技术

控制载波振幅的调制技术为振幅调制（Amplitude Modulation，AM）技术，数字振幅调制技术称为振幅键控（Amplitude Shift Keying，ASK）调制技术，它以振幅较弱的信号状态代表 0，以振幅较强的信号状态代表 1，如图2-21所示。

2．频率调制技术

控制载波频率的调制技术为频率调制（Frequency Modulation，FM）技术，数字频率调制技术称为频移键控（Frequency Shift Keying，FSK）调制技术，它以频率较低的信号状态代表 0，以频率较高的信号状态代表 1，如图2-22所示。

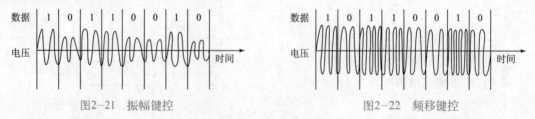

图2-21　振幅键控　　　　　　　　　　　图2-22　频移键控

3．相位调制技术

控制载波相位的调制技术为相位调制（Phase Modulation，PM）技术，调制相位调制技术则称为相移键控（Phase Shift Keying，PSK）调制技术，它以信号相位状态的改变代表1，以信号相位状态不变代表 0，如图2-23所示。

4．正交幅度调制技术

除了上述三种典型的调制方式外，新的正交幅度调制（Quadrature Amplitude Modulation，QAM）技术是一种结合 ASK 与 PSK 的综合型调制技术，可同时控制载波的振幅强度与相位偏移量，让同一个载波信号得以呈现出更多的逻辑状态。

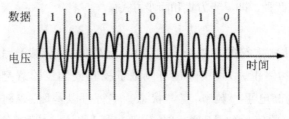

图2-23　相移键控

2.5　数据传输同步方式

发送端将数据转换成信号，通过传输介质传递出去，接收端取得信息后，再将其转换成原先的数据。在上述过程中，发送端与接收端需相互配合，才能顺利完成数据的传递任务。接收端要顺利将信号转换成原先的数据，它需要确定从哪个时间点开始检测信号的逻辑状态与传输一位所占用的时间。

数据在数据线上传输时，为了保证发送端发送的信息能够被接收端准确无误地接收，要求发送端和接收端的选择动作必须在同一时间内进行，即发送端以一种速率在一定的起始时间内发送数据，接收端也必须以同一速率在相同起始时间内接收数据，否则只要双方的时钟有些微的误差，长时间传输累积下来，便使得取样过程出错，解译出错误的数据。举例来说，采用NRZ（不归零）基带传输，但发送端的时钟比接收端快了1%，如此一来，发送端每送出 100位，接收端便会以为收到了 99 位。除了缺少一位数据外，由于取样的时间点走偏了，也会使接收端将信号转译成错误的数据，如图2-24所示。

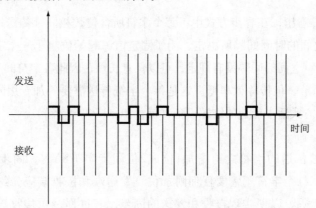

图2-24　时序非同步引发的错误

也就是说，同步是指只需让发送端与数据端参考同一套时钟即可。但除非传送端通过另一条传输线路将时序信号传送给接收端，让接收端得以随时修正时序。

　　有些传输方式本身就有时序调整功能，从另一个角度来看，这些传输方式也算是在数据信号中混入了时序信号。例如曼彻斯特与微分式曼彻斯特传输方式固定在每位中变换信号逻辑状态，接收端可以借此修正取样时序。

　　至于其他本身不具时序调整功能的传输方式，就需另外想办法进行时序同步了。

　　常用的同步方式有两种，即异步方式和同步方式。

1. 异步方式

　　异步方式规定在传送字符的首末分别设置1位起始位和1位或1.5位或2位停止位，它们分别表示字符的开始和停止，1位校验位可以是奇校验或偶校验。起始位是低电平，数字"0"状态，停止位是高电平，数字"1"状态。字符可以是5位或8位，一般5位字符的停止位是1.5位，8位字符的停止位是2位，8位字符包括1位校验位和7位信息位。在同步方式中，大多采用偶校验。图2-25（a）、（b）分别给出了5位字符和8位字符的异步方式字符结构。

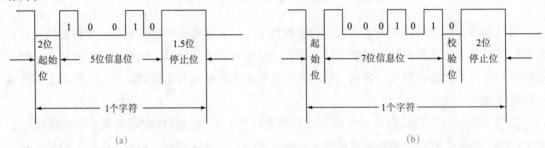

图2-25　异步方式字符结构

　　在不传输字符时，传输线处于停止位状态，即高电平。但接收端检测出传输线状态的变化，即电平的变化，这就表明发送端已开始发送字符，接收端立即利用这个电平的变化启动定时机构，按发送的顺序接收数据，待发送字符结束，发送端又使传输线处于高电平，一直到发送下一个字符为止。

　　从图2-25中不难看出，在异步方式中，每个字符所含位数相同，传送每个字符所用的时间由起始位和终止位之间的时间间隔所决定，为了固定值，起始位起了一个字符内的各位同步的作用，但是由于各字符之间的间隔没有规定，可以任意长短，因此各字符间不同步。

　　异步方式实现简单，但传输效率低。这是每个字符传送需要外加专用的同步信息，即加起始位和停止位，异步方式适于低速的终端设备（每秒10～1500个字符）。

2. 同步方式

　　同步方式是在被传送的字符之前增加1位或2位同步字符SYN。同步字符之后可以连续发送任意多个字符，每个字符不需要任何附加位。发送端和接收端应先约定同步字符的个数及每个同步字符的代码，以便实现接收和发送的同步。其过程是：接收端检测发送端同步字符模式，一旦检测到SYN，说明已找到了字符的边界，接收端向发送端发确认信号，表示准备接收字符，发送端就开始逐个发送字符，一直到控制字符指出一组字符传送结束。

　　同步方式用于信息块的高速传送，传输效率高于异步，但发送端和接收端较异步复杂。

2.6 单工与双工

1. 单工

在此传输模式下，信息的发送端与接收端，两者的角色分得很清楚。发送端只能发送信息出去，不能接收调制；接收端只能接收信息，不能发送信息出去，如图2-26所示。

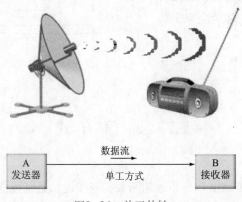

图2-26 单工传输

单工传输在生活中很常见，例如电视机、收音机等，它只能接收来自电台的信息，但不能返回信息给电台。

双工模式分为半双工模式和全双工模式两种，半双工模式两端都具有接收和发送功能，但却不能同时进行接收和发送的操作。全双工模式下，通信端可以同时进行数据的发送和接收。

2. 半双工

虽然调制端可以接收与发送数据，但是调制只能做一种操作，不调制时收发。例如，常用的无线对讲机就是采用典型的半双工传输，参见图2-27。平常没按任何按钮时处于收话模式，仅可以接收信息，但不能发送信息；一旦按下发话钮，便立即转成发话模式，此时就不能接收信息，只能发送信息出去，直到放开发话钮才又恢复收话模式时，才能继续接收信息。所以像这种虽然具有收与发两种功能，即可以双工，却不能同时收发的传输模式，称为半双工传输。

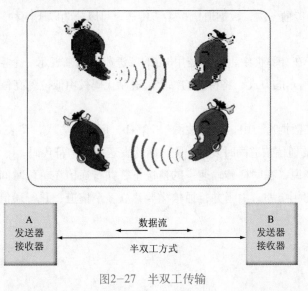

图2-27 半双工传输

3. 全双工

在全双工传输模式下通信端可以同时进行数据的接收与发送操作。举例来说，电话便是一种全双工传输工具，在听对方讲话的同时，也可以发话给对方。像这种收发同时发生的传输模式，称为全双工传输，如图2-28所示。

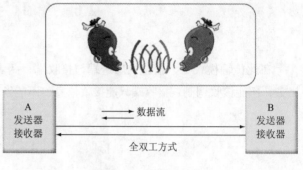

图2-28 全双工传输

2.7 通信方式

1. 同步/异步通信

通信方式可以分为同步通信和异步通信两种。异步通信是指发送方和接收方之间不需要合作。也就是说，发送方可以在任何时间发送数据，只要被发送的数据已经是可以发送的状态。接收者则只要数据到达，就可以接收数据。

与异步通信相反，同步通信则要求发送和接收数据的双方进行合作，按照一定的速度向前推进。也就是说，发送者只有得到接收者送来的允许发送的同步信号之后才能发送数据。而接收者也必须收到发送者所指示的数据发送完毕、允许接收电信号之后才能接收。同步通信是一个发送者和接收者之间相互制约、相互通信的过程。

计算机网络中的通信既包括异步通信，也包括同步通信。异步通信比较适于那些并不是经常有大量数据传送的设备，而同步通信比较适于大量数据传送的设备。

2. 并行/串行通信

通信方式按另外一种分类方法，可以分为并行通信与串行通信。如果数据的各位在导线上逐位传输，则被称为串行通信。与串行通信相对的是并行通信，并行通信使用多条导线，并允许同时在每一导线上传输一位。数据通信按字节传送，可以分为以下两种。

（1）串行通信

串行通信是指，在计算机中，通常是用8位的二进制代码来表示一个字符。在数据通信中，可以按图2-29（a）所示的方式，将待传的每个二进制代码按由低位到高位的顺序，依次发送。

（2）并行通信

并行通信是指在数据通信中，可以按图2-29（b）所示的方式，将表示一个字符的8位二进制代码通过8条并行的通信信道同时发送出去，每次发送一个字符代码。

对于远程通信来说，在同样传输速率的情况下，并行通信在单位时间内所传送的字符是串行通信的 n 倍，在本例中 $n=8$，由于并行通信需要建立多个信道，并行通信造价高，在远程通信中，一般采用串行通信方式。

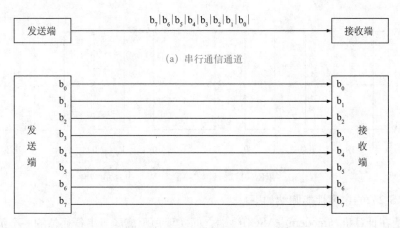

(a) 串行通信通道

(b) 并行通信通道

图2-29 串行通信与并行通信

3. 异步串行通信方式RS-232

PC的RS-232口采用的是异步串行通信方式。

RS-232异步字符传输是由EIA（电子工业协会）提出的标准，已经成为一个被广泛接受的标准，用于在计算机与调制解调器、键盘或终端之类的设备之间传输字符。EIA标准RS-232-C，常简称为RS-232。尽管后来的RS-422标准在功能上更好一些，但各种设备仍流行使用RS-232，所以，专业上仍使用老标准的名字。该标准详细说明了电器特性，例如，用于传输的两个电压值在−15~+15 V之间，以及物理连接的细节，如连线必须在50英尺（1英尺=0.3048 m）之内。因为RS-232被设计为用来与调制解调器或终端设备通信，它详细定义了字符的传输，通常每个字符由7个数据位组成。

RS-232定义了串行的异步传输。RS-232允许发送方在任何时刻发送一个字符，并可在发送另一个字符前延迟任意长的时间。不仅如此，一个给定字符的发送也是异步的。因为发送方与接收方之间在传输前并不协调彼此的行动。但是，一旦开始传输一个字符，发送硬件一次将所有的位全部送出，在位与位之间没有延迟。更重要的是，RS-232硬件并不在导线上存在0 V状态，而是当发送方不再发送时，它使导线处于一个负电压状态，而这代表位1。

因为导线上在各位间隙并不回到0 V，接收方并不能从电压的消失来标记一位的结束和另一位的开始。发送器和接收器必须使每一位上电压维持的时间保持完全一致。当字符的第一位到达时，接收器启动一个计时器，并且使用该计时器定时测量每一个后续位的电压。因为接收器不能对线路的空闲状态（处于位1）和一位真正的1做出区分，RS-232标准要求发送器在传输字符的各位之前先传输一位额外的0，这一附加位就是起始位。

虽然在一个字符结束与下一个字符开始之间的空闲时间可以持续任意长，但RS-232要求发送方必须使线路保持空闲状态至少达到某一最小时间，通常所选定的最小时间就是传输一位所需的时间。在RS-232中，这位被称为终止位。

图2-30中的波形图说明了在用RS-232传输一个字符时导线上的电压是如何变化的。虽然例子中所显示的字符仅包含7位，RS-232在传输中增加了起始位和终止位。这样，整个传输需要9位。图中显示RS-232用−15 V表示1，+15 V表示0。

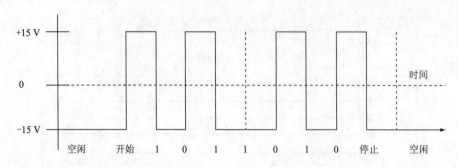

图2-30　用RS-232传输字符时导线上电压的变化

可以将RS-232的主要性能归纳如下：

RS-232是在计算机与modem或ASCII终端之间实现短距离异步串行通信的一个流行标准。

RS-232在每一字符前用一位起始位做前导，在每个字符后跟随至少一位的空闲周期，并且传输每一位都使用相同的时间。

2.8　带　宽

在数字通信时代之前。带宽指的是以模拟信号传递模拟数据时的信号波段频带宽度。随着数字通信技术的出现，带宽一词也用来代表数字传输技术的线路传输速率。随着网络传输技术的普及，数据传输效益已成了研究的热点，此时带宽一词也用来代表网络各处的数据传输流量。

无论带宽一词指的是频带宽度、传输速率，还是传输流量，反正带宽越大，可以承载的数据量也就越高。承载的数据量越高，相对的传输效益也就越高。

1. 信号带宽表示信号频率的变动范围

带宽一词最早出现在模拟通信时代，指的是信号频率的变动范围，通常由最高频率减去最低频率而得，单位为赫兹（Hertz，Hz）。以传统的模拟电话系统为例，电话线上的信号频率变动范围约 200 ～ 3200 Hz，所以说它的带宽为3000 Hz（3200 - 200 = 3000）。

通常所占的带宽越大，越能够传输高质量的信号。例如：AM 无线电广播上用来传送一个单音声道的信号带宽为 5000 Hz，所以 AM 收音机所输出的声音质量比电话好。而 FM 无线电广播上用来传送一个单音声道的信号带宽高达 15 kHz，所以 FM 收音机所输出的声音质量又比 AM 收音机更好，参见图2-31。

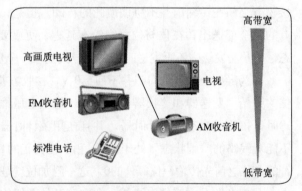

图2-31　信号带宽表示信号频率的变动范围

2. 线路带宽表示线路传输速率

随着数字传输技术的问世，带宽又指通信介质的"线路传输速率"，也就是传输介质每秒所能够传输的数据量。由于数据传输最小单位为一位，所以线路带宽的单位为 bit/s（每秒传输位数）。

例如，10BASE-T 网络的线路传输速率为 10 Mbit/s，传输线路每秒可传输 10 Mbit 的数据。100BASE-TX 网络的线路传输速率为 100 Mbit/s，传输线路每秒可传输 100 Mbit 的数据。

通信网络实际操作中该使用哪种传输方式：基带或宽带、全双工或半双工、三阶信号还是五阶信号，都要根据网络介质特性与实际需求而定。不同的传输介质各有不同的适用场合，应按照各种应用需求搭配各种数据传输模式。无论采用何种网络介质，都要考虑其传输距离、传输的可靠性、数据传输量、布线成本、网络设备的价钱等因素。各种网络介质与网络设备的介绍，正是下一章所要介绍的内容。

小　结

计算机网络是计算机技术与通信技术相结合的产物，计算机网络的主要功能是进行数据交换。本章主要介绍了数字与模拟、数据传输方式、基带编码技术、频带调制技术、数据传输同步方式、单工与双工、通信方式、带宽等内容。通过本章的学习，可以建立通信技术的基础，进而为学习计算机网络建立坚实的基础。

拓 展 练 习

1．通过收音机收听广播电台节目是（　　）。

A．全双工　　　　　　　　B．半双工　　　　　　　　C．单工

2．铜质缆线传送的是（　　）。

A．电流　　　　　　　　　B．电磁波　　　　　　　　C．光信号

3．AM 调制技术改变的是载波的（　　）。

A．振幅　　　　　　　　　B．频率　　　　　　　　　C．相位

4．FM 调制技术改变的是载波的（　　）。

A．振幅　　　　　　　　　B．频率　　　　　　　　　C．相位

5．QAM 调制技术等于（　　）。

A．ASK+FSK　　　　　　B．FSK+PSK　　　　　　C．PSK+ASK

6．FM 广播电台所发出的信号是数字信号还是模拟信号？

7．HDTV 电台所发出的信号是数字信号还是模拟信号？

8．数字信号与模拟信号两者之中，谁的抗噪声能力较强？

9．信号的基本传输方式分为哪两大类？

10．曼彻斯特编码法本身是否具备了修正采样时序的同步化功能？

第 ③ 章

计算机网络的组成元素

本章主要内容

- 传输介质
- 连接方式
- 网络拓扑
- 网络设备

要了解网络，需要首先了解构建网络的元素，否则在学习网络的原理时，一定会难以理解其概念。所以本章我们将从传输介质、连接方式、网络拓扑和网络设备四个部分介绍网络的组成元素，进而为学习计算机网络奠定坚实的基础。

3.1 传 输 介 质

计算机网络中的传输介质主要包括有线传输介质和无线传输介质两类。

有线传输介质是指在两个通信设备之间实现的物理连接部分，利用它能将信号从一方传输到另一方，有线传输介质主要有双绞线、同轴电缆和光纤。双绞线和同轴电缆传输电信号，而光纤传输光信号。

无线传输介质指周围的物理空间。利用无线电波在物理空间的传播可以实现多种无线通信。在物理空间传输的电磁波根据频谱可将其分为无线电波、微波、红外线、激光等，信息被加载在电磁波上进行传输。

3.1.1 双绞线

双绞线是一种最廉价的传输媒体，并且易于使用。双绞线也可支持高带宽的传输，因此作为一种最主要的网络传输介质被广泛应用于计算机网络中。

1. 双绞线工作原理

双绞线采用了一对互相绝缘的铜导线互相绞合在一起，形成有规则的螺旋形，来抵御一部分外界电磁波干扰，更主要的是降低自身信号的对外干扰。通常是把若干对双绞线集成一束，并且用护套外皮包住，形成了典型的双绞线电缆。把多个线对扭在一块可以使各线对之间或其他电子噪声源的电磁干扰最小。通常所说的双绞线是指由8芯（4对）组成的，如图3-1所示。

仔细观察可以发现，每一对线在同一长度内绞数不同，而且每一对线可以用不同的颜色分类。

双绞线需要通过RJ-45连接器（俗称水晶头）与网卡、集线器或交换机等设备相连。

2. 双绞线类型

双绞线主要分为两大类，即非屏蔽双绞线（Unshielded Twisted-Pair，UTP）和屏蔽双绞线（Shielded Twisted-Pair，STP）。

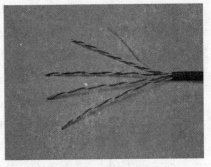

图3-1　双绞线示意图

（1）屏蔽双绞线

屏蔽双绞线在双绞线与外层绝缘封套之间有一个金属屏蔽层。屏蔽层可减少辐射，防止信息被窃听，也可阻止外部电磁干扰的进入，使屏蔽双绞线比同类的非屏蔽双绞线具有更高的传输速率。屏蔽系统在干扰严重的环境下，不仅可以安全地运行各种高速网络，还可以安全地传输监控信号，以避免干扰带来的监控系统假信息、误动作等。对一些对传输有非常特殊要求的网络，包括涉及安全的重要信息，一定要使用屏蔽双绞线。屏蔽系统能防止电磁辐射泄漏，保证机密信息的安全传输。

（2）非屏蔽双绞线

非屏蔽双绞线是一种数据传输线，由四对不同颜色的传输线所组成，就是常用的普通电话线或数据线，广泛用于以太网络和电话线中。非屏蔽双绞线一般可以满足用户的电话业务及数据业务需求，也是物美价廉、最易于安装和使用的传输媒体。非屏蔽系统可以在普通的商务楼宇环境下稳定的工作，但不适合在对信息安全有高度要求，或者有电磁干扰的环境中。

（3）非屏蔽双绞线的分类

非屏蔽双绞线具有成本低廉、柔性好、传输性能好等特点，是全世界范围内综合布线工程中应用最广泛的电缆。EIA/TIA（电子工业协会/电信工业协会）按照电气性能的不同，将UTP双绞线定义为7种类别：

① 一类线：主要用于模拟语音传输（一类标准主要用于20世纪80年代初之前的电话线缆）。

② 二类线：用于语音传输和最高传输速率4Mbit/s的数据传输。

③ 三类线：用于语音传输和最高传输速率为10Mbit/s的数据传输。

④ 四类线：用于语音传输和最高传输速率16Mbit/s的数据传输。

⑤ 五类线：该类电缆增加了绕线密度，外套采用一种高质量的绝缘材料，传输率为1 00MHz，用于语音传输和最高传输速率为100Mbit/s的数据传输，主要用于100BASE-T和1 000BASE-T网络。在五类线与六类线之间定义了超五类线，其主要性能如下：超5类具有衰减小，串扰少，并且具有更高的衰减与串扰的比值（ACR）和信噪比（Structural Return Loss）、更小的时延误差，性能得到很大提高。超5类线主要用于百兆位以太网（100Mbit/s），也可用于千兆位以太网（1 000Mbit/s）。这是最常用的以太网电缆。

⑥ 六类线：该类电缆的传输频率为1MHz～250MHz，六类布线系统在200MHz时综合衰减

串扰比（PS-ACR）应该有较大的余量，它提供2倍于超五类的带宽。六类布线的传输性能远远高于超五类标准，最适合传输速率高于1Gbit/s的应用。六类与超五类的一个重要的不同点在于：改善了在串扰以及回波损耗方面的性能，对于新一代全双工的高速网络应用而言，优良的回波损耗性能是极重要的。六类标准中取消了基本链路模型，布线标准采用星形的拓扑结构，要求的布线距离为：永久链路的长度不能超过90m，信道长度不能超过100m。

⑦ 七类线：带宽为600MHz，可能用于今后的10Gbit/s以太网。

通常主要使用超五类线、六类线作为语音或数据传输系统。六类非屏蔽双绞线可以非常好地支持千兆以太网，并实现100m的传输距离。六类双绞线虽然价格较高，但由于与超五类布线系统具有非常好的兼容性，且能够非常好地支持1000BASE-T，所以正逐渐成为主流产品。七类线是一种新的双绞线产品，性能优异，但目前价格较高，施工复杂且可选择的产品较少，目前使用较少。

3.1.2 同轴电缆

同轴电缆以硬铜线为芯，外包一层绝缘材料，图3-2所示为同轴电缆剖视图，其内部的铜芯主要用于实现信号的传输；屏蔽层通常由金属丝编织网构成，以实现与外界电缆干扰的隔离，同时防止外界电磁场对铜芯上传输信号的干扰；内部绝缘层主要隔离铜芯与屏蔽层；外部绝缘层较厚并具有较好的弹性。

同轴电缆可分为粗缆和细缆两种，粗缆用于较大型局域网的构建，具有通信距离长、可靠性较高等优点；细缆主要应用于总线型局域网的建设，成本低、安装方便。

同轴电缆曾经被广泛用于10Base-5和10Base-2以太网中。当前，已经被双绞线和光纤取代。

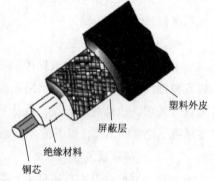

塑料外皮
屏蔽层
绝缘材料
铜芯

图3-2 同轴电缆结构

3.1.3 光纤

1. 光纤结构

光纤是光导纤维的简写，是一种利用光在玻璃或塑料制成的纤维中的全反射原理而制成的光传导介质。光纤是一种细小、柔韧并能传输光信号的介质。利用光纤作为传输介质的通信方式叫光通信，是一种传输频带宽、通信容量大、传输损耗低、中继距离长、抗电磁干扰能力强、无串话干扰和保密性好的传输介质。

在局域网或广域网组网工程布线构建中，光缆是一种主要使用的综合布线材料。一根光缆包含有多条光纤，比较常见的有4芯、8芯、12芯、24芯、48芯、96芯甚至更大芯数的光缆。光缆最核心的部分是它所包含的纤芯，纤芯通常是石英制成的横截面积很小的双层同心圆柱体，质地脆、易断裂。纤芯外面包围着一层折射率比芯线低的玻璃封套作为包层，以使光纤保持在芯内。在实际组网工程时所用到的光纤都已经加装了保护套层，以形成一个保护外壳，以增强光缆的机械抗拉强度，有利于在实际布线中使用。图3-3所示为光缆结构图。

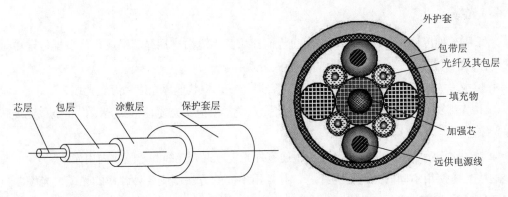

外护套

包带层

光纤及其包层

填充物

加强芯

远供电源线

芯层　　包层　　涂敷层　　保护套层

图3-3　光缆结构图

2. 光纤分类

（1）按传输点模数分类

按传输点模数分类，光纤可分为单模光纤（Single Mode Fiber）和多模光纤（Multi Mode Fiber）。

① 单模光纤的纤芯直径很小，在给定的工作波长上只能以单一模式传输，传输频带宽，传输容量大。常用单模光纤的直径一般为125 μm，芯在为8.3 μm左右。在单模光纤中，因只有一个模式传播，不存在模间色散，具有较大的传输带宽，并且在1310 nm波长区的损耗约0.4 dB/km，在1550 nm波长区的损耗约0.3 dB/km，因损耗较低而被广泛应用于高速长距离的光纤通信系统中。使用单模光纤时，色度色散是影响信号传输的主要因素，这样单模光纤对光源的谱宽和稳定性都有较高的要求，即谱宽要窄，稳定性要好。单模光纤一般必须使用半导体激光器激励。

② 多模光纤是在给定的工作波长上，能以多个模式同时传输的光纤。与单模光纤相比，多模光纤的传输性能较差。常用多模光纤的直径也为125 μm，其中芯径一般为50 μm和62.5 μm两种。在多模光纤中，可以有数百个光波模在传播。多模光纤一般工作于短波长（0.8 μm）区，损耗与色散都比较大，带宽较小，适用于低速短距离光通信系统中。多模光纤的优点在于其具有较大的纤芯直径，可以用较高的耦合效率将光功率注入多模光纤中。多模光纤一般使用发光二极管（LED）激励。

（2）按折射率分布分类

按折射率分布类光纤可分为跳变式光纤和渐变式光纤。跳变式光纤纤芯的折射率和保护层的折射率都是一个常数。在纤芯和保护层的交界面，折射率呈阶梯型变化。渐变式光纤纤芯的折射率随着半径的增加按一定规律减小，在纤芯与保护层交界处减小为保护层的折射率。纤芯的折射率的变化近似于抛物线。

国际上单模光纤的标准是ITU-T G.652"单模光纤和光缆特性"；多模光纤的标准主要是ITU–T的G.651"50/125 μm多模渐变折射率光纤和光缆特性"。我国的光纤标准包括国家标准GB/T15912系列和信息产业部颁布的通信行业标准YD/T系列。关于光纤详细的性能参数，在实际工作中用到时建议查阅相关国际标准和国内标准，有利于合理选用单模和多模光纤。

3.1.4 光缆

光纤是一种传输光束的细微而柔韧的传输介质。光缆由一捆纤芯组成，是数据传输中最有效的一种传输介质。光缆一般可以按以下方式分类：

① 按敷设方式分有：自承重架空光缆，管道光缆，铠装地埋光缆和海底光缆。

② 按光缆结构分有：束管式光缆，层绞式光缆，紧抱式光缆，带式光缆，非金属光缆和可分支光缆。

③ 按用途分有：长途通信用光缆、短途室外光缆、混合光缆和建筑物内用光缆。

这些光缆使用不同的光纤作为纤芯，并采用不同的方法制成各种各样的光缆。光缆常见的有GYTA光缆、GYTS光缆、GYXY光缆、GYTA53光缆、GYTY53光缆等多种单模或多模光缆，如GYTA是一种松套层绞式非铠装光缆，室外光缆一种，可管道可架空。两种常用的光缆内部结构如图3-4所示。

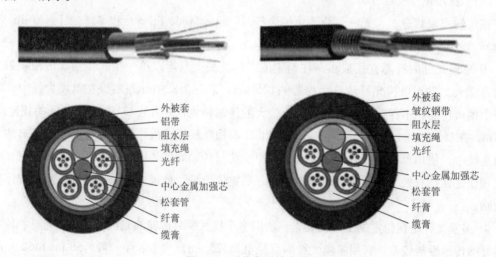

图3-4　两种常用的光缆

3.1.5 光纤连接器

光纤连接器（又称光纤跳线）是在一段光纤两端安装连接插头，在光纤与光纤之间进行可拆卸连接的器件，它是把光纤的两个端面精密对接起来，以使发射光纤输出的光能量能最大限度地耦合到接收光纤中去，并使由于其介入光链路而对系统造成的影响减到最小，这是光纤连接器的基本要求。在一定程度上，光纤连接器也影响了光传输系统的可靠性和各项性能。常用的光纤连接器如图3-5所示。

① FC型光纤连接器：外部加强方式是采用金属套，紧固方式为螺丝扣，金属双重配合螺旋终止型结构。一般在ODF配线架采用。

② SC型光纤连接器：连接GBIC光模块的连接器，紧固方式是采用插拔销闩式，无须旋转；矩形塑料插拔式结构，特点是容易拆装。多用于多根光纤与空间紧凑结构的法兰之间的连接。

③ ST型光纤连接器：常用于光纤配线架，外壳呈圆形，紧固方式为螺丝扣，金属圆型卡口式结构；常用于光纤配线架。

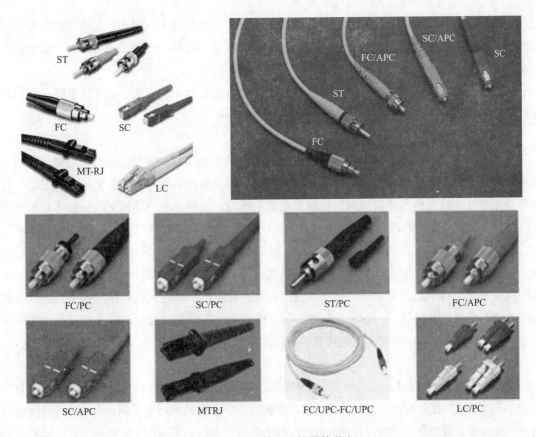

图3-5 光纤接口连接器的种类

④ LC型光纤连接器：连接SFP模块的连接器，它采用操作方便的模块化插孔（RJ）闩锁机理制成，在路由器接口上常用。

⑤ MT-RJ：收发一体的方形光纤连接器，一头双纤收发一体。

以上是指接头与光纤桥接器（法兰盘）之间的连接形式，这些结构主要任务是实现接头与法兰盘之间的坚固连接，并将两端光纤的轴线引导到一条线上。

按光纤端面形状分有FC、PC（包括SPC或UPC）和APC，连接器插芯连接的损耗应该是越小越好，因此，对于活动接头的端面要求标准比较高，以下是针对端面而制定的一些标准形式：

① PC型：端面呈球形，接触面集中在端面的中央部分，反射损耗35 dB，多用于测量仪器。

② APC型：接触端的中央部分仍保持PC型的球面，但端面的其他部分加工成斜面，使端面与光纤轴线的夹角小于90°，这样可以增加接触面积，使光耦合更加紧密。当端面与光纤轴线夹角为8度时，插入损耗小于0.5 dB。窄带（155 MB/s以下）光传输系统中常采用这种结构的接头。

③ UPC型：超平面连接，加工精密，连接方便，反射损耗50dB，常用于宽带（155 MB/s及以上）光纤传输系统中。

3.1.6 无线通信传输介质

有线传输并不是在任何条件下都能实现。例如，通信线路要通过一些高山、岛屿或公司临时在一个场地做宣传而需要连网时这样就很难施工，而且代价较大。因此，无线传输能起到较好的替补作用。另外一方面，随着3G通信、无线网络技术的发展，无线传输也得到了前所未有的发展。

无线通信传输介质主要有无线电波、微波、红外线或其他无线电波、蓝牙技术等，它们具有较高的通信频率，理论上可以达到很高的数据传输速率。

1. 无线电短波

无线电短波的信号频率低于100MHz，它主要靠电离层的反射来实现通信，而电离层的不稳定所产生的衰落现象和电离层反射所产生的多径效应使得短波信道的通信质量较差。因此，当必须使用短波无线电台传输数据时，一般都是低速传输，速率为一个模拟话路每秒传几十至几百比特。只在采用复杂的调制解调技术后，才能使数据的传输速率达到几千bps。

短波通信是指波长在100米以下，10米以上的电磁波，其频率为3～30MHz。其电波通过高层大气的电离层进行折射或反射而回到地面，又由地面反射回电离层，可以反射多次，因而传播距离很远（几百至上万千米），而且不受地面障碍物阻挡，从而实现远距离通信。由于电离层的高度和密度容易受昼夜、季节、气候等因素的影响，所以短波通信的稳定性较差，噪声较大。它广泛应用于电报、电话、低速传真通信和广播等方面。

2. 微波

微波通常是指波长在1mm～1m(不含1m)的电磁波，对应的频率范围为：300MHz～300GHz，它介于无线电波和红外线之间。微波通信不需要固体介质，当两点间直线距离内无障碍时就可以使用微波传送。微波是一种定向传播的电波，收发双方的天线必须对应才能收发信息，即发送端的天线要对准接收端，接收端的天线要对准发送端。

我国微波通信广泛应用L、S、C、X等频段，K频段的应用尚在开发之中。由于微波的频率极高，波长又很短，其在空中的传播特性与光波相近，也就是直线前进，遇到阻挡就被反射或被阻断，因此微波通信的主要方式是视距通信，超过视距以后需要中继转发。一般说来，由于地球球面的影响以及空间传输的损耗，每隔50 km左右，就需要设置中继站，将电波放大转发而延伸。这种通信方式，也称为微波中继通信或称微波接力通信。长距离微波通信干线可以经过几十次中继而传至数千千米仍可保持很高的通信质量。

利用微波进行通信具有容量大、质量好并可传至很远距离的优点，因此是国家通信网的一种重要通信手段，也普遍适用于各种专用通信网。

3. 红外线

红外是一种无线通信方式，由国际红外数据协会（IrDA）提出并推行，可以进行无线数据的传输。自1974年发明以来，得到普遍应用，如红外线鼠标，红外线打印机，红外线键盘等等。红外使用850nm的红外光来传输数据和语音，已广泛地使用在笔记本电脑、移动电话、PDA等移动设备中。红外线被广泛应用于室内短距离通信。

红外技术的主要特点有：利用红外传输数据，无须专门申请特定频段的使用执照；具有设备体积小、功率低的特点；由于采用点到点的连接，数据传输所受到的干扰较小，数据传输速率高，速率可达16Mbit/s，称之为超高速红外（VIFR）。

由于红外技术使用红外线作为传播介质。红外线是波长在0.75～1000μm之间的无线电波，是人用肉眼看不到的光线。红外数据传输一般采用红外波段内波长在0.75～25μm之间的近红外线。国际红外数据协会成立后，为保证不同厂商基于红外技术的产品能获得最佳的通信效果，规定所用红外波长在0.85～0.90μm之间，红外数据协会相继也制定了很多红外通信协议，有些注重传输速率，有些则注重功耗，也有二者兼顾的。

随着科学的进步，红外技术已经逐渐在退出市场，逐渐被USB连线和蓝牙所取代，红外技术发明之初短距离无线连接的目的已经不如直接使用USB线和蓝牙方便，所以，市场上带有红外线收发装置的机器会逐步退出人们的视线。

4．蓝牙技术

蓝牙技术（Bluetooth）是无线数据和语音传输的开放式标准，它将各种通信设备、计算机及其终端设备、各种数字数据系统、甚至家用电器采用无线方式连接起来。它的传输距离为10cm～10m，如果增加功率或是加上某些外设便可达到100m的传输距离。它采用2.4GHz ISM频段和调频、跳频技术，使用权向纠错编码、ARQ、TDD和基带协议。蓝牙支持64Kbit/s实时语音传输和数据传输，语音编码为CVSD，发射功率分别为1mW、2.5mW和100mW，并使用全球统一的48比特的设备识别码。由于蓝牙采用无线接口来代替有线电缆连接，具有很强的移植性，并且适用于多种场合，加上该技术功耗低、对人体危害小，而且应用简单、容易实现，所以易于推广。

蓝牙是一种短距无线通信的技术规范，它最初的目标是取代现有的掌上电脑、移动电话等各种数字设备上的有线电缆连接。在制定蓝牙规范之初，就建立了统一全球的目标，向全球公开发布，工作频段为全球统一开放的2.4GHz工业、科学和医学（Industrial Scientific and Medical，ISM）频段。从目前的应用来看，由于蓝牙体积小、功率低，其应用已不局限于计算机外设，几乎可以被集成到任何数字设备之中，特别是那些对数据传输速率要求不高的移动设备和便携设备。

利用蓝牙技术，能够有效地简化掌上电脑、笔记本电脑和移动电话手机等移动通信终端设备之间的通信，也能够成功地简化以上这些设备与因特网之间的通信，从而使这些现代通信设备与因特网之间的数据传输变得更加迅速高效，为无线通信拓宽道路。说得通俗一点，就是蓝牙技术使得现代一些轻易携带的移动通信设备和计算机设备，不必借助电缆就能连网，并且能够实现无线访问因特网，其实际应用范围还可以拓展到各种家电产品、消费电子产品和汽车等，组成一个巨大的无线通信网络。

3.2　连　接　方　式

1．点到点连接方式

最直观和简单的计算机网络连接方式是点到点的直接连接方式。直接连接方式通过不同的通信线路把计算机连接起来，每一个信道只连接两台计算机，并且仅被这两台计算机独占。按这种连接方式构成的网络称为点对点网络，其特点如下。

① 因为每个连接都是独立的，所以可以选择性地使用硬件。例如，基础线路的传输能力和

调制解调器不必在所有连接中都相同。

② 因为连接的计算机独占线路，所以能确切地决定如何通过连接来传送数据。它们能选择帧格式、差错检测机制和最大帧尺寸。

③ 因为只能两台计算机使用通路，其他计算机不能得到使用权，所以加强安全性和私有性是很容易的，没有其他计算机能处理数据，并且没有其他计算机能得到使用权。

当然，点对点连接也有缺点，当多于2台的计算机需要互相通信时，在为每一对计算机提供不同的通信信道的点对点方案中，连接信道的数量随着计算机数量的增长而迅速增长。

例如，图3-6中描述了当计算机有2台、3台、4台时连接数量的变化。可以看出，2台计算机只需1条连接，3台计算机需要3条连接，4台计算机需要6条连接。连接的总数量比计算机的总数量增长快。从数学上看，N台计算机所需的连接数量同N的平方成正比，表达式如下：

$$连接数量 = (N^2 - N)/2$$

直观地看，如果在原来的系统中增加一台新的计算机，则新增加的计算机必须与每一台已存在的计算机相连接。这样，增加第N台计算机就需要$N-1$条新的连接。

实际上，这种代价比较高昂，因为许多连接都按相同的物理路径连接。例如，假设一个单位有5台计算机，其中2台在一个地点（假设在一幢大楼的底层），另3台在另一地点（假设在同一幢大楼的顶层）。图3-7表明如果每一台计算机与所有其他计算机有一条连接，那么在两个地点之间有6条连接，在许多情况下这样的连接有相同的物理路径。

两台计算机

三台计算机

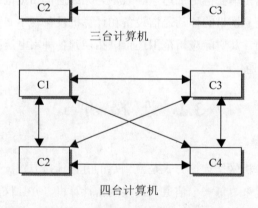

四台计算机

图3-6　计算机连接数量的变化

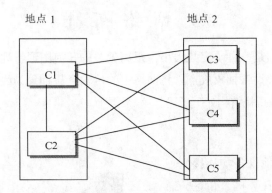

图3-7　两个地点之间计算机的连接数量

图3-7所示的在点对点网络中，在两个地点之间的连接数量通常超过计算机的总数量。如果有另一台计算机要添加到地点1中，致使地点1的计算机数量增至3台，网络中的计算机的总数量变成了6台，而在两个地点之间的连接数量增加到9条。

2. 共享通信信道

在20世纪60年代后期和70年代前期之间，出现了局域网，计算机网络发生了巨大的变化。每一个局域网包括一种共享信道（介质），通常是电缆，许多计算机都连在上面。计算机按顺序使用共享介质来传送数据。

不同的局域网具有不同使用的电压与调制技术等细节以及共享。通信信道的共享能够消除重复性，所以降低了费用，进而使局域网技术得以流行。

允许多台计算机共享通信介质的网络可用于局域通信，点对点连接可用于长距离网络和一些其他特殊情况。

共享网络只用于局域通信的原因是：共享网络中的计算机必须协调使用网络，而协调需要通信。通信所需的时间由距离决定，计算机之间的地理上的长距离带来了较长的延迟。长延迟的共享网络是不适用的。其次，要用更多时间来协调共享介质的使用，传送数据的时间就更少了。另外，提供长距离高带宽的通信信道比提供同样带宽的短距离通信信道要昂贵得多，所以长距离网络使用点对点连接，局域网适用于使用共享方式。

3. 局部性原理

目前，局域网技术已经成为计算机网络中最成熟的技术之一。对局域网高需求的主要原因是计算机网络中的访问局部性原理。访问的局部性原理是指在一组计算机中通信不是随机的，而是有一定的规律。首先，如果一对计算机通信一次，那么这对计算机很有可能在不久的将来再通信，然后周期性的进行通信，称为临时访问的局部性，它表示时间上的关系。其次，计算机经常与附近的计算机通信，称为物理访问的局部性，它强调了地理上的关系。

访问的局部性原理很容易理解，因为它与人类的通信方式类似。例如，人们经常与附近的其他人（例如，一起工作的同事）通信。另外，如果一个人与某个人（例如朋友或家庭成员）通信，那么他很有可能与同一个人再次通信。

总的来说，访问的局部性原理就是：计算机与附近的计算机通信的可能性大，并且计算机很有可能与同一个计算机重复通信。所以，局域网现在比其他网络类型可连接更多的计算机。

3.3 网 络 拓 扑

拓扑学（Topology）是一种研究与大小、距离无关的几何图形特性的方法。在计算机网络中，将网络中的计算机等设备抽象成点，将网络中的传输介质抽象为线，就形成了计算机网络的拓扑结构。常用的网络拓扑结构如下所述。

3.3.1 总线型网络

把各个计算机或其他设备均连接到一条公用的总线上，各个计算机公用这一总线，而在任何两台计算机之间不再有其他连接，这就形成了总线的计算机网络结构。总线型网络拓扑结构如图3-8所示。

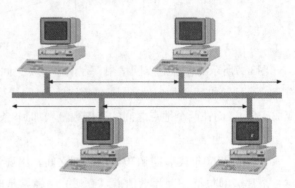

图3-8 总线型结构

总线型结构的主要特性，就是以一条共用的网线来连接所有计算机，但它并非真的是一条很长的网线，其实是很多条较短的网线所接起来的。所以从宏观角度来看，它算是一条网线；但是从微观角度来看，应该是许多段网线所连接而成。

总线型网络在早期非常盛行，因为它具有成本低廉和布线简单的优点。只需网线、接头和网卡，不需要其他额外的网络设备，就可以架起总线型网络，达到资源共享的目的。这种网络类型的缺点是只要其中任何一段线路故障，整个网络就瘫痪了，而且在追查该故障线路时比较麻烦；其次是要加入或减少一部计算机时，也会使网络暂时中断。

3.3.2 星形网络

星形网络是继总线型结构后兴起的网络结构，此种网络不再是前一个接后一个，而是所有计算机都接到一个特殊装置，该装置通常是集线器（Hub），通过集线器在各计算机间传递信号。换言之，以集线器为中心向外呈放射状，因此称为星形网络，如图3-9所示。

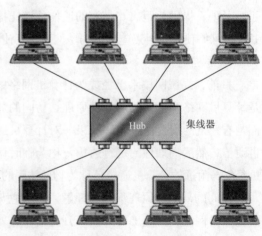

图3-9 星形网络

星形网络的优点也就是弥补总线型网络的缺点：

① 局部线路故障只影响局部区域，不会导致整个网络瘫痪。除非整个网络只有一部集线器，而碰巧问题出在集线器，这样才会整个网络都停止。

② 追查故障点时相当方便，通常从集线器的指示灯便能很快得知。

③ 新增或减少计算机时，不会造成网络中断。

至于它的唯一缺点是必须增加购买集线器的成本，但是由于集线器的价格日益滑落，使得这个缺点的影响逐渐缩小，因此星形网络已成为目前小型局域网的趋势。

3.3.3　环形网络

　　环形网络是将计算机连成一个环，每台计算机按照位置不同而有一个顺序编号，信号会按照该顺序编号以"接力"方式传递，传到最后一棒时再传给第一棒。以图3-10为例，X 计算机欲传送数据给 Z 计算机时，必须先传给 Y 计算机，Y 计算机收到信号后发现这不是给自己的，于是再传给 Z 计算机。在正常情况下，每台计算机都是靠前一台计算机（即"顺序编号较小"的计算机）传来数据，不

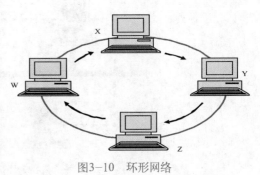

图3-10　环形网络

能跳过中间的计算机直接传送。环形网络是将各个计算机与公共的缆线连接，同时缆线的首尾连接，形成一个封闭的环，信息在环路上按固定方向流动。

　　最常见的采用环状拓扑的网络有令牌环网、FDDI（光纤分布式数据接口）和CDDI（铜线电缆分布式数据接口）网络。

　　环形网络的特点如下：

　　① 前两种网络其实都还有共同的缺点，那就是可能发生两台（或多台）计算机同时传送数据，因此发生了信号冲突，导致整个网络暂时无法工作。但是环形网络就不会有这个问题，因为在环形网络上的计算机要传送信号前，必须先取得令牌（Token），有令牌的计算机才能传送，而令牌只有一张，并且是按照顺序编号轮流传递，所以不会发生冲突情况。

　　② 因为环形网络的软硬件设备成本较高，影响到其普及性。

　　③ 如果任一线路或结点故障，则整个环形网络便会瘫痪，不过这个问题可以采用备援线路的方式解决（见图3-11）。当主要线路上任一段网线损毁时，可以利用备援线路让网络继续运作，不会因此而中断。不过这种方式只能避免线路故障，如果是结点故障，网络仍会瘫痪。但是这种双环形网络结构，架设成本较高，一般只有光纤网络才会采用这种模式。

　　④ 环形网络的另一项特点，在于逻辑拓扑与实体拓扑的不同。逻辑拓扑指的是其数据传输方式，实体拓扑指的则是实际布线的模样。图3-12是标准的环形网络，实体拓扑与逻辑拓扑模样都相同。

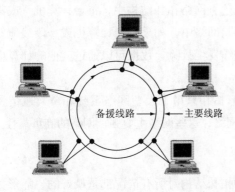

图3-11　环形网上的主要线路和备援线路

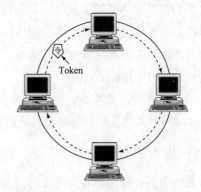

图3-12　实体拓扑与逻辑拓扑都为环形结构

　　但是有时情况如图3-13所示一样，实体拓扑为总线型网络，但数据传输方式却是环形网络的模样。

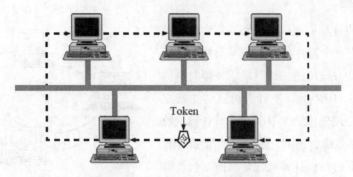

图3-13　逻辑拓扑为环形网络、实体拓扑为总线型网络

　　当然，也有可能看到如图3-14所示实体拓扑与逻辑拓扑一样的环形网络。

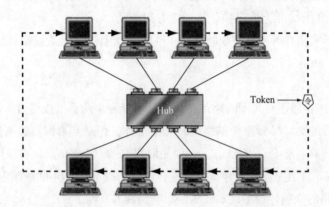

图3-14　逻辑拓扑为环形网络、实体拓扑为星形网络

　　所以在确定网络拓扑时，不要只从布线方式来看，也要从逻辑拓扑上观察，才能正确地判断出是哪种拓扑结构。

　　常见的物理布局采用星形拓扑的网络有10BaseT以太网、100BaseT以太网，令牌环网、ARCnet网、FDDI网络、CDDI网络、ATM网络等。

3.3.4　网形网络

　　网形拓扑是容错能力最强的网络拓扑结构。在这种网络拓扑结构中，每台计算机（或某些计算机）与其他计算机有多条直接线路连接。在网状网络中，如果一台计算机或一段线缆发生故障，网络的其他部分依然可以运行。如果一段线缆发生故障，数据可以通过其他的计算机和线路到达目的计算机。

　　网形拓扑建网费用高，布线困难。通常，网形拓扑只用于大型网络系统和公共通信骨干网，如帧中继网络、ATM网络或其他数据包交换型网络，这些网络主要强调网络的高可靠性。

3.3.5　混合式网络

　　每一个拓扑结构都有其优点与缺点，没有一种拓扑结构对所有情况都是最好的。环形拓扑使计算机容易协调使用以及容易检测网络是否正确运行。然而，如果其中一根电缆断掉，整个环形网络都要失效。星形网络能保护网络不受一根电缆损坏的影响，因为每根电缆只连接一台机器。总线型拓扑所需的布线比星形拓扑少，但是有和环状拓扑一样的缺点：如果总线断开，网络就要失效。

可以在计算机网络中采用多种拓扑结构的组合构成混合式网络，如图3-15就是由总线型和星形所组合出来的混合式网络，而有时也会遇到星形与环形的混合式网络（见图3-16）。这样可以充分发挥各种拓扑结构的优点，优化了网络整体结构的性能。

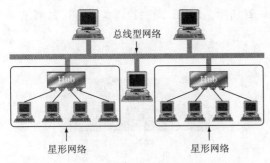

图3-15 由总线型和星形所组合的混合式网络

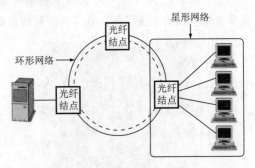

图3-16 星形与环形所组合的混合式网络

3.4 网络设备

从调制解调器拨号的单人环境，到多人使用的局域网，甚至是互联网这种无界限的广域网，不管工作范围大小，计算机网络设备必不可缺。因此下面介绍在网络中常用的各种网络设备。

3.4.1 调制解调器

调制解调器主要功能是完成调制和解调制的任务。调制解调器可以采用下列两种分类方式：基于连接方式分类和基于上网带宽分类。

1. 基于连接方式分类

从调制解调器与计算机的连接方式不同考虑，可分为内置调制解调器和外置调制解调器。

（1）内置调制解调器

内置调制解调器也称为数据卡。安装时要拆卸主机外壳才能安插到主板上。由于内置调制解调器直接使用主板上的电源，因此不需要另外供应电源，如图3-17所示。

图3-17 调制解调器

（2）外置调制解调器

外置调制解调器是连接到计算机的 RS-232 连接端口，又称为 COM 连接端口，如图3-18所示。

外置调制解调器也有采用 USB 接口的类型，如图3-19所示。

图3-18　使用RS-232端口的调制解调器

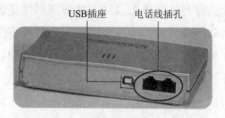

图3-19　带USB插座的调制解调器

除此之外，另有 2 种外置调制解调器则是通过网卡和主机连接，这种类型的调制解调器是目前宽带上网的主流设备：电缆调制解调器如图3-20所示。ADSL 调制解调器如图3-21所示。

图3-20　电缆调制解调器

图3-21　ADSL 调制解调器

2. 基于上网带宽分类

如果以带宽分类，则可细分为窄带调制解调器和宽带调制解调器两种。窄带调制解调器指的是带宽在 56 Kbit/s以下的调制解调器，也就是传统的调制解调器。宽带调制解调器则是指电缆调制解调器和 ADSL 调制解调器，这两种宽带上网设备的上网带宽可达数百Kbit/s到数千Kbit/s。

3.4.2　网卡

一般而言，网卡可采用3 种方式来分类，即以接头种类分类、以总线接口分类、以带宽分类。

1. 以接头种类分类

网卡上的接头可以有 3 种选择：AUI 接头（见图3-22）、BNC 接头、与 RJ-45 接头，它们分别用来连接 3 种不同的网线，即 AUI 缆线、RG-58 缆线与双绞线（包括 UTP 及 STP 两种）。

图3-22　AUI 接头的网卡

这 3 种线材与接头，无论在外观、机械规格和电气特性等方面都截然不同，很容易实现分类，如图3-23和图3-24所示。

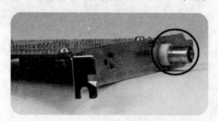

图3-23　BNC 接头的网卡

图3-24　RJ-45 接头的网卡

AUI 接头的应该是DB-15 接头，与游戏摇杆所用的接头一样，但是两者的脚位定义不同。因为在网卡上的 DB-15 接头是用来连接 AUI 缆线，所以把它称为AUI 接头；另外，还有称它为 DIX 接头，因为其规格主要是由 Digital、Intel、Xerox 三家厂商所制定，故取字首缩写成 DIX。

2．以带宽分类

局域网的带宽可分类为 10 Mbit/s、100 Mbit/s 和 1000 Mbit/s 这 3 个等级，因此如果以带宽来分类网卡，也就有这 3 种等级的网卡，而因为 100 BASE-TX 和 10 BASE-T 的网络运作方式大致相同，所以出现了支持 10/100 Mbit/s 双速以太网卡。

3．以总线接口分类

网卡对外要连接网线，对内则是插在计算机的扩展槽上，通过总线与计算机沟通，而总线则不同，它可直接影响网卡的传输速率，所以可根据网卡的总线接口分类，目前常用的网卡有以下 4 种接口。

（1）ISA 接口

ISA（Industry Standard Architecture）是应用在第一代个人计算机（PC 或 PC XT）的总线，有 8 bits 和 16 bits 两种，目前 ISA 接口卡已遭淘汰（见图3-25）。

（2）PCI 接口

PCI（Peripheral Component Interconnect）是由 Intel 所主导的总线规格，可以支持 32 bits 及 64 bits 的传输。由于它利用一颗 PCI 桥接芯片区隔了 CPU 总线与 PCI 总线，使得这两者能够以各自的时脉来运行，所以在稳定度与数据传输率方面都有重大的改进。目前 PCI 接口的网卡以 32 bits 居多，参阅图3-26。

图3-25 ISA 接口的网卡　　　　　　图3-26 PCI 接口的网卡

（3）USB 接口

通用串行总线（Universal Serial Bus，USB）是由 Compaq、DEC、IBM、Intel、Microsoft、NEC 及 Nortel 等 7 家厂商于 1996 年所提出的总线规格。其目标为提供用户更易于使用的外设连接端口，USB接口的网卡如图3-27所示。

USB 1.1 标准规定的带宽，低速为 1.5 Mbit/s，全速为 12 Mbit/s，因此只能担任 10 Mbit/s 的网卡，但是 USB 2.0 标准将带宽大幅度提高到 480 Mbit/s，可担任 100 Mbit/s 的高速以太网卡。

（4）PCMCIA 接口

PCMCIA（Personal Computer Memory Card International Association）卡又称PC卡。PC 卡有多种规格，最常见的是16-bit PC 卡和 CardBus 两种类型的产品，前者的带宽只有5.33Mbit/s，而

后者可达132 Mbit/s。因此，只有 CardBus 的网卡，才可支持 100 Mbit/s 以太网，PC卡或网卡如图3-28所示。

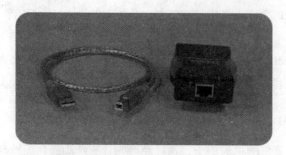

图3-27　USB网卡　　　　　　　　　　　　图3-28　PC 卡式网卡

3.4.3　中继器

信号在网络上传输时，因为线材本身的阻抗会使信号越来越弱，导致信号衰减失真，当网线的长度超过规定使用距离时，也就是信号已衰减到几乎无法识别时，如果想再继续传递下去，必然要提升信号，将信号还原成原来的强度。中继器主要的功能就是将收到的信号重新整理，使其恢复原来的波形和强度，然后继续传送下去，如此信号就可以传得更远。也由于中继器的功能极为单一，因此位于 OSI 模型中的物理层。

因为中继器只是把信号重新整理再送出去，所以不管中继器两端连接的线材为何，只要是相同的网络结构，都可以利用中继器加强信号，延长传输距离。如图3-29和图3-30所示的中继器便可以将双绞线和光纤、同轴电缆线连接起来。

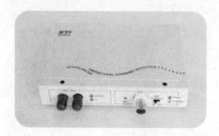

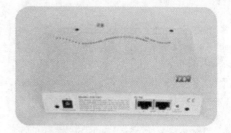

图3-29　正面具有光纤和BNC接头　　　　　图3-30　背面有两个RJ-45接头

图3-31和图3-32所示的这台中继器则可以连接使用 AUI 缆线、双绞线与同轴电缆线的网络。

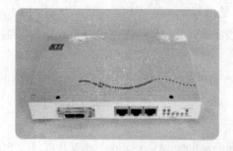

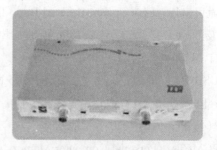

图3-31　正面有1个AUI和3个RJ-45接头　　　图3-32　背面有2个BNC接头

3.4.4　集线器

集线器（Hub）在本质上也是一种中继器，集线器是 10BASE-T 和 100BASE-TX 网络是常用的设备，也是位于物理层的设备。集线器上面的 RJ-45插槽通常称为 Port，Port 数目的多少并不一定，从 4 Ports 到 32 Ports 都属常见，更大型的集线器甚至采用模块化结构，每插入一片类似接口卡的集线器模块，就能扩充数十个 Ports，这种集线器又称为连接器。有些集线器除了 RJ-45 插孔外，还会有 BNC 接头、AUI 接头或光纤接头（见图3-33和图3-34）。

图3-33　集线器　　　　　　　　　　　　　　图3-34　小型集线器

严格来说，集线器未必是中继器，因为某些集线器并无加强信号的功能，只是单纯地集中线路而已。但是在以太网中，集线器等同于多 Port 中继器。

1．共享带宽的概念

集线器的 Port 虽然可以有很多个，但是在任何时间只能有一对 Port 在传输数据，不能多对 Port 同时传输数据。换言之，所有的 Port 都是共享一个传输带宽，因此这种集线器又称为共享式集线器，共享式集线器的最大缺点就是当连接的计算机越来越多时，抢用带宽的情况就越激烈，因此每台计算机平均能抢到的概率越小，一旦抢占到手，便有10 Mbit/s（或 100 Mbit/s）带宽可用。

2．集线器的种类

除了以 Port 数量多少来分类集线器之外，另一项非常重要的考虑因素为所适用的带宽，如同网卡一样，集线器也分为适用于 10 Mbit/s 与 100 Mbit/s 两种带宽，选错了可能就导致网络不通。

（1）10 Mbit/s 集线器

10 Mbit/s 集线器通常标示着“10BASE-T Ethernet Hub”或“Ethernet Hub”字样，适用于 10 BASE-T 的网络结构。

（2）100 Mbit/s 集线器

由于当初制定 802.3u 标准时，将 100BASE-TX、100BASE-T4 和 100BASE-FX 都包括在内，所以选择100 Mbit/s 集线器时要考虑采用哪种规格。符合大多数的802.3u 标准产品，应该都是 100BASE-TX。

（3）10 + 100 集线器

这种集线器能适用于10Mbit/s 和 100Mbit/s 两种网络，但是会受 RJ-45插槽限制。通常是大多数插槽适用于 10 Mbit/s，仅有特定的少数插槽适用于 100Mbit/s。对于使用 10 Mbit/s 网络的公司来说，如果只想局部升级到 100 Mbit/s 网络，采用这种集线器为一个好方案。

（4）10/100 集线器

这种集线器也是兼容10 Mbit/s 和 100 Mbit/s 两种环境，但是在 RJ-45 插槽上没有任何限制，每个插槽都可以连接 10 Mbit/s 或 100 Mbit/s 的网卡，它会自动判断并选择最佳的传输带宽，因此用起来最方便，但是价格也最贵。

3．堆叠式集线器（Stackable Hub）

假使集线器的插槽不够用，就应将 Hub 串接起来，10 Mbit/s 的 Hub 可使用同轴电缆线或 UTP 线连接，至于 100 Mbit/s 的 Hub，则只适合以 UTP 线串接（因同轴电缆线受限于 10 Mbit/s 的带宽）。但是这种串接方式仍受到 "5-4-3 原则" 的限制，Hub 的数量不能太多，如果 Port 数目还是不够用，应改用堆叠式集线器。

堆叠式集线器背后通常有串接专用接头，并且附带专用的 UTP 线，用来连接叠在上方（或下方）的堆叠式集线器，而且这些叠在一起的集线器视为 1 个总集线器，换言之，即使叠了 3 个集线器，但是在计算是否符合 "5-4-3 规则" 时，只算是 1 个集线器而非 3 个集线器，因此在扩充上具有更大的灵活性。

4．5-4-3 原则

以太网最多只能使用 4 个中继器（包含集线器），所以会形成 5 个网段，但只有 3 个网段可以连接计算机，其余两个网段因为不能连接计算机，只能用来扩展距离，故称为 IRL（Inter Repeater Link）。而整个原则当中分别出现了 5、4、3 三个数字，便称为5-4-3 原则，方便记忆，如图3-35所示。

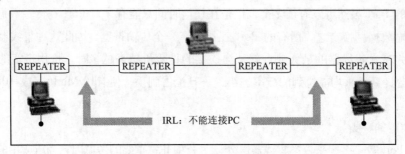

图3-35　5-4-3 原则

3.4.5　网桥

在以太网上，信号的传递是采用广播的方式，任何信号上了网络，每一台计算机都能收到，然而某些信号只需要在网络的某个区域内传递，假使传到不必要的区域，只是增加干扰，影响整体性能。为了合理限制网络信号的传送，可以使用网桥适当地切割网络。当数据送达网桥后，网桥会判断信号该不该传到另一端，假使不需要，就将它拦截下来，以减少网络的负载；只有当数据需要穿过网络到另一端的计算机上，网桥才放行。网桥处于OSI 模型中的链路层。

例如，用一个网桥可将整个网络分为两区，如图3-36所示。

网桥的上方网络为 1 区、下方为 2 区，当 A 计算机要传数据给 B 计算机时，当网桥发现A、B 计算机同在 1 区，表示此信号没必要传到 2 区，便将该信号丢弃，如此便能减少对 2 区的干扰；如果 A 计算机要传数据给 C 计算机，网桥便让信号通过。因此，如果 A 计算机经常传输的对象为 C 或 D 计算机，那么几乎所有信号都要通过网桥，等于是丧失了网桥的过滤作用，由此可知网桥所在的位置很重要。

网桥为什么能判断收件者所在的网络，这是因为网桥中有一张清单，记载了每台计算机所在的区域，如图3-37所示。

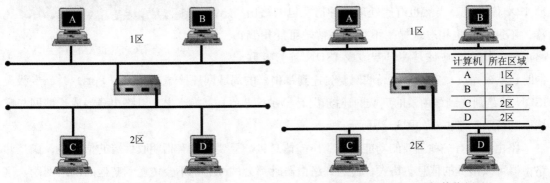

计算机	所在区域
A	1区
B	1区
C	2区
D	2区

图3-36　用网桥分割网络　　　　　图3-37　网桥的作用

在图3-37中，网桥在收到 A 计算机给 B 计算机的数据时，会根据清单去判断 B 计算机所在的网络，同样地，如果 A 计算机要传给 C 计算机时，网桥也是利用清单去判断，而允许信号通过。

网桥并不会阻挡广播包。网桥之所以能判断是否要将数据传送，是因为传送数据的信息包中，都会指定要由哪台计算机来接收，但是广播包就像是现实报头的广告信一样，并不会指定收件者。在这种情况下，网桥无法判断收件者是谁，便将信息包转送给所有的网络网段了。

3.4.6　路由器

路由器工作于 OSI 模型中的网络层，因为它最主要的用途就是在不同的网络间选择一条最佳的传输路径。以图3-38为例，从 LAN1 传输数据到 LAN2 有两条路径。LAN1到LAN2最快的路径是 C→D（256 Kbit/s 比 64 Kbit/s 快），但是如果考虑到路由器的处理操作，似乎 A→B 较佳（因为只经过两台路由器）。

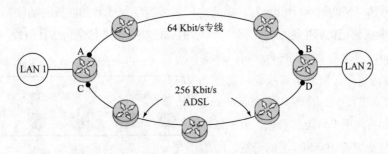

图3-38　路由器应用举例

为了能判断传输当时哪条路径最快，要考虑到许多因素，包括带宽、线路质量、使用率、所经结点数甚至成本，这些计算不可能用人工处理，所以选择最佳路径的工作便交给路由器来处理，为了降低成本，可用 UNIX 服务器或 Windows 2000 服务器来模拟，但是这种软件模拟的性能毕竟比较差，仅适合用在教学研究上。

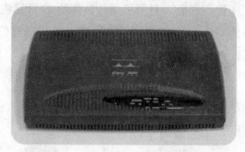

图3-39　含有CPU和RAM的路由器

选购路由器时首先要确定用来处理何种信息包。例如有些路由器只处理 IP 信息包；有些只处理 IPX 信息包。当然也有能处理多种信息包的路由器，不过价格也相对地提高不少。平常较可能用到路由器的场合，应该是在以专线或 ISDN 连接互联网时，从公司（或家中）的局域网要先连到路由器的局域网连接端口（LAN Port）；而专线或 ISDN 线路则连到路由器的广域网连接端口（WAN Port），换言之，以路由器当成局域网与广域网的桥梁，路由器如图3-39所示。

路由器还有一项重要的功能：阻隔广播信息包。只要是没有指明收件者的信息包，或是非路由器可以接受的信息包格式，传送到路由器时都会被丢弃，不会传送到其他的网络网段。这是个很好的功能，可以有效地减轻网络负担。但是如果网络上有使用到类似 NetBEUI 这种不可路由的传输协议时，可以采用新型的网桥路由器（Bridging router，或叫 Brouter）。

网桥路由器提供了网桥和路由器的综合功能。如果网络中同时使用了 TCP/IP 和 NetBEUI 两种协议，单用网桥或路由器都不是最佳的解决方案。最好的方式是使用网桥路由器，利用其路由器的功能传送 TCP/IP 的信息包，并使用网桥的功能对 NetBEUI 信息包进行桥接，转送到不同网络网段。

在目前的网络环境中，网桥路由器的数量将超过网桥或路由器。目前的路由设备，绝大多数都可以在必要的时候进行桥接功能。

传输协议可不可以路由是指数据能不能使用这个传输协议，通过路由器将数据传送到其他网络网段。换言之，可不可以路由，表示这个协议的信息包格式可否被路由器接受。TCP/IP、IPX/SPX 属于可路由的协议，NetBEUI 则是属于不可路由的协议。不可路由的协议通常通过网桥、集线器或中继器传送数据。

3.4.7　第2层交换机

第 2 层交换机属于数据链路层（Data Link Layer）的设备，又称为交换式集线器（Switch Hub）或多口网桥（Multi-port Bridge），因为它同时具备了集线器和网桥的功能。

第 2 层交换机会记忆哪个地址接在哪个 Port，并据此决定该将信息包送往何处，而不会送到其他不相关的 Port，因此未受影响的 Port 可以继续对其他 Port 传送数据，突破了集线器只能有一对 Port 在工作的限制。对一个 N Port 100Mbit/s 交换机而言，假如每两个 Port 互传数据，由于每对 Port 传输数据时都拥有 100 Mbit/s 的带宽，因此可以获得理论上的最大传输带宽 $100 \times N/2$ Mbit/s。但是，如果多个 Port 的信息包要送到相同目的地时，还是会发生抢占的情况。以图3-40为

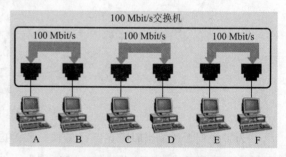

图3-40　N Port 100Mbit/s 交换机

例，如果 A 计算机、C 计算机和 D 计算机都要传数据给 B 计算机，那就回到了共享式集线器的情况，3 台计算机同时抢占 100 Mbit/s 带宽。

3.4.8　第 3 层交换机

第 3 层交换机（Layer 3 Switch）和路由器同在网络层（Network Layer）工作而且彼此关系密切。事实上，第 3 层交换机除了具有第 2 层交换机的功能外，还能进行路由工作。

第 3 层交换机可以当作路由器的简化版，是为了加速路由的速度而出现的一种新时代网络设备。路由器的功能非常强、完备，但也因此将路由的性能拖慢（就像计算机同时执行许多任务一样），而第 3 层交换机则将路由工作接手过来，并改为利用硬件来处理（路由器是由软件处理路由），加速路由的速度。

在实际应用中，第 3 层交换机由于路由速度快，兼具第 2 层交换机的功能，价格又比路由器便宜，因此特别受到网管人员的欢迎，不过这不代表它能取代路由器，因为路由器还具有第 3 层交换机所缺乏的重要功能，例如：安全管理、与 WAN 的连接、优先权控制、支持多种协议信息包等，因此第 3 层交换机通常还是与路由器搭配使用，或者是在不需连接互联网的环境中，取代路由器的位置。

3.4.9　VLAN

VLAN（Virtual LAN，虚拟局域网）其实可说是交换式技术的高级应用。原本的交换式技术只能提供两个 Port 互传数据（如前面所提到例子），但是 VLAN 将应用范围大幅地延展开来，不但增进整体效益，更方便管理。简单地说，VLAN 有两个主要的功能：

① 将交换机上的连接端口分类成不同的组，如此当广播信息包在传送时，便只会在该连接端口所属的组内传送，不同组的连接端口不会收到这个信息包，如此可以减少不必要的干扰。

② 将多个交换机分割成不同的组，并且限制不同组间的数据访问权限，提高管理的安全性。

例如：将公司各部门的网线分别接在不同的交换机上，然后将交换机分类成不同的组，并设置财务部的交换机组仅接收管理部的交换机组所送过来的数据。如此一来，就算有人盗取财务部同事的账号，也必须使用财务部或是管理部的计算机，才能访问财务部的数据，如图3-41所示。

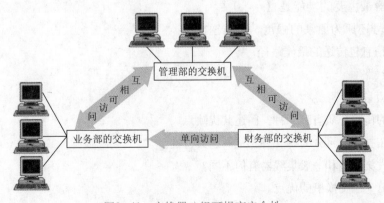

图3-41　交换器分组可提高安全性

网络拓扑因为网络设备、技术和成本的改变而有所变化，例如最早期为节省成本和布线方便，多采用总线型网络。后来集线器成本大幅下降，局域网中的结点数大幅增加，逐渐走向星形网络拓扑结构，而近年来实现了两个或更多个局域网连接，网络拓扑又开始倾向于混合式网络。

网络设备的功能越来越强，种类也越来越多，彼此之间的区别也越来越模糊。先是网桥路由器，后是交换机，它们使网络设备之间壁垒分明的界线变得模糊。

小　结

本章对计算机网络的基本组成元素进行了较详细的介绍，其中包括对传输介质、连接方式、网络拓扑和网络设备做了深入的说明。在网络设备一节中，介绍了调制器、解调器、网卡、中继器、集线器等设备做了较详细的介绍。

拓 展 练 习

1. 下列哪一个不是网络的传输介质（　　）？

A．RG58　　　　　　B．单模光纤　　　　　C．RS-232　　　　　D．非屏蔽双绞线

2. 有屏蔽和非屏蔽双绞线最主要的差异为（　　）。

A．绞线数目不同

B．屏蔽双绞线的轴芯为单芯线，非屏蔽双绞线的轴芯为多芯线

C．非屏蔽双绞线没有金属屏蔽

D．绞线的颜色不同

3. 下列哪种是光纤的特点（　　）？

A．传输速度可达 2 Gbit/s 以上　　　　B．价格便宜

C．布线方便　　　　　　　　　　　　D．保密性较差

4. 哪种不是网桥的功能（　　）？

A．减轻网络负载　　　　　　　　　　B．选择信息包传送的最佳路径

C．过滤广播信息包　　　　　　　　　D．判断信息包目的地

5. 路由器最主要的功能是（　　）：

A．将信号还原为原来的强度，再传送出去

B．选择信息包传送的最佳路径

C．集中线路

D．连接互联网

6. 网络的传输介质有哪 3 种？简述其优缺点。

7. 网络拓扑大致可分为哪 3 种？试简述其特性。

8. 堆叠式集线器和一般集线器有何不同？

9. 阐述第 3 层交换机的优点。

10. 说明VLAN的两大功能。

第❹章

局域网

本章主要内容

- 以太网的基本原理
- 交换式以太网的原理
- 令牌环网络简介
- Gigabit 以太网
- FDDI 网
- AppleTalk 简介
- 局域网的构建

局域网（Local Area Network，LAN）是指在某一局部的地理区域内由多台计算机互连成的计算机组，如图4-1所示。局域网、城域网和广域网都是不同的网络类型，它们最大的差别在于网络设备连接的方式及传输信号的方法的不同。

图4-1　局域网

局域网分成许多不同的形式，这一章中将介绍几个局域网的实例，它们各有不同的网络形式。因为以太网是目前最常用到的局域网，所以本章将着重于以太网的介绍。

4.1　以太网的基本原理

以太网是最典型与最常用的局域网，下面将主要介绍以太网的基本原理。

4.1.1　信号的广播

以太网最大的特点是信号以广播的方式传输。其含义是，在网络上任一台计算机送出的信号，与其相连的其他计算机都会收到。一个简单的以太网的信号流动方式如图4-2和图4-3所示。

当A要传数据给B时，其送出的信号并不自动流向B。正确的情况应该如图4-3所示，当A要传数据给B时，其送出的信号通过介质也传输到B、C、D三台计算机。

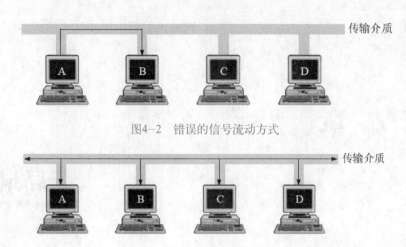

图4-2　错误的信号流动方式

图4-3　以广播的方式发送信号

在上述情况下，如果 A 传数据给 B 时，那么所有的计算机都可得到接收数据。这时就需要使用定址的方法来解决，仅使得计算机B可以获得数据。

4.1.2　MAC 地址与定址

传输数据前，必须决定数据由谁接收，就好像在众人面前，跟某人讲话要先叫他的名字。在网络上的设备也都有自己的名字，这个名字称为地址。以以太网为例，如图4-4所示。

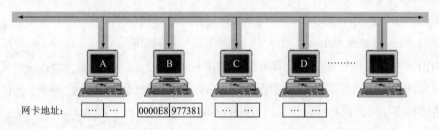

图4-4　按目的地址实现数据的传送

在图4-4中，0000E8-977381 是网卡的 MAC 地址，每个网卡有它自己的 MAC 地址，前 3 个字节为厂商代号，后 3 个字节为流水号。它是由软件制造商向 IEEE 统一注册登记而来的，如此可使每个 MAC 地址保持全球独一无二。当 A 要传数据给 B 会注明数据的目的端为 B 的 MAC 地址，因此其他与目的地址不同的 MAC 地址的计算机对此数据都不予响应。所以在数据中记录目的端与源端的地址，以决定数据的接收及响应对象，这就是定址。

数据在传输到介质之前，划分为特定大小的数据单元，称之为帧（frame）。帧中除了要传输的数据外还加入一些控制用的数据，以提供管理的功能，例如：目的端与源端的地址值。就像寄信一样，传输的数据相当于信件的内容，而控制用的数据相当于信封上的姓名、住址、邮票、邮政编码等信息。

4.1.3　冲突

定址方法解决了在信号广播时由谁来接收数据的问题，但是如果A传数据给B，同时C也将数据传给D，如图4-5所示。此时两个信号交汇在一起，使得无法识别信号的意义，这就是所谓的冲突。为了避免发生冲突，使同一个介质，同时只有一个设备在传输数据，必须要有一种办法用来管理、协调各计算机对介质的使用，以决定哪一台计算机可在介质上传输信号，这就是介质访问控制。

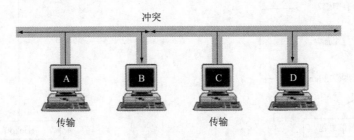

图4-5　两台计算机的信号互相冲突

4.1.4　CSMA/CD

以太网是以载波监听多重访问/冲突检测（Carrier Sense Multiple Access/Collision Detection，CSMA/CD）的方式来完成介质访问控制，其目的是为了避免发生冲突。就好像会议室规定只能有一个发言，这时候就以按铃抢答的方式，来取得发言权。取得发言权的人在发言完毕之后，其他人又可以再争取发言权。这也表示在按铃抢答之前要先听听看是否有人正在发言，如有人发言，则不必按钮。

在以太网上，假设 A 有数据需要送出时，A 先检测介质上是否已经有信号，如果没有则再等候 9.6 μs（9.6×10^{-6}s）的之后，立刻将数据以信号传输出去。

9.6 μs 的真正用意是"96 Bit-time"。Bit-time 是指发送 1 位（bit）数据的时间。所以在 10 Mbit/s 下 96 Bit-time 等于 9.6 μs。其作用是要让半双工的网卡有足够的时间由传输模式切换为接收模式，以接收即将传来的数据。96 Bit-time 是 IEEE 802.3 的标准规格，称为帧间隔（InterFrame Gap，IFG），间隔 96 Bit-time 以确定接收端可以来得及接收，如图4-6所示。

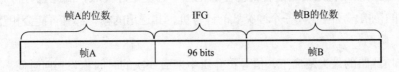

图4-6　以太网的帧间隔

信号传输的过程中同时也检测介质上的信号。如果发现冲突，则立即停止发送并且改为输出一个扰乱信号，通知每一台计算机发生冲突，使得所有需要送出帧的计算机等待一段随机时间之后重新抢送数据。等待一段随机时间的作法，是遇到冲突时所进行的一个过程。它会按遇到冲突的次数而运算出一个随机的时间值，使工作站等待此时间之后再从头开始，以躲开再次冲突的机会。冲突的次数越多，则平均等待的时间会比较大。当连续冲突 16 次之后，便宣告失败，放弃这次发送，并向上层通知错误。完整的 CSMA/CD 传输流程如图4-7所示。

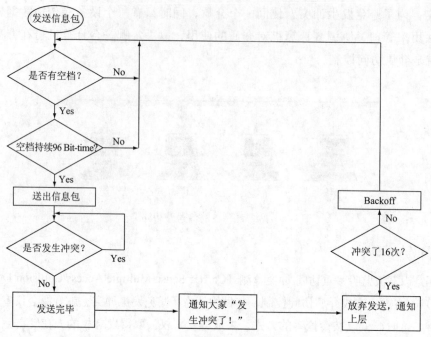

图4-7　CSMA/CD 传输流程

由上所述，CSMA/CD 属于竞争式的网络访问方式。由于每一个工作站使用介质的权力相等，一旦有许多的工作站需要输出时，则看谁先送出信号，谁就能占用介质来传输，因此也称为抢占式传输。

4.1.5　冲突域

前面提到帧在送出之后，需要检测是否发生冲突。冲突是由于多台计算机同时送出帧所造成的。把帧送出时产生冲突的范围称之为冲突域，如图4-5所示，A 所送出的信号，将传到 B、C、D，而这一整段线路就是信号能自由传播的范围，这就是冲突域，因此也可将冲突域看成冲突信号会影响的范围。所有在同一个冲突域的计算机，其送出的帧，都有可能会相互冲突。

1. 最小帧限制

在传输介质线路的最大距离下，信号在介质中来回一次的时间称为来回时间。当 A 送出信号之后，在快要到达 B 之时，B以为介质上没有信号而送出信号。接着 B 很快会发现发生冲突，而当冲突的信号返回 A 时，A 已经传输了一段时间。对 A 来说，这段时间是信号送出后会遭到冲突的危险期，如图4-8所示。

因此在送出帧后，必须持续检测一段来回时间，才能确定帧不会遇到冲突。为避免在还未确定之前，帧就已经发送完毕而开始发送下一个帧，所以帧不能太小。以太网帧的最小限制为 64 Bytes = 512 bits。因此 512 bits 的最小帧限制，表明必须持续检测512 Bit-time，如果

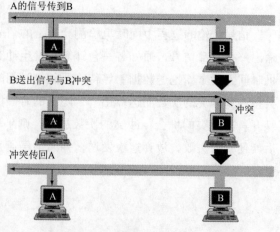

图4-8　检测的持续时间

带宽为10 Mbit/s，则512 Bit-time = 51.2 μs。如果带宽为 100 Mbit/s ，则 512 Bit-time = 5.12 μs其限制的冲突范围会相对地缩小。

2．中继器的使用

由于中继器功能可以延长信号传输的距离，能够使经过长距离传输而衰减的信号能恢复其强度。当 A 与 B 的帧发生冲突时，其冲突的信号将通过中继器传遍整个网络，所以中继器延长了冲突域，如图4-9所示。

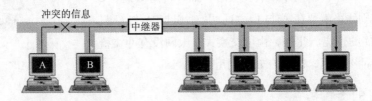

图4-9 中继器可以延长冲突域

虽然中继器能使衰减的信号恢复，但所能扩展的网络网段还是有一定限制的。以 10 Mbit/s为例，网络网段越大，其实际的来回时间就越大，一旦超过 51.2 μs则会使最小帧（512 bits）的冲突检测出现无法预期的结果，这也是限制最大网段的原因之一。因此整个网络的网段，可看成一个冲突域，在此范围内信号通过介质以及中继器等设备所花的时间，不能大于512/2 Bit-time。

3．网桥的使用

网桥能分隔两个局域网。由于网桥能过滤、转送帧，所以网桥两端的帧不会相互冲突。可以说网桥将局域网分隔成两个独立的冲突域。基于这一特性，可利用网桥取代中继器来突破最大网段的限制。

目前的网桥大多被交换机取代，关于交换机会在4.2节中作说明。

4.1.6 半双工/全双工

由于使用同一条线路传输，如 10 BASE-2 中网卡一次只能使用同轴电缆来发送或接收数据，无法同时发送与接收，所以只能使用半双工传输。直到 10 BASE-T 使用两对双绞线，一对用来发送、一对用来接收，才可以实现全双工。

为了实现全双工的功能，除了双绞线的使用外，还得使用点对点的连接方式。点对点连接方式是指一条传输线路的冲突域只有两个连接的设备，例如：两台计算机连接。在这种情况下，才能同时发送数据并接收另一边传来的数据，而不必考虑冲突检测的问题。网卡可以连接交换机，进而达到全双工的功能。

4.2 交换式以太网的原理

多端口网桥与交换机的功能一样。交换机就宛如改进型的多端口网桥，由于具有多个连接端口，所以它除了能连接多个网络网段外，还能像集线器一样，连接多个工作站。如图4-10所示，使用交换机来构建的以太网称为交换式以太网。

图4-10 交换式以太网

4.2.1　独享带宽

交换式以太网最明显的优点就是能独享带宽，如图4-11所示。当A将数据传给B时，C也能同时将数据传给D，它们各自有独立的线路。所以在10 Mbit/s下，一个16端口的交换机能够提供的总带宽为 $16/2 \times 10 = 80$ Mbit/s。当然这是在理想的情况下才有的结果。如果传输的路线有交集时，如A传给B时，C同时也传给B，则线路就要在A与C之间切换，此时A与C只能共享10 Mbit/s的带宽。此外，由于交换式以太网没有冲突检测，所以也没有冲突延迟，能更有效地利用带宽。

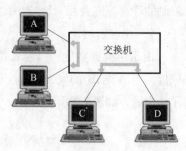

图4-11　交换机切换出独立的传输线路

4.2.2　全双工的传输模式

由于交换机能像网桥一样分隔出独立的冲突范围，所以工作站连上交换机，等于是点对点的连接，在传输介质为两对双绞线的情况下，这就表明不会有冲突的发生，也不需要使用CSMA/CD的机制来作介质访问控制。因此可提供全双工的传输模式。

当网卡接通交换机或集线器时，送出特定的信号，并判断送来的信号，以决定是否能提供全双工的传输模式，交换机也由网卡送来的信号来判断对方是否能接受全双工的模式，这就是自动协调。自动协调是保证了向下兼容性，全双工的网卡一旦只连接到集线器时，可改成半双工的模式。

4.3　令牌环网络简介

在局域网的技术中，令牌环网络的普遍程度仅次于以太网。本节将介绍令牌环网络的原理，以及相关的设备。

令牌环网络是由IBM在1970年发展的局域网技术。后来IEEE经微小修改成为IEEE 802.5的标准。IEEE 802.5与IBM的令牌环网络完全兼容，因此，一般都作为相同的协议。

4.3.1　令牌环网络拓扑

令牌环网络通常使用双绞线，起初是以环状拓扑的方式来布线，如图4-12所示。

在这种原始版的令牌环网络中每一台计算机必须连接2条电路，一条用来接收前一台计算机的信号，而另一条则输出信号给下一台计算机，如此头尾相接成为一个环状的电路连接。

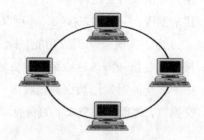

图4-12　令牌环网络的环状拓扑

4.3.2　令牌传递

1. 令牌环网的工作方式

令牌环网络使用令牌传递来实现介质访问控制。与CSMA/CD不同，令牌传递并不需要使用冲突检测来避免帧冲突，它的主要作法如下：

① 在令牌环网络中，每个工作站以固定的顺序，传递一个称为令牌的帧，收到此令牌的计

算机，如果需要传输数据，则检查令牌是否闲置。如果为闲置则将数据填入令牌中，并设置为忙碌，接着将令牌传给下一台计算机。

② 由于令牌已经设置为忙，所以后面的工作站只能将帧传给下一台计算机。一直传到目的端时，目的端的计算机会将此令牌的内容复制下来，并设置令牌为已收到，并传向下一台计算机。

③ 当令牌绕了一圈回到原来的源端时，源端在知道数据已被接收后，清除令牌中的数据，接着将此令牌设置为闲置并传给下一台计算机，接下来的计算机又可以使用这个令牌来发送它要发的数据。

由于令牌传递的发送方式，可避免 CSMA/CD 冲突问题，因此令牌环网络的带宽使用率比以太网要高出许多。尤其是网络的传输量较大时，令牌环网络的效率明显优于以太网。此外，令牌传递还能提供优先权的管理，将各台计算机设置不同的优先等级，使具有较高优先等级的工作站能优先取得令牌。因此，优先等级高的工作站能有较多的机会进行数据的传输。

2. 令牌环的优缺点

IEEE 802.5令牌环的优点：

- 标准双绞介质比较便宜而且容易安装；
- 容易发现和纠正电缆的故障；
- 确定性和通信量可以被确定优先级；
- 帧中不要求添加数据，所以帧比较短；
- 在负载较大的情况下，仍有良好的性能；
- 通过环的接线集中器，环可以被桥接入环中有效的部位，环的大小没有实际的限制。

IEEE 802.5令牌环的缺点：

- 在低负载的情况下，甚至是网络空载的时候，有一段等待令牌返回的延迟；
- 较高的费用；
- 与以太网相比，安装和管理起来更为复杂。

4.3.3 令牌环网络的设备

令牌环网络可通过网络设备来扩充网络规模。以下介绍几种令牌环网络常用的设备。

1. 多工作站访问单元

令牌环网络以 MSAU（MultiStation Access Unit，多工作站访问单元）作为集线器，连接网络上的计算机。MSAU 实体连接方式为星形拓扑，但其内部电路仍是环形拓扑，如图4-13所示。

图4-13 使用MSAU的拓扑

2. 网桥

虽然令牌环网络没有冲突范围，可是在同一个网络下只能共用同一个令牌。以 IEEE 802.5 的标准来说，一个网络最多只能连接 260 个工作站，这表示过多的工作站会使传输的等待时间过长。因此要使大型的局域网能更有效率，则需使用网桥。

如图4-14所示，网桥两端的令牌环网络，分别传递两个不同的令牌。当令牌中数据的目的端在网桥的另一端时，令牌中的数据将通过网桥转送到另一端的空闲令牌中，以传输到另一端的计算机。

3 交换机

交换机虽然源自于以太网，但随后也应用在令牌环网络上。令牌环网络交换机与以太网交换机相当类似，可根据目的地址，直接将帧传递到目的端，让令牌不必逐一通过网络上的每一台计算机，如图4-15所示。

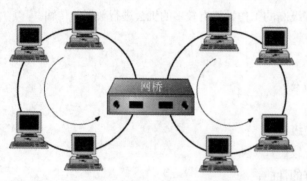 

图4-14　桥接令牌环网络　　　　　　　　图4-15　交换式令牌环网络

4.4　Gigabit以太网

在各项高速以太网技术中，快速以太网或100Base-T以太网已经很普遍。在广泛使用的10Base-T以太网的基础上，快速以太网技术提供了一种对于100Mbit/s性能平稳的、无破坏性的进展。但是在100Base-T与服务器和桌面相连接时，还需要在骨干网和服务器中使用一种更高速的网络技术。在理想情况下，这种技术也应提供一种平稳、有效的升级路径，并且又不需要再培训。

Gigabit以太网是符合上述条件的最合适的解决方案。Gigabit以太网又称为千兆位以太网、吉位以太网，可以为校园网提供1Gbit/s的带宽。与其他类似速度的技术相比，它以较低的花费提供了以太网的简单化，为当前以太网的安装提供了一个自然升级的路径。

Gigabit以太网与原有以太网一样，使用相同的CSMA/CD协议，相同的帧格式和帧长度。对于众多的网络用户，这意味着它们现存的网络投资在可以接受的花费下能够扩展到G级别的速度，同时不用去再培训用户。

由于这些优势，再加上全双工操作的支持，Gigabit以太网是一个理想的在10/100BASE-T交换机中使用的骨干互连技术，就像连接在一个高性能的服务器上。还可以提供一个升级路径，因为将来的高端桌面计算机要求的带宽比100Base-T能提供带宽更大。

4.5　FDDI　网

FDDI是光纤分布数据接口（Fiber Distributed Data Interface）的英文缩写。光纤作为网络的传输介质，因为频带宽、抗电磁干扰能力强、体积小、重量轻等优点，现已经被广泛采用。FDDI是用于高速局域网的介质访问控制标准，拓扑结构为环状，和IEEE 802.5十分接近，因为采用光纤作为传输介质，数据传输率高，因而该标准也有其特点，如表4-1所示。

表4-1　FDDI与IEEE 802.5的比较

	FDDI	IEEE 802.5
传输媒体	光缆	屏蔽双绞线
	屏蔽双绞线	非屏蔽双绞线
	非屏蔽双绞线	
传输处理	符号级	比特级
数据速率	100Mbit/s	4 或 16Mbit/s
信号速率	125Mbaud	8 或 32Mbaud
最大帧尺度	4500 字节	4500 字节（4Mbit/s）
		18000 字节（16Mbit/s）
可靠性要求	有	无
信号编码	4B/5B（光缆）	差分温切斯特
	MLT（双绞线）	
同步方式	分散式	集中式
容量分配	计时令牌轮巡	优先级与预定位
令牌释放	传输后释放	接收后释放或传输后释放（可选）

FDDI网以光纤通信和令牌环网为基础，增加一条光纤链路，使用双环结构，进而提高了网络的容错能力。FDDI网使用改进的定时令牌传送机制，实现了多个数据帧同时在环上传输，提高了网络的利用率。在FDDI网的双环结构中，一个环为主环，另一个为辅环，两个环的传输方向相反。正常情况下，只有主环工作，而辅环为备份，如图4-16所示。

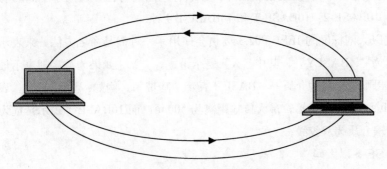

图4-16　FDDI网拓扑结构

一旦网络发生故障，无论是线路故障，还是结点故障，FDDI网都会自动将双环重构为单环，致使网络工作不中断，这是FDDI网的一个重要特点。参阅图4-17。

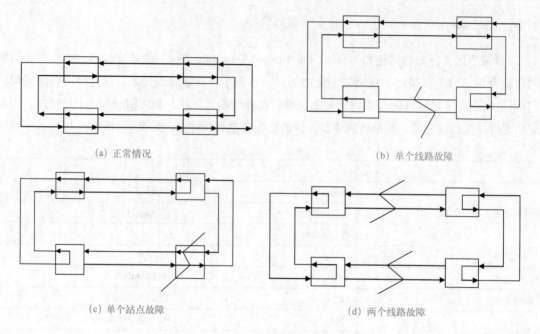

(a) 正常情况　　　　　　　　　　　　　　　(b) 单个线路故障

(c) 单个站点故障　　　　　　　　　　　　　(d) 两个线路故障

图4-17　FDDI网重构的各种情况

FDDI最初是面向光纤的一种网络，但是现在可以用屏蔽型和非屏蔽型双绞线电缆来建立这种高速、可靠的网络结构，这种网络通常称为铜线电缆分布式数据接口网络CDDI。

4.6　局域网的构建

DIX 联盟于 1982 年推出了 Ethernet Version 2（简称 EV2）协议。而后在 1983 年，IEEE 802.3 委员会将 EV2 协议稍加修改，正式公布了 802.3 CSMA/CD 协议。

4.6.1　10 Mbit/s以太网

无论是遵循 EV2 或 802.3 协议的以太网，其带宽都为 10 Mbit/s，传输介质则包含同轴电缆（又区分为粗、细两种）、双绞线和光纤，分别有不同的特性，适用于不同的场合。因此可分为10BASE-5、10BASE-2、10BASE-T 和 10BASE-F 4 种。

负责制定以太网标准的 IEEE 802.3 委员会使用了一种简易命名方法，来表示各种协议的以太网。其格式为"XBASEY"，其中"X"表示带宽，"Y"如果为数字则表示最大传输距离，如果为英文字母则表示传输介质，"BASE"表示"基带"。例如：10BASE-5，表示该以太网的带宽为 10 Mbit/s，以基带传输，最大传输距离为 500 m；而 10BASE-T 表示带宽为 10 Mbit/s，以基带传输，传输介质为双绞线。

1. 10BASE-5 以太网

10BASE-5 以太网为最早出现的以太网，因此被称为标准以太网。它使用直径 1 cm 的 RG-11 同轴电缆，以总线的形式连接。在线路两端点必须连接 50 Ω 的终端电阻。每张网卡以 AUI 线连接到收发器，再通过收发器连接 RG-11 同轴电缆，如图4-18所示。

收发器执行发送信号、接收信号、转换信号与冲突检测等工作，是相当重要的元件。

在图4-18中，由终端电阻到另一个终端电阻的范围称为一个网段，每一个网段可达 500 m，最多允许连接 100 个结点。最多可用 4 个中继器来串联 5 个网段，因此 10BASE-5 的最大布线范围为：500 m/段 ×5 段 = 2500 m。

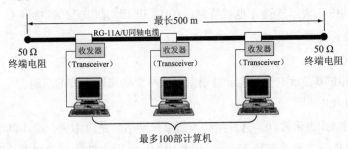

图4-18　10BASE-5 以太网结构图

2. 10BASE-2 以太网

因 10BASE-5 以太网布线复杂且成本较高，于是 3Com 公司推出了改进型产品10BASE-2 以太网，如图4-19所示。10BASE-2 改用较细的 RG-58 A/U 同轴电缆为传输介质，电缆的两端也要接上 50 Ω 终端电阻，两终端电阻之间的范围称为网段，网段的最大长度缩减为 185 m，每个网段最多可连接 30 台计算机。虽然网络网段缩小、连接的计算机数目也减少，但是施工容易、材料价格低廉，因此逐步淘汰 10BASE-5 以太网。因为 RG-11 A/U 比 RG-58 A/U 粗得多，因此 10BASE-5 网络又称为粗缆以太网；相对地，10BASE-2 则称为细缆以太网。

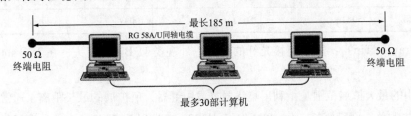

图4-19　10BASE-2 以太网结构图

3. 10BASE-T 以太网

由于10BASE-5 和 10BASE-2 的缺点是：网络的任何一处断线，都会导致整个网络停止，而且追查断线点较为困难。如果有计算机要移动位置，布线路径可能要大幅度修改。因此不便管理与维护，而这也促使了 10BASE-T 以太网的诞生。10BASE-T 以太网采用非屏蔽双绞线（Unshielded Twisted Pair，UTP）为传输介质，所有的计算机都通过集线器互相连接，计算机到集线器的最大长度为 100 m，如图4-20所示。

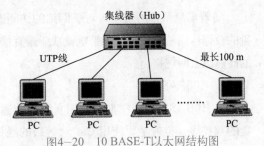

图4-20　10 BASE-T以太网结构图

10BASE-T 以太网的优点如下：

① 每台计算机都独立连接到集线器，如果计算机或线路发生问题，只影响本身这一段的线路，不影响其他计算机的运行。

② 从集线器的指示灯号即可判断那段线路故障，比较容易维护。

③ 移动计算机时，只需改变局部布线路径，整体布线路径不必改动。

4. 10BASE-F 以太网

10BASE-F 以太网可分成下述3类。

（1）10BASE-FL

10BASE-FL 中的L表示连接，也就是说，10BASE-FL 是以光纤连接网卡、集线器等设备，每网段连接距离最长可达 2000 m。

（2）10BASE-FB

10BASE-FB 中的B表示主干，也就是用来当作两个局域网连接的信道。

（3）10BASE-FP

10BASE-FP 中的P表示被动。这种结构类似星形网络，是以中央一个不具中继器功能的光缆集线器分接到计算机上，最多可接33台。上述 10 Mbit/s 以太网的整理如表4-2所示。

表4-2　10 Mbit/s以太网规格简表

项　　目	10BASE-5	10BASE-2	10BASE-T	10BASE-F
线　　材	同轴电缆	同轴电缆	双绞线	光缆
接　　头	DB15	BNC	RJ-45	ST
网段最大长度	500 m	185 m	100m	2000 m
最大扩展范围	2500 m	925 m	500 m	500 m
最大结点数	100	30	1024	2 或 33
拓　　扑	总线型	总线型	星形	星形
缆　线　阻	50 Ω	50 Ω	100 Ω	-

ST（Straight Tip）：用于连接光纤的接头，外观类似 BNC 接头，在 ISO 的正式名称为"BFOC/2.5"。

表4-2中的最大扩展范围是指利用集线器（或中继器）所扩展的最长距离。通常扩展之后的总长度比原先的单一网段要长，如 10BASE-5 从 500 m 扩展为 2500 m。但是光纤却是例外，反而从 2000 m 缩短为 500 m。这是因为光纤使用集线器来分接时，将失去点对点连接的特性，所以虽然扩展出较多的网段，可是总长度却不如原本单一网段的长度。

4.6.2　100 Mbit/s 以太网

随着信息科技的进步，对于网络的访问需求也越来越高，需要更高的传输速度，以应付更大量的数据传输量，此时增加带宽就成了最直接的解决办法。IEEE 在 1995 年发布了 3 种 100 Mbit/s 的高速以太网规格。

1. 100BASE-TX

与 10BASE-T 一样都是使用双绞线传输。不过由于传输的频率较高，因此需要使用较高质量的双绞线，也就是要使用 Cat 5 等级的线材。100BASE-TX 是市场上最早推出具有 100 Mbit/s 带宽的以太网结构，同时也是目前使用最普遍的网络类型。

2. 100BASE-T4

同样采用双绞线传输，而且可以使用 Cat 3、4、5 的线材作为传输介质，不过因为只有半双工的传输模式，而且推出时间太晚，因此市场上很难见到相关产品。

3. 100BASE-FX

使用光纤来传输，传输的距离与所使用的光纤类型及连接方式有关。如果使用多模光纤，在点对点的连接方式下，可达 2 km，而以单模光纤在点对点连接方式传输，其距离更可高达 10 km。点对点连接是指用一条网络介质连接两个网络结点。

除了上述 3 种规格，在 1997 年 又提出了100BASE-T2。它使用 Cat 3 双绞线即可达到 100 Mbit/s 的带宽，而且能以全双工模式传输数据，兼具 100BASE-TX 和 100BASE-T4 的优点，不过由于它的传输电路较难设计，成本相对较高，而且推出时间晚，消费者也就不易买到 100BASE-T2 的产品。

100 Mbit/s 的以太网与原先 10 Mbit/s 以太网最大的不同是带宽及线材质量的提升，将其整理如表4-3所示。

表4-3　100 Mbit/s 以太网规格简表

项　　目	100BASE-TX	100BASE-T4	00BASE-FX	100BASE-T2
线　　材	5-10	双绞线	光纤	双绞线
接　　头	RJ-45	RJ-45	ST、MIC、SC	RJ-45
网段最大长度	100 m	100 m	2/10 km	100 m
网络拓扑	星形	星形	星形	星形

SC：Subscriber Connector MIC：Medium-Interface Connector

4.6.3　1000 Mbit/s 以太网

100 Mbit/s 以太网出现后，仍持续研发更高速的传输技术，于是在 1998 年 IEEE 再度公布了 3 种超高速以太网（Gigabit Ethernet）标准。

1. 1000BASE-SX

短波长光纤以太网，只能使用多模光纤作为传输介质，如果采用 62.5 μm 的多模光纤，在全双工模式下，最长传输距离为 275 m，如果是使用 50 μm 的多模光纤，在全双工模式下，最长的传输距离为 550 m。

2. 1000BASE-LX

长波长光纤以太网，可采用单模或多模光纤来传输。使用多模光纤时，在全双工模式下，最长传输距离为 550 m，如果是采用单模光纤，在全双工模式下，传输距离则高达 5000 m。

3. 1000BASE-CX

使用有屏蔽双绞线作为传输介质，最长的传输距离仅有 25 m，因此并不适合拿来架设网络，比较适合用在服务器与服务器的连接上。

4. 1000BASE-T

IEEE于1999年所发表的超高速以太网规格，也是最受人瞩目的规格。1000BASE-T的特点，在于可以使用 Cat 5 的双绞线传输，最长传输距离为 100 m，也就是可以完全兼容于目前最普遍的 100BASE-TX 网络。不过因为线路质量影响传输速度极大，因此如果要能真正达到 1000 Mb/s 的性能，通常要采用 Cat 5e 或者 Cat 6 的线材才行，而且市场上相关产品尚属少数，彼此兼容性不佳，价格也偏高，因此目前还算是实验性产品。

1000 Mbit/s 以太网使用许多新的技术，以克服以太网在高带宽下，传输距离越来越短的问题。不过在价格、兼容性两大问题尚未解决之前，目前超高速以太网应该还不会被普遍应用，但是可预知的是，1000 Mbit/s 的带宽，绝对是未来的主流，其规格如表4-4所示。

表4-4　1000 Mbit/s 以太网规格简表

项　　目	1000BASE-SX	1000BASE-LX	1000BASE-CX	1000BASE-T
线　　材	光缆	光缆	光缆	双绞线
接　　头	SC	SC	SC、DB9	RJ-45
网段最大长度	275/550 m	550/5000 m	25 m	100 m
网络拓扑	星形	星形	星形	星形

4.6.4　以双绞线架设以太网

本节介绍构建一个 100BASE-TX 的以太网。因为 100BASE-TX 是目前普遍应用的以太网，有了架设 100BASE-TX 网络的经验，架设 1000BASE-T网络的困难会更少，因此第一步学习架设100BASE-TX网络是最好的选择。

1. 基本概念

在安装网卡前，无可避免地会提到中断请求、I/O端口地址和BASE Memory 地址等专有名词，因此有必要先说明这些名词，这对于以后的学习与实践将有很大的帮助。

（1）中断请求

在 PC 上连接的各种输出、输入设备，如键盘、鼠标、驱动器等，统称为I/O设备，这些 I/O 设备工作时都需要 CPU 的支持，因此先送出特定信号引起 CPU 的注意，这个特定信号便是中断请求（Interrupt ReQuest，IRQ）信号；顾名思义，IRQ 信号使 CPU 中断工作，转而执行中断服务子程序，支持发出该信号的 I/O设备。为了让 CPU 正确分辨出中断请求的来源，每个中断请求都拥有不同的编号，如此不仅可分别指定给不同的 I/O 设备，而且也替每个中断请求设置了优先级。当 CPU 同时接到两个以上的中断请求信号，先处理中断请求优先级较高的 I/O 设备所提出的要求，然后才响应中断请求优先级较低的 I/O 设备。

（2）I/O 端口地址

I/O 端口（Port）地址是CPU 与 I/O设备之间联络管道的地址。Port 这个单字的本义便是港口，在现实生活中，有川流不息的货物进出港口；对计算机而言，千千万万的数据也是经过I/O端口往返 CPU 与I/O 设备之间，I/O 端口地址如果弄错了，数据就送不到正确的目的地。

（3）BASE Memory 地址

BASE Memory 地址就是网卡上内存的地址，其中也包含了 Boot ROM 的地址，而 Boot ROM 的功能是让计算机不必安装软盘与硬盘，就可以直接连上网络启动操作系统。数据要传入或传出网卡之前，先放置在网卡的内存中，而 CPU 根据地址去读写内存的内容，没有地址的内存，CPU 根本不知道它的存在，更无法去访问它的数据。因此光是知道网卡内有内存还不够，还得赋予一个固定的内存地址，这个地址便称为 BASE Memory 地址。

2. 即插即用功能及设置

中断请求、I/O 端口地址和 BASE Memory 地址都是传统上在设置网卡时必须知道的概念，然而自从 Windows 95 推出即插即用（Plug and Play，PnP）功能以来，这些烦琐的设置工作都可以交给计算机去做，因此理论上可以达到完全免设置，然而要发挥 PnP 功能必须符合以下三大前提。

（1）主板支持 PnP

主板支持 PnP 是指主板上的 BIOS 支持 PnP，通常在 Pentium 级以上的主板多数支持，但是即使相同型号的主板，也因 BIOS 版本差异而表现出不同的支持能力，有关 BIOS 的种种细节，请参考相关的书籍。

（2）操作系统支持 PnP

目前支持 PnP 的操作系统有 Windows 95/98 及更高版本，而 Windows NT 4.0 并不支持 PnP，因此使用其他操作系统的用户，就注定无法享受 PnP 的便利了。

（3）接口卡支持 PnP

此处的接口卡指网卡、声卡、显卡等一切的外插卡。目前市面上的 PCI 网卡都支持 PnP 功能，完全不用做任何设置工作。至于 ISA 网卡的变化就比较多了，有的虽然也支持 PnP，但是使用时常出现中断请求或 I/O 端口地址相冲突，有的则允许通过跳线关闭 PnP 功能，还有的以软件关闭 PnP 功能。

3. 支持 PnP 的环境

通过 BIOS、操作系统和接口卡三者的合作，PnP 的优点才得以充分展现，其中如果有任一者出现问题（通常是 BIOS 或接口卡），都会使"Plug and Play"变成"Plug and Pray"，反而成了 DIY 时的绊脚石。因此在遇到下列情况时，我们通常还是采用 Non-PnP 网卡，NoN-PnP 网卡是指根本不支持 PnP 功能或是关闭 PnP 功能的网卡。

① 操作系统不支持 PnP 功能，例如：Windows NT 3.51、Windows NT 4.0 等。

② 即使主板与操作系统都支持 PnP 功能，但可能因为 BIOS 设置不好，因此发生多种设置抢用相同系统资源（IRQ、I/O 端口地址等），导致无法正常工作。

③ 如果计算机仍插有旧型的接口卡，例如必须手动设置 IRQ、I/O 端口地址的接口卡，甚至有的接口卡只能使用特定的 IRQ 和 I/O 端口地址，不得更改，此时 PnP 功能因为不认得这些"老前辈"，所以使用系统资源时便可能与其冲突。

Non-PnP 网卡不靠计算机自动分配系统资源，需要靠自己手动设置。但是因为目前 9 成以上的产品，都支持 PnP，因此本书对 Non-PnP 的设置不予介绍。

4. 安装网卡过程

安装网卡过程如下。

① 关闭计算机及其他周围设备的电源，最好将机箱的接线全部拔掉。

② 卸掉主机外壳螺钉，打开外壳。

③ 将网卡插入空的插槽，并锁上固定螺钉。

④ 装上机壳、锁上螺钉，并接回所有先前拆下的接线。

⑤ 打开电源，如果能执行到加载操作系统阶段，表示网卡已经插好。

⑥ 打开计算机电源，进入 Windows 时便会自动启动添加硬件向导，进行驱动程序的安装。

小 结

对三种局域网的说明如表4-5所示。

表4-5 三种局域网的比较

局域网	以太网	令牌环网络	LocalTalk
软件规格种类	多	少	一种
设备成本	中	高	低
优先权管理	无	有	无
使用桥接	可	可	不可
带宽的利用率	中	高	低

由于 CSMA/CA 在传输的过程中，必须送出许多握手帧，浪费了更多的带宽，所以它的作法并不被其他网络系统所采用。目前计算机网络的介质访问控制大多是以 CSMA/CD 或令牌传递为主。

CSMA/CD 的优点是架设与管理较为简易，每一台加入网络的计算机都能自由地竞争使用介质。但是如果因此网络上的计算机数量过多，则会增加冲突的频率，使得传输的效率大幅降低。相对地，令牌传递不会有冲突的问题，即使网络上的计算机数量增加，也不会因冲突延迟而降低效率。由于不像 CSMA/CD 用随机的抢占方式，而用固定的次序轮流使用令牌，使得每一台计算机传输的等待时间也很固定。不过由网络的管理较为复杂，其成本也相对较高，再加上其规格不像以太网那样普遍，一般的用户还是比较习惯使用 CSMA/CD 的以太网。

拓 展 练 习

1．以太网帧最小长度为（ ）。

A．46 bytes　　　　B．32 bytes　　　　C．64 bytes　　　　D．没有限制

2．MSAU 的功能类似哪一种设备（ ）？

A．集线器　　　　B．交换机　　　　C．网桥　　　　D．路由器

3．哪种介质访问方式不会有冲突的情形（ ）？

A．CSMA/CD　　　　B．CSMA/CA　　　　C．令牌传递

4．在以太网中，哪种情况可较有效发挥带宽（ ）？

A．较小的帧　　　B．较大的网络网段　　　C．较昂贵的线材　　　D．较少的计算机

5．AppleTalk 可架设在哪种网络上（ ）？

A．以太网　　　　B．令牌环网络　　　　C．LocalTalk　　　　D．以上都可

6．下列哪一个不是 100BASE-TX 与 10BASE-T 的差异（ ）？

A．带宽　　　　B．拓扑　　　　C．线材　　　　D．接头

7．以光纤作为传输介质的最大效益为（ ）。

A．带宽提升　　　B．成本降低　　　　C．管理方便　　　　D．安装容易

8．下列哪一个采用双绞线为传输介质（　　）？

A．10BASE-5　　　B．100BASE-FX　　　　　C．1000BASE-SX　　　D．1000BASE-T

9．目前最普遍的 100Mbit/s 以太网规格为（　　）？

A．100BASE-FX　　B．100BASE-T2　　　　C．100BASE-TX　　　D．100BASE-TP

10．下列哪一个采用星形网络拓扑（　　）？

A．1000BASE-LX　B．10BASE-5　　　　　C．100BASE-FX　　　D．100BASE-TX

11．简述冲突域概念。

12．CSMA/CD 如果发生冲突时，计算机会如何响应？

13．在 CSMA/CA 中，握手的功能是什么？

14．说明以太网、令牌环网络与 LocalTalk 所使用的介质访问方法。

15．比较 CSMA/CD 与 CSMA/CA 的传输效率与软件成本。

16．10 Mbit/s 以太网有哪几种规格？

17．目前 100 Mbit/s 以太网有哪几种规格？

18．目前 1000 Mbit/s 以太网有哪几种规格？

19．安装好网卡，可以执行哪两项检查工作，确认网卡是否运行正常？

20．根据 10BASE-T 和 100BASE-TX 的标准，只使用了 8 芯双绞线中的 4 芯，写出这 4 芯的编号与功能。

21．为什么在局域网中5类双绞线用得如此之广？

22．如果在一建筑内已安装了有较大电噪声的缆线，用哪一种缆线替代它最好？

23．判断正误：缆线连接器是网络中最可靠的元件。

24．判断正误：3类双绞线不能支持100Mbit/s以太网。

25．判断正误：光纤的安全性没有屏蔽双绞线（STP）好。

26．什么是局域网，局域网与广域网有哪些区别？

27．局域网中常用的拓扑结构有哪些？

28．以太网采用什么方式解决冲突问题？该方式如何工作？

第 ⑤ 章

广域网

本章主要内容

- 广域网概述
- 广域网的标准协议介绍
- 广域网路由
- 广域网技术

广域网（Wide Area Network，WAN）是覆盖范围相对较广的数据通信网络，可以连接多个城市和国家，形成地域广大的远程处理和局部处理相结合的计算机网络，其结构比较复杂，传输速率一般低于局域网。图5-1所示的CERNET网（中国教育和科研计算机网）就是广域网。

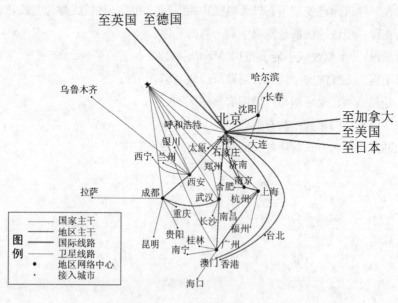

图5-1 CERNET广域网

5.1 概 述

广域网由结点以及连接这些结点的链路组成，链路就是传输线，也可称为线路、信道或干线等，用于计算机之间传送比特流。结点也可称为交换机、分组交换结点或路由器，将它们统称为路由器。结点执行分组存储转发的功能，结点之间是点到点连接，如图5-2所示。广域网基于报文交换或分组交换技术，当信息数据沿输入线到达路由器后，路由器经过路径选择，找出适当的输出线并将信息数据转发出去。

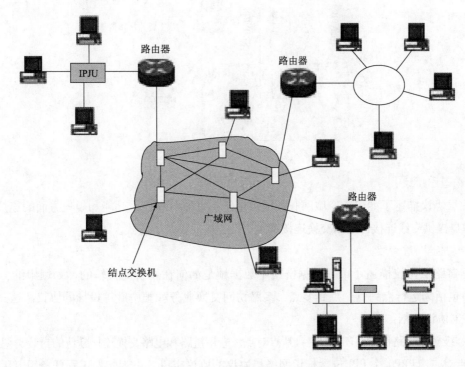

图5-2　广域网的结构

　　广域网和局域网有较大的区别和联系。在范围上，广域网比局域网的覆盖范围要大得多。在组成上，广域网通常是由一些结点交换机以及连接这些交换机的链路组成，结点交换机执行将分组存储转发的功能，结点之间都是点到点连接，为了提高网络的可靠性，通常一个结点交换机与多个结点交换机相连；而局域网通常采用多点接入、共享传输媒体的方法。层次上，广域网使用的协议在网络层，主要考虑路由选择问题；而局域网使用的协议主要在数据链路层以及物理层。在应用上，广域网强调的是数据传输；而局域网侧重的是资源共享，更多关注如何根据应用需求进行规划、建立和应用。对于广域网，侧重的则是网络能够提供什么样的数据传输业务，以及用户如何接入网络等。

5.2　广域网的标准协议

　　广域网的标准协议包括三部分，分别为物理层协议、数据链路层协议和网络层协议，广域网协议结构如图5-3所示。

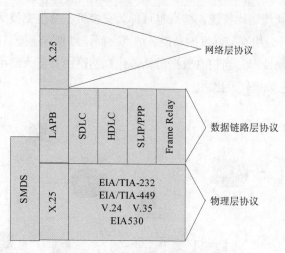

图5-3 广域网协议

1. 物理层协议

物理层协议描述了如何为广域网服务提供电子、机械、程序、功能和规程方面的连接。广域网物理层提供专线连接、电路交换连接和包交换连接三种基本方式。

2. 数据链路层协议

数据链路层协议描述了单一数据链路中数据帧是如何在系统间传输的，如帧中继、ATM等。其中包括为运行点到点、点到多点、多路访问交换业务如帧中继等设计的协议。这一层典型的广域网协议包括：

① 高级数据链路控制（HDLC）：是点对点、专用链路和电路交换连接默认的封装类型。

② 点对点（PPP）：PPP包含标识网络层协议的协议字段，由因特网工程任务组（Internet Engineering Task Framework，IETF）定义并开发。

③ 串行链路网络协议（SLIP）：是点对点串行连接应用于TCP/IP的标准协议。

④ 综合业务数字网（ISDN）：一种数字化电话连接系统。ISDN是第一部定义数字化通信的协议，该协议支持标准线路上的语音、数据、视频、图形等的高速传输服务。

⑤ X.25及平衡式链路访问程序（LAPB）：X.25是帧中继的原型，指定LAPB为一个数据链路层协议。

⑥ 帧中继：一种产业标准，维护多路虚拟电路的交换式数据链路层协议。

3. 网络层协议

网络层协议主要提供两种功能，一是为网络上的主机提供服务，分别为面向连接的服务和无连接的服务，其具体实现通过数据报服务和虚电路服务；二是路由的选择和流量控制。

5.3 广域网路由

广域网是一种大跨越的地理区域网络，在网中的计算机主机也称之为端点系统。主机通过通信子网连接。子网的功能是把消息从一台主机传到另一台主机，就好像电话系统中把声音从讲话方传送到接收方。通信子网一般由两个不同的部分组成，即传输线和交换单元。传输线也称为线路、信道或者干线，用来在计算机之间传送比特数据，交换单元称为路由器。

在广域网中包含大量的电缆或电话线，每一条都连接一对路由器。如果两个路由器间没有电缆连接而又希望进行通信，则必须使用间接的方法，即通过其他路由器。这说明了在广域网中路由选择的重要性。

当通过路由器把分组从一个路由器发往另一个路由器时，分组完整地被每一个中间路由器接收并存放起来。当需要的输出线路空闲时，再转发该分组，将这种技术称为存储转发技术，几乎所有的广域网都使用存储转发技术。

5.3.1 路由选择机制

1. 广域网的物理地址

为了实现在计算机网络中进行通信，连接到网络的计算机就必须有它自己的唯一的地址，只有这样，才能明确要将分组发送给谁，以及由谁来接收该分组。没有地址的计算机无法在计算机网络中进行通信。

为了提高数据传输的效率，广域网采用了层次编址。最简单的层次编址方案是将一个地址分成前后两部分：前一部分表示分组交换机，后一部分表示连在分组交换机上的计算机，这种层次编址方案如图5-4所示。

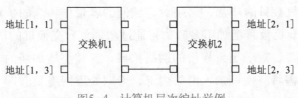

图5-4　计算机层次编址举例

图5-4中用一对十进制整数来说明一个地址。连到交换机1上的端口1的计算机的地址为[1，1]。不难看出，采用这种编址方案，广域网中的每一台计算机的地址一定唯一。在实际应用中，计算机的地址都用二进制数表示。二进制数中的一些位表示地址的第一部分，即交换机的编号；而其他位则表示地址的第二部分，即计算机接入的交换机的端口号。因为每个地址用一个二进制数来表示，所以用户和应用程序可将地址看成一个数，而不必知道这个地址是分为两部分。

交换机利用目的地址进行端口的选择。分组交换机并不需要知道所有可能的目的信息，它只需知道的是：为了将分组发往最终目的地所需的下一站的地址。因此，每个结点交换机中都有一个路由选择表，一般也称之为路由表。当接收到一个分组时，交换机即根据分组的目的地址查找路由表，以决定分组应发往的下一站是什么。表5-1即为图5-4中交换机1的路由表，并且仅给出了路由表中最重要的两个内容，即一个分组将要发往的目的站，以及分组发往的下一站。

表5-1　交换机1的路由表

目 的 地	下 一 站
[1，1]	交换机 1 的端口 1
[1，3]	交换机 1 的端口 3
[2，3]	交换机 2 的端口 3

应该注意的是，路由表中没有源地址这一项。这是因为交换机在转发分组时，所需要的信息只与分组的目的地址有关，而与分组的源地址以及分组在到达交换机之前所走的路径无关，这种特性也叫做源地址独立性。

源地址独立性使得计算机网络中的转发变得更紧凑、更有效。这是因为转发不需要源地址信息，而仅仅从分组中检查目的地址，所以所有的沿同样的路径的分组只需占用路径表的一个入口。

2. 层次地址和路由的关系

路由是为被转发的分组选择下一站的过程。从5-1表中可以看出，表中不止一个表目具有相同的下一站，如目的地为[1，1]和[1，3]的表目。也就是说，目的地址的第一部分相同的分组都将被发往通向同一个交换机的端口。这样，在转发分组时，交换机只需检查层次地址的第一部分即可。这种转发的好处是：

① 因为路由表可以排成索引阵列的形式，不需再逐项搜索，因此缩短了查表时间；

② 因为每个目的交换机占用一个表项，而不是每个目的计算机占用一个表项，从而缩小了路由表的规模。

在两级地址方式中，除了最后的交换机外，其余交换机在转发分组时，都只用到分组的目的地址的第一部分，当分组到达与目的计算机相连的交换机时，交换机才检查分组目的地址的第二部分，将分组送往最终的目的计算机。

5.3.2　广域网中的路由

随着连入的计算机数目的增加，必须对广域网的容量作相应的扩展。广域网有两种扩展方式：第一，当计算机数目增加不多时，可通过增加单台交换机的I/O端口硬件或使用快速的CPU来扩展；第二，对于更大规模的网络扩展，就需要增加新的分组交换机。增加网络的分组交换能力只需将交换机加入网络内部，专门处理网络负载即可，不需要增加计算机。这样的交换机上没有连接计算机，叫做内部交换机，外部交换机是与计算机直接相连的交换机。

不论外部交换机还是内部交换机，都需要一张路由表，并且应都能转发分组，只有这样才能保证网络正常工作。而且，路由表必须符合下列条件：

① 路由完备性：每个交换机的路由表必须包含有所有可能目的地的下一站。

② 路由优化性：对于一个给定的目的地而言，交换机内路由表中下一站的值必须是指向目的地的最短路径。

在广域网的拓扑中，用结点表示网络中的分组交换机，边表示广域网中的链路。如图5-5所示的是一个广域网及其相应的表示图。

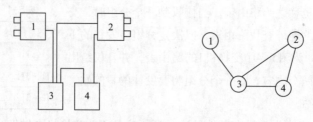

图5-5　广域网及其相应的表示图

表5-2是图5-5所示网络中各交换机的路由表。

表5-2 每个交换机的路由表

交换机 1		交换机 2		交换机 3		交换机 4	
目的地	下一站	目的地	下一站	目的地	下一站	目的地	下一站
1		1	[2，3]	1	[3，1]	1	[4，3]
2	[1，3]	2		2	[3，2]	2	[4，2]
3	[1，3]	3	[2，3]	3		3	[4，3]
4	[1，3]	4	[2，4]	4	[3，4]	4	

虽然层次地址减小了路由表的规模，但简化了的路由表仍然包括有许多下一站相同的表目，造成表项的重复。对于图5-5所示的网络，交换机1对应只有一条链路连到其他的交换机上（交换机3），除了给交换机1自己的信息外，所有的输出分组都只能发往这一条链路端口上。在较小的网络中，路由表重复的表目不多。然而，在规模巨大的广域网中，有的交换机的路由表中将有大量的重复表项，这种情况下，查找路由表将很费时。为限制表项的重复，大多数的广域网采用默认的路由机制，这种方法用一个表目来代替路由表中有相同下一站值的许多表目。任何路由表中只允许有一条默认路由。而且默认路由的优先级低于其他路由。转发机制对于给定的目的地址，如果找不到一条明确的路由，它就使用默认路由。利用默认路由，表5-2可简化为如表5-3所示。

表5-3 有默认路由的路由表

交换机 1		交换机 2		交换机 3		交换机 4	
目的地	下一站	目的地	下一站	目的地	下一站	目的地	下一站
1		2		1	[3，1]	2	[4，2]
*	[1，3]	4	[2，4]	2	[3，2]	4	
		*	[2，3]	3		*	[4，3]
				4	[3，4]		

表中的*表示默认路由，默认路由是可选的，只有在多个目的地的下一站相同时，才有默认路由。例如路由表中交换机3就无须默认路由，因为交换机3通往每个方向的下一站都不相同。而交换机1则有默认路由，因为除了它自己，通往所有方向的下一站相同。

5.3.3 路由算法

路由表主要依据路由算法来构造。一个好的路由算法应具备下列特征：正确性、简单性、健壮性、稳定性、公平性和最优性。然而这些优点往往不能兼得。例如，健壮性要求算法不受网络故障的影响，能很好地适应网络拓扑结构和流量的改变，但这往往需要定期收集各种有关的网络信息并进行复杂的计算，其算法就不能简单。再例如，为使网络的吞吐量达到最大，就必须保证数据流量大的站点优先占用最优路由进行发送，这样数据流量小的站点就只能使用较差的路由或等待较长的时间才能发送。另外最优路由算法，也不能保证所有的性能指标都是最优，例如可使网络获得最大吞吐量的路由算法，就无法使得分组在网络中的平均延迟最小。在通常情况下，一种优秀的路由算法是兼顾某几项重要的性能指标并使它们都成为较优。路由选择算法有非自适应路由算法和自适应路由算法两种。

1. 非自适应路由算法

非自适应路由算法又称静态路由算法，静态路由是指由网络管理员手工配置的路由信息，该路由表在系统启动时被装入各个结点（路由器），并且在网络的运行过程中一直保持不变。这种算法没有考虑到网络运行的实际情况，当网络的拓扑结构或链路的状态发生变化时，网络管理员需要手工去修改路由表中相关的静态路由信息。静态路由信息在默认情况下是私有的，即它不会传递给其他的路由器。当然，也可以通过对路由器进行设置使之成为共享。非自适应路由算法简便易行，在一个载荷稳定、拓扑变化不大的网络中运行效果很好，因为在这样的环境中，网络管理员易于清楚地了解网络的拓扑结构，便于设置正确的路由信息。因而静态路由算法广泛应用于高度安全性的军事系统和较小的商业网络。

在大型和复杂的网络环境中，不适合采用静态路由，一方面因为网络管理员难以全面地了解整个网络的拓扑结构；另一方面，当网络的拓扑结构和链路状态发生变化时，需要大范围地调整路由器中的静态路由信息，这就增大了工作的难度和复杂程度。

2. 自适应路由算法

自适应路由算法也称为动态路由算法，它总是根据网络当前流量和拓扑来选择最佳路由，当网络中出现故障时，自适应路由算法可以很方便地改变路由，引导分组绕过故障点继续传输。自适应路由算法灵活性强，但算法复杂，实现难度较大，各个路由器之间需定期交换路由信息，增加了网络的负担，另外当算法对动态变化的反应太快时容易引起振荡。因为为了可应付各种意外情况，大型网络可设计为具有多重连接，而动态路由又能使网络自动适应变化，所以大多数网络都采用动态路由。

5.4 广域网技术

在本节，主要介绍在广域网中应用的主要技术。

5.4.1 X.25网

1. X.25网简介

X.25网是采用X.25标准建立的网络。X.25标准是在1976年建立的，X.25是连网技术的标准和一组通信协议，也就是说，它只是一个对公共分组交换网（PSN）接口的规范，并不涉及网络内部的功能实现，因此X.25网是该网络与网络外部DTE的接口遵循X.25的标准。X.25标准开创了分组交换技术的先河。建立X.25标准的目的是为了使用标准的电话线建立分组交换网。

2. X.25的体系结构

X.25的出现早于ISO/OSI参考模型，所以没有被精确地定义成同7层模型相同的术语。X.25协议通常被描述成如下3层结构，近似对应于OSI参考模型的底3层，其对应关系如图5-6所示。

在X.25中，将物理层称为X.21接口。该接口规定了数据终端设备（DTE）和X.25网络之间的电气和物理接口。X.25的链路访问层描述了X.25支持的数据类型和帧结构，同样也描述了建立虚电路的链路访问过程，在平衡异步会话中的流量控制与传送结束后电路拆除等。在分组层，X.25建立了一个贯穿分组交换网络的可靠虚拟连接，使得X.25能够提供点对点的数据分组投递，而不是无连接的或多点之间的数据分组传输。

3．X.25服务

X.25服务是接收从终端用户来的数据包，并将数据包经过计算机网络传输后，送到指定的终端用户。在X.25中，有许多差错检查功能，用以保证数据的完整性。这是因为X.25是利用电话线进行数据传输的，但电话线传输不能保证可靠性。

4．分组的概念

一个数据分组是一个能够独立从源地址到目的地址之间进行传送的信息单元，它被封装和寻址，不再需要任何其他的信息。分组包括两个部分，其一是数据本身，其二是分组头的寻址信息。图5-7给出了分组结构，除了源地址和目的地址，分组还包括路由、差错校验和控制信息。每一个数据分组是一个包含自身寻址和路由信息的分离信息分组。

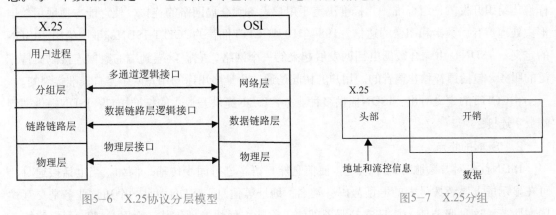

图5-6　X.25协议分层模型　　　　　　　　图5-7　X.25分组

5．分组组装/拆装器（PAD）

使用X.25规范与分组交换网接口的DTE必须有相应的硬件和软件支持X.25规范，具有这种能力的终端称为X.25终端或分组终端，但实际使用的许多终端（如字符终端）都不具备这样的能力，它们不能直接与X.25网络相连。为了解决这个问题，CCITT定义了一种称为PAD（Packet Assembly/Disassembly）的设备，PAD插在非X.25终端和分组交换网之间，起一个规范转换的作用，帮助把非X.25网的数据流转换成X.25网数据包，或者将X.25网的数据包转换成非X.25的数据流，同时它还具有完成建立、协议转换、仿真、调整速率等功能。PAD的工作过程如图5-8所示。

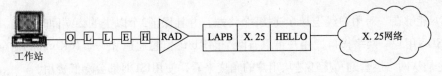

图5-8　分组组装/拆装器

对DTE来说，PAD就像一个调制解调器。这就是，除了通常异步通信所需的软硬件外，无须在DTE上再增加特别的软硬件。也可用调制解调器通过点到点链路将DTE连至PAD上。

6．X.25的性能

在X.25的发展初期，网络传输设施基本上借用了模拟电话线路，这种线路非常容易受噪声的干扰，从而引起误码。为了确保无差错的传输，在每个结点，X.25都要做大量的处理，这样就导致较长的时延并且除了数据链路层，分组层协议为确保分组在各个逻辑信道上按正确顺序传送，需要有一些处理开销。在一个典型的X.25网络中，分组在传输过程中在每个结点大约有30次左右的差错检测或其他处理步骤。这样有效吞吐量远远低于构成网络的物理链路的额定容量。

现今的数字网络越来越多地使用光纤介质，可靠性大大提高，带宽足够大，发生拥塞的可能性很小。不再需要流量控制，而且错误恢复可由必须处理错误恢复的高层处理。因此，就可以简化X.25的某些差错控制过程。帧中继技术正是基于这一思想发展而来。

5.4.2 ISDN网

1. ISDN的定义

ISDN基本上是对电话系统重新设计后建立的，ISDN不遵照OSI，它是遵照CCITT和各国的标准化组织开发的一组标准，其标准决定了用户设备到全局网络的连接，使之能方便地用数据形式处理声音、数字和图像的通信。1984年10月CCITT推荐的CCITT ISDN标准中给出了ISDN的定义：ISDN是由综合数据电话网发展起来的一个网络，它提供端到端的数据连接以支持广泛的服务，包括声音和非声音的。用户的访问是通过少量多用途的用户网络接口标准实现的。

由CCITT的定义看出：ISDN提供多种业务；ISDN提供开放式的标准接口；ISDN提供端到端数字连接。

2. ISDN的特点

ISDN首先对音频服务做了改进，使信息能与语音进行同步传输。例如，当电话接通时，可在显示屏上显示拨号人的电话号码、姓名、地址等信息。ISDN中另一个通信业务是交互式图文服务，这种服务使一些日常的服务部门工作能方便快速地完成，如预定票、预定旅馆、银行转账等工作。

ISDN业务的特点主要表现在以下几个方面。

（1）综合性

ISDN能通过一对用户线提供电话、数据、传真、图像、可视电话等多种服务。既可以向用户提供可以交换的实时连接业务，也可以提供用于专线的永久连接业务。在可交换业务中，ISDN既可以提供电路交换业务，也可以提供分组交换业务。

（2）经济性

ISDN能够在一对用户线上最多连接8个终端，并且保证3个以上的终端同时通信。对于基本连接的ISDN用户—网络接口，用户可以有两个64Kbit/s信息通道和一个16Kbit/s的信令通道。所以说无论是从网络运营的角度还是从用户的角度来看，使用ISDN都会降低费用。

（3）支持多种应用

因为ISDN可以为用户提供端到端的透明连接，用户可以根据自己的应用需要传递各种信息。目前，ISDN的用户主要是中小企业和公司，同时也正向住宅发展，适用于需要在家办公的一些人员。

5.4.3 ATM技术

异步传输模式（Asynchronous Transfer Mode）简称ATM，是建立在电路交换和分组交换的基础上的一种面向连接的新的交换技术。

1．ATM的特点

在ATM网中，ATM交换机占据核心地位，而ATM交换技术则是融合了电路交换方式和分组交换方式优点而形成的新型的交换技术，主要具有以下特点。

① 以固定长度的信元作为信息传输的单位，采用硬件进行交换处理，能够支持高速、高吞吐量和高服务质量的信息交换，有效提高了交换机的处理能力，更加有利于带宽的高速交换。

② 采用面向连接的方式传送，类似于电路交换的呼叫连接控制方式。在建立连接时，交换机为用户在发送端和接收端之间建立虚电路，减少了信元传输处理时延，有效保证了交换的实时性，尤其适合对实时性要求很高的信息传输。具备该特征是为了预订和留用网络资源，以满足应用服务需求。面向连接还表明在网络中的每个交换机都维持一个信元路由选择表，告诉交换机如何把进来的信元与适当的输出链路相联系。

③ 统计多路复用，将来自不同信息源的信元汇聚到一起，在缓冲器内排队，队列中的信元根据到达的先后，按优先级逐个输出到传输线路上，形成首尾相接的信元流。同一信道或链路中的信元可能来自不同的虚电路，传输线路上的信元并不对应某个固定的时隙，也不按周期出现。按需分配带宽是ATM与生俱来的优点。

④ ATM显著的缺点是信元首部的开销太大，并且交换技术比较复杂，其协议的复杂性也使得ATM系统的配置、管理和故障定位较为困难。

⑤ ATM以异步标示其特征，表明信元可能出现的时间是不规则的，这种不规则的时间取决于应用程序的性质，而不是传输系统的成帧结构。

2．ATM网络结构

ATM与帧中继一样，差错控制依赖于系统自身的稳定性以及终端智能系统中的检错和纠错功能。它与帧中继的区别在于帧中继中分组的长度是可变的，而ATM的分组长度是固定的，每一分组都为53字节，这种长度固定为53字节的分组在ATM网络中就被称为信元，使用信元传输信息是ATM的基本特征。ATM被ITU-T定义为"以信元为信息传输、复接和交换的基本单位的传送方式"。异步传输是指特定用户信息的信元的重复出现不必具有周期性，不存在和某条虚电路对应的固定ATM信元位置，因此将这种发送ATM信元方式称为异步传输方式。故ATM所需要的额外开销比帧中继还要少，因此ATM设计的工作范围被大大扩展了，通常在几十到几百兆bit/s之间。其网络结构如图5-9所示。

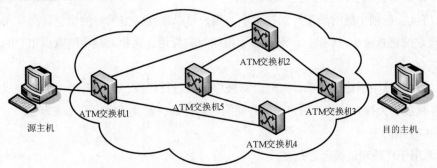

图5-9　ATM网络结构图

5.4.4 帧中继

帧中继技术是能在用户与网络接口之间提供用户信息流的双向传送，保持其顺序不变，并对用户信息流进行统计复用的一种承载业务。用户信息以帧为单位进行传输，并以快速分组技术为基础。帧中继只存于OSI模型的最低两层，链路的各个终端使用路由器将各自的网络连到帧中继网络上。由于帧长度是可变的，因此不适合于语音和视频。

1. 工作原理

帧中继是一种用于减少结点处理时间的技术，其基本工作原理是：在一个结点收到帧的目的地址后，就立即开始转发该帧，无须等待收到整个帧和做任何相应的处理。因此在帧中继网络中，一个帧的处理时间比X.25网络减少一个数量级，其吞吐量要比X.25网络提高一个数量级以上。然而，按照帧中继的工作原理，当帧在传输过程中出现差错，并检测到差错时，该帧的大部分可能已经被转发到了下一个结点，那么解决这个问题的方法为：当检测到该帧有差错时立即终止发送，并向下一结点发送停止转发指示，下一结点收到该指示后立即终止传输，丢弃该帧并请求重发。

由此可以看出帧中继网络的纠错过程较为费时，但和一般分组交换网传送方式相比，帧中继的中间结点交换机只转发而不发送确认帧，只有终端结点在收到一帧后才向源结点发回端到端的确认帧，所以只有当其误码率非常低时，帧中继技术才能发挥其所具有的潜力。

帧中继由两个操作平面构成，分别为控制平面（C平面）和用户平面（U平面）。虚电路的建立和释放在帧中继的控制平面操作，而用户平面提供端到端的传送用户数据和管理信息功能。当虚电路建立后，用户平面就可以独立于控制平面进行数据发送，其协议的体系结构如图5-10所示。

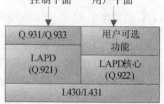

图5-10 帧中继的协议体系结构

2. 帧中继的特点

帧中继的特点如下：

① 高效性。帧中继将流量控制、纠错等功能留给智能终端完成，简化了中间结点交换的协议处理，从而减小了传输时延提高了传输速率。

② 高可靠性。帧中继的前提是拥有高质量线路和智能化的终端，前者保证了数据在传输中的低误码率，而后者能够纠正这些少量的差错。

③ 经济性。在帧中继的带宽控制技术中，用户可以在网络空闲时使用超过之前向帧中继业务供应商预定的信息速率（CIR），而不必承担额外的费用，这也是帧中继吸引用户的主要原因之一。

④ 灵活性。帧中继协议简单，可随时对硬件设备进行修改、软件升级，即可完成帧中继网的组建，并且能够为接入该网的用户提供共同的网络传输，避免了协议的不兼容性。

3. 帧中继网的应用

① 通常用于广域网连接远程站点。

② 帧中继网常用于为早期设计的，但已过时的X.25进行升级。

③ 帧中继网适用于处理突发性信息和可变长度帧的信息，特别适用于局域网的互连。

④ 当用户需要数据通信，其带宽要求为64kbit/s～2Mbit/s，而通信结点多于两个时。

⑤ 通信距离较长时，应优选帧中继。

⑥ 当数据业务量为突发性时，由于帧中继具有动态分配带宽的功能，选用帧中继可以有效地处理突发性数据。

4. 帧中继设计网络需要考虑的重要因素

① 对于5个或更多站点的互连，帧中继是非常有效的；

② 当距离比较远时，选择帧中继非常明智；

③ 对时间不敏感的数据通信，帧中继是比较好的选择。

5. 帧中继网络组成

帧中继网由下述三部分组成。

① 帧中继接入设备：帧中继接入设备（FRAD）可以是任何类型的帧中继接口设备，如主机、分组交换机、路由器等。

② 帧中继交换设备：包括帧中继交换机、具有帧中继接口的分组交换机和其他复用设备，为用户提供标准的帧中继接口。

③ 公用帧中继业务：作为中间媒介，方便业务提供者通过公用帧中继网络提供帧中继业务。

5.4.5　HDLC 协议

HDLC是使用得最为广泛的数据链路控制协议，HDLC 协议是面向比特的数据链路协议，是数据链路传输的主要协议类型。

1. 站的类型

HDLC协议规定了站的三种类型：主站P（Primary）、从站S（Secondary）和复合站C（Combined）。

在链路上用于控制目的的站称为主站，负责对数据流进行组织，对链路上的差错实施恢复，主要功能是发送命令帧和接收应答帧。受主站控制的站称为从站，负责对主站的命令发出应答帧，与主站保持逻辑链路从而配合主站对链路的控制。一般地，主站需要比从站有更多的逻辑功能，所以当终端与主机相连时，主机一般总是主站。在一个站连接多条链路的情况下，该站对于一些链路而言可能是主站，而对另外一些链路而言又可能是从站。复合站是主站和从站功能的复合体，既能像主站一样发送命令帧，也能像从站一样接收响应命令帧。

从建立链路结构形式考虑，复合站在链路上兼顾主、从站的功能，所以各复合站之间信息传输的协议对称，具有同样的传输控制功能，称为平衡型链路结构，其操作为平衡操作，如图5-11（a）所示。在计算机网络中这是一个非常重要的概念，是学习后面HDLC的操作方式的基础。相对的，操作时有主站、从站之分，且各自功能不同的结构，称为非平衡型链路结构，其操作为非平衡操作。非平衡型结构又分为"点对点式"和"一点对多点式"，如图5-11（b）所示。无论平衡型还是非平衡型链路结构都支持全双工和半双工传输。

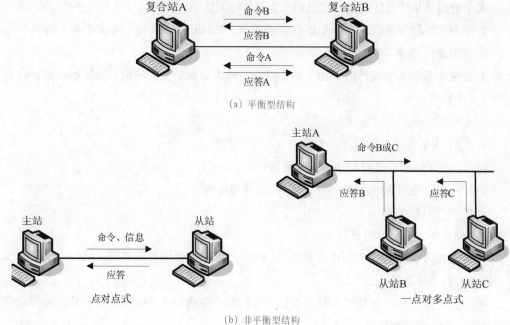

（a）平衡型结构

点对点式

（b）非平衡型结构

图5-11 链路结构形式

2. HDLC的传输模式

① 正常响应模式NRM（Normal Response Mode）应用于非平衡型结构，也可称为非平衡正常响应模式。该响应模式适用于面向终端的点到点或一点与多点的链路，在传输过程中主站可以任意时刻启动数据传输，而从站只有在收到主站某个命令帧，置于此种模式才能以应答的方式向主站发送数据帧。应答数据帧可以由一个或多个帧组成，若数据由多个帧组成，则应指出哪一个是最后一帧。主站负责管理整个链路，且具有轮询、选择从站及向从站发送命令的权利，同时也负责对超时、重发及各类恢复操作的控制。

② 异步响应模式ARM（Asynchronous Response Mode）应用于一个主站和一个从站组成的点对点式非平衡型结构。与NRM不同的是ARM下的传输过程中从站不需要得到主站的允许，而由从站启动，即可自主地发送信息。在这种操作方式下，由从站来控制超时和重发，主站拥有对线路的控制权，如：初始化、差错恢复、终止逻辑连接。这种模式一般只用于特殊的场合。

③ 异步平衡模式ABM（Asynchronous Balanced Mode）用于通信双方都是复合站的平衡型结构，允许任何结点来启动传输的操作模式。结点之间在两个方向上都需要较高的信息传输量，链路传输效率较高。在这种操作方式下任何时刻、任何站都能启动传输操作，每个站既可作为主站又可作为从站，每个站都是复合站。各站都有相同的一组协议，任何站都可以发送或接收命令，也可以给出应答，并且各站对差错恢复过程都负有相同的责任。

5.4.6 点对点协议

点对点协议（Point to Point Protocol，PPP）是Internet中广泛使用的链路层通信协议。对于点对点的通信链路，PPP协议比HDLC协议简单。虽然用户接入因特网的方式多种多样，但无论是通过什么方式，通常用户都需要连接到某个因特网服务提供者（Internet Service Provider，

ISP）才能接入因特网，而ISP通过与高速通信线路连接的路由器，与因特网连接。PPP协议就是用户计算机和ISP进行点对点线路通信所使用的数据链路层协议，以便控制数据帧在它们之间的传输。

互联网工程任务组（IETF）于1992年制定了PPP协议，经过修订已成为Internet的正式标准。PPP协议主要包括三个部分：

① 一个将IP数据报封装到串行链路的方法。PPP既支持异步链路（无奇偶检验的8比特数据），也支持面向比特的同步链路。IP数据报在PPP帧中就是其信息部分。这个信息部分的长度受最大传送单元MTU的限制。

② 一个用来建立、配置和测试数据链路连接的链路控制协议LCP（Link Control Protocol）。通信双方可在数据链路连接的建立阶段，借助于链路控制协议LCP，协商一些选项，如在LCP分组中，可提出建议的选项和值、接收所有选项、有一些选项不能接受和有一些选项不能协商等。

③ 一套网络控制协议NCP（Network Control Protocol）。它包含多个协议，其中的每一个协议支持不同的网络层协议，如IP、OSI的网络层、DECnet及AppleTalk等。

5.4.7 DDN技术

DDN既可用于计算机之间的通信，也可用于传送数字化传真、数字话音、数字图像信号或其他数字化信号。它主要包括两种类型的连接：永久性连接的数字数据传输信道是指用户间建立固定连接，传输速率不变的独占带宽电路；半永久性连接的数字数据传输信道对用户来说是非交换性的。

数字数据网使用光纤作为中继干线，它将数万、数十万条以光缆为主体的数字电路，通过数字电路管理设备，构成一个传输速率高、质量好，网络时延小，全透明、高流量的数据传输基础网络。

DDN的基本组成单位是结点，结点间通过光纤连接，构成网状的拓扑结构，用户的终端设备通过数据终端单元（DTU）与就近的结点相连。

CHINADDN是邮电部门经营管理的中国公用数字数据网。

1. DDN网络基本组成

DDN由数字通道、DDN结点、网管控制和用户环路组成。

在"中国DDN技术体制"中将DDN结点分成2兆结点、接入结点和用户结点三种类型。

（1）2兆结点

2兆结点是DDN网络的骨干结点，执行网络业务的转换功能。主要提供2048Kbit/s(E1)数字通道的接口和交叉连接、对N×64kbit/s电路进行复用和交叉连接以及帧中继业务的转接功能。

（2）接入结点

接入结点主要为DDN各类业务提供接入功能，主要包括：N×64Kbit/s、2048Kbit/s数字通道的接口，N×64Kbit/s（N=1~31）的复用，小于64Kbit/s子速率复用和交叉连接，帧中继业务用户接入和本地帧中继功能，压缩话音/G3传真用户入网。

（3）用户结点

用户结点主要为DDN用户入网提供接口并进行必要的协议转换。它包括小容量时分复用设备；通过帧中继互连的局域网中的网桥/路由器等。

在实际组建各级网络时，可以根据网络规模、业务量等具体情况，酌情变动上述结点类型的划分。例如：把2兆结点和接入结点归并为一类结点，或者把接入结点和用户结点归并为一类结点，以满足具体情况的需要。

2．DDN提供的业务

DDN是全透明网，可支持多种业务。主要包括：

① 提供带信令的模拟接口，用户可以直接通话，或接到自己内部小型交换机进行电话通信，也可以进行数据、图像、语音及传真等多种传输业务。

② 提供速率为N×64Kbit/s至2.08Mbit/s的半固定连接同步传输数字信道。

③ 提供满足ISDN要求的数字传输信道

④ 可进行点对点专线，一点对多点轮询、广播、多点会议。DDN的一点对多点业务适用于金融、证券等集团系统用户组建总部与其分支机构的业务网。利用多点会议功能可以组建会议电视系统。

⑤ 开放帧中继业务。用户以一条专线接入DDN，可以同时与多个点建立帧中继电路。

⑥ 提供虚拟专用网业务。

3．DDN网络的应用

（1）DDN网络在计算机连网中的应用

DDN作为计算机数据通信连网传输的基础，提供点对点、一点对多点的大容量信息传送通道。如利用全国DDN网组成的海关、外贸系统网络。各省的海关、外贸中心首先通过省级DDN网，到达国家DDN网骨干核心结点。由国家网管中心按照各地所需通达的目的地分配路由，建立一个灵活的全国性海关外贸数据信息传输网络。并可通过国际出口局，与海外公司互通信息，足不出户就可进行外贸交易。

此外，通过DDN线路进行局域网互连的应用也比较广泛。一些海外公司设立在全国各地的办事处在本地先组成局域网络，通过路由器等网络设备经本地、长途DDN与公司总部的局域网相连，实现资源共享和文件传送、事务处理等。

（2）DDN网在金融业中的应用

DDN网不仅是用于气象、公安、铁路、医院等行业，也涉及证券业、银行、金卡工程等实时性较强的数据交换。

通过DDN网将银行的自动提款机（ATM）连接到银行系统大型计算机主机。银行一般租用64Kbit/s DDN线路把各个营业点的ATM机进行全市乃至全国连网。在用户提款时，对用户的身份验证、提取款额、余额查询等工作都是由银行主机来完成。这样就形成一个可靠、高效的信息传输网络。

通过DDN网发布证券行情，证券公司租用DDN专线与证券交易中心实行连网，大屏幕上的实时行情随着证券交易中心的证券行情变化而动态改变，而远在异地的股民们也能在当地的证券公司进行操作，决定自己的资金投向。

（3）DDN网在其他领域中的应用

DDN网作为一种数据业务的承载网络，不仅可以实现用户中断的接入，而且可以满足用户网络的互连，扩大信息的交换与应用范围。如无线移动通信网利用DDN联网后，提高了网络的可靠性和快速自愈能力。七号信令网的组网，高质量的电视电话会议，以及今后增值业务的开发，都是以DDN网为基础的。

小　结

广域网是覆盖范围广泛的计算机网络，其结构比局域网复杂，但速度低于局域网。本章主要介绍了广域网的标准协议、广域网路由和广域网的主要技术，通过这部分内容的学习，可以为学习Internet网建立必备的基础。

拓 展 练 习

1．一条 T1 连线共分（　　　）个TDM 传输信道。

A．8　　　　　　　　　　B．24　　　　　　　　　　C．96

2．一条 T3 连线的传输速率为（　　　）。

A．3.152Mbit/s　　　　　　B．6.312Mbit/s　　　　　　C．44.736Mbit/s

3．Frame Relay 传输技术涵盖了 OSI 模型中的（　　　）。

A．网络层　　　　　　　　B．链路层　　　　　　　　C．物理层以下的运行层

4．要通过 Frame Relay 连接两个以太网，应使用（　　　）。

A．路由器　　　　　　　　B．网桥　　　　　　　　　C．中继器

5．要从远程修改公司网络上的服务器设置，应通过（　　　）。

A．远程控制　　　　　　　B．远程访问　　　　　　　C．虚拟专用网络

6．目前全球最大的广域网是什么？

7．广域网与局域网建设成本哪种更多？

8．在 X.25 与 Frame Relay 这两种广域传输技术中，哪种内建错误有修正功能？

9．ATM 基本传输单位的长度是什么（含报头部分）？

10．在 SONET 标准中 OC-1、OC-3 与 OC-48 相对应的传输速率是什么？

11．什么是静态路由？什么是动态路由？

12．广域网中的计算机为什么采用层次结构方式进行编址？

13．X.25协议共涉及几层功能，每层的名称及功能是什么？

14．简述ISDN的定义和特点。

15．为什么信元技术作为ATM网络的基础部件非常重要？

16．简述ATM网络的关键技术。

17．帧中继有什么优点？

18．帧中继网络有哪些常用用途？

19．DDN网络主要由哪几部分构成？

20．DDN主要提供了哪几种业务？

21．什么是VPN？VPN中采用的核心技术是什么？

第 6 章

无线网络

本章主要内容

- 无线传输技术简介
- IEEE 802.11
- HomeRF
- 蓝牙技术
- GSM & GPRS
- WAP

无线网络可分为两个部分：一部分是负责计算机与计算机间的数据共享，也就是取代或与原有的以太网络搭配使用；另一部分则是让个人数字设备与计算机连通，取代传统的有线传输方式。前者指的就是无线局域网（Wireless Local Area Network，WLAN），后者也就是无线通信（Wireless Communication），最具代表性的就是手机上网。

6.1 无线传输技术简介

无线网络的传输技术分为光传输和无线电波传输两大类。以光为传输介质的技术有红外线（Infrared，IR）技术和激光（Laser）技术；利用无线电波传输的技术则包括窄频微波（Narrowband Microwave）、直接序列展频（Direct Sequence Spread Spectrum，DSSS）、跳频式展频（Frequency Hopping Spread Spectrum，FHSS）、HomeRF 以及蓝牙（Bluetooth）等技术，移动电话是利用无线电波来传输数据。

6.1.1 光传输介质

无论是红外线还是激光，都是利用光作为传输介质，所以都必须受限于光的特性。在无线网络的应用上，光传输最突出的特性有如下两点。

① 光无法穿透大多数的障碍物，会出现折射和反射的情况。

② 光的行进路径必为直线，不过可以通过折射及反射的方式解决非直线路径传输问题。

1. 红外线

红外线传输标准是在 1993 年由 IrDA 协会（Infrared Data Association）制定，其目的是为了建立互通性好、低成本、低耗能的数据传输方案，目前几乎所有笔记本电脑都配备有红外线通信端口。在产品说明书或有关红外线的资料中，IrDA 或IR 缩写指的都是红外线，而 IrDA Port、IR Port 指的就是红外线通信端口。红外线传输有如下 3 种模式。

（1）直接红外线连接（Direct-Beam IR，DB/IR）

将两个要建立连线的红外线通信端口面对面，之间不能有阻隔物，即可建立连接，如图6-1所示。这种连接完全不需要担心发送数据中途被截取，绝对安全，不过适用范围非常小。

红外线通信端口一定要面对面，这是因为从红外线通信端口所发射出的红外线，以圆锥形向外散出。而要建立连线，则必须让计算机所射出的红外线可以被对方计算机的红外线通信端口收到，所以两台计算机要建立连接时，就必须端口面对面放置。大致以通信端口为中心，左右偏移15°的范围之内都可，如图6-2所示。

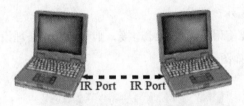

图6-1　直接红外线连接

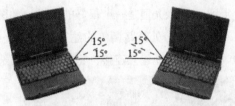

图6-2　红外线通信端口要面对面

（2）反射式红外线连接（Diffuse IR，DF/IR）

反射式的连接方式不需要红外线通信端口面对面，只要是在同一个封闭的空间内，彼此即能建立连接，这种连接很容易受到空间内其他干扰源的影响，导致数据传输失败，甚至无法建立连接，如图6-3所示。

（3）全向性红外线连接（Omnidirectional IR，Omni/IR）

全向性连接则是获取直接和反射两者之长，利用一个反射的红外线基地台（Base Station，BS）为中继站，将各设备的红外线通信端口指向基地台，彼此便能够建立连接，如图6-4所示。

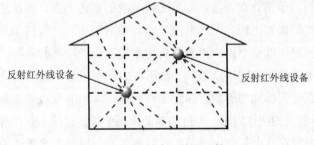

图6-3　反射式红外线连接

图6-4　全向性红外线连接

因为红外线传输受限于以下几个因素，所以影响了其在无线局域网中应用。

① 传输距离太短。红外线数据传输是以点对点的方式进行，传输距离约在 1.5 m 之内，但是在一个局域网中，不可能每个端点都在 1.5 m 的范围内紧紧相邻，影响了红外线传输在无线局域网中的应用。

② 易受阻隔。红外线传输的另一个问题就是易受阻隔，这也是光的特性之一。当用红外线建立连接之后，只要有任何障碍物屏蔽到红外线，连接就会中断，如果中断超过一定时间，则此次连接就会失败。由于红外线的穿透率非常差，就算两个红外线通信端口之间仅相隔一本杂志，通常还是无法建立连接，而在架设局域网时，跨越障碍物是件平常的事，所以红外线易受阻隔的特性，不适合作为局域网的主要传输介质。

2. 激光

激光和红外线都属于光波传送技术，不过激光无线网络的连接模式只有直接连接一种。这是因为激光是将光集成一道光束，再射向目的地，途中几乎不会产生反射现象，在许多需要安全的连接环境中，激光是一个极佳的选择。

通常在空旷或拥有制高点的地方，而且不愿意或不能挖掘路面、埋设管线时，最适合用激光来建立两个局域网间连接的信道。

如果需要连接的两栋大楼被海所隔，硬要沿着周围道路埋设管线，不仅成本高，且维护不易，因此采用激光便是一个很好的选择，如图6-5所示。

当办公室分处公路两侧的建筑物中时，如果要使用电缆或光纤连接，则势必要挖路埋设线路，如果改用激光建立连接，将是比较好的选择，如图6-6所示。

图6-5 激光通信的应用

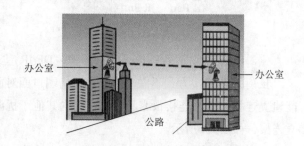

图6-6 公路两边建筑物的激光连接

6.1.2 无线电波传输介质

大部分的无线网络都是采用无线电波为传输介质，这是因为无线电波的穿透力强，而且是全方位传输，不局限于特定方向，与光波传输相比较，无线电波传输特别适合用在局域网。另外还有一种情况也很适合采用无线电波传输，就是当用户不愿意负担布线和维护线路的成本，而其环境又有许多障碍物时，采用无线电波的无线网络就是唯一的解决方案。但是，在任何地区，无线电波频率都是宝贵的资源，也都受到特别的管制，因此无线网络所采用的无线电波频率大多设置在 2.4 GHz 公用频带，以避免相关的法律问题。不过因为是公用频带，包括工业、科学与医学的许多设备，都将无线电波频率设在这个频带内（例如：微波炉），因此大多通过调制技术发送信号，以避免信号互相干扰。

事实上，整个无线电波频率有许多频带是属于公用频带，按用途不同而有所区别，同时每个国家所开放的公用频带范围和数量也不一定相同。如 2.4 GHz（2.4000～2.4835 GHz）频带原本是规划给工业、科学及医疗（Industrial, Scientific and Medical, ISM）领域，免申请即可使用，但后来也开放给所有使用无线电波的设备使用，而且几乎全世界（除了西班牙和法国）都开放使用，所以无线网络设备也大多采用 2.4 GHz 频带为主要传输频率。同属于 ISM 频带的公用频带还有 900 MHz（900～928 MHz）、5.8 GHz（5.725～5.850 GHz）。

部分无线网络采用展频技术来发送信号，因为这种技术的保密能力与抗干扰能力都很强，所以得到广泛的应用。以无线电波作为传输介质的技术有窄频微波、直接序列展频、跳频式展频、HomeRF、Bluetooth 等。

6.1.3　窄频微波

微波和激光一样可提供点对点的远距离无线连接，应用方式也类似，不过它采用高频率短波长的电波来传送数据，所以微波较容易受到外在因素的干扰，例如：雷雨天气或受邻近频道的噪声干扰。

微波频带介于 3 ～ 30 GHz 之间，而为了节省带宽和避免串音的干扰，微波设备通常都不使用公用频带，而且以非常窄的带宽来传输信号。这种窄频微波的带宽只能刚好能将信号"塞"进去而已，如此不但可以大幅减少频带的耗用，也可以减轻串音干扰的问题。

如果不申请专用频道，也可以使用窄频微波。事实上也有厂商尝试开发使用公用频带的微波产品，不过如同前面所提，微波很容易受到噪声的干扰，而在公用频带内，有太多的无线电产品会发出电波，虽然采用了窄频的技术，无可避免还是会被其他信号干扰到，导致传输质量不良。

微波系统除了频带的问题之外，另一个大问题是没有统一的标准。这是个很严重的问题，因为没有统一的标准，所以各家厂商所生产的产品无法互通。一旦采用了某一家的微波设备后，后续的采购就必定要买相同品牌的产品，否则不能互相通信。如果是想换别的品牌，就必须将套设置全部更新。这点比频带问题更直接的影响到微波系统网络的普及广泛应用。

6.2　IEEE 802.11

IEEE 802.11是由 IEEE（Institute of Electrical and Electronics Engineers，电气和电子工程师协会）在 1997 年 6 月正式发布，此文档为无线网络的标准规格。在这份文档中，除了说明无线网络的标准外，还规范了 3 种传输技术。

- 直接序列展频（Direct Sequence Spread Spectrum，DSSS）。
- 跳频式展频（Frequency Hopping Spread Spectrum，FHSS）。
- 红外线（Infrared，IR）。

展频是无线通信技术中的专门传输技术。虽然无线传输技术与有线传输技术一样是以基带与宽带传输技术为基础，但比较起铜质缆线与光纤缆线等有线传输，无线传输技术中的信号更容易受到干扰与拦截等。

为了改善无线传输的这两个缺点，提出了通过多个传输频率来传递数据的传输方式，一方面让拦截操作更加困难，另一方面降低噪声干扰的影响，这样的概念也就催生出展频传输技术。为了使信号更能抵御噪声的干扰，在展频传输模式下，发送端要传出数据之前，将在数据中加入错误修正码，让传输更为可靠。

在 1999 年，IEEE 更进一步提出 IEEE 802.11 的扩展规格：IEEE 802.11a 和 IEEE 802.11b。

扩展规格的出现，让无线网络的速度倍增，也增加了无线网络的实用性。展频技术可分成直接序列展频与跳频式展频两大类。

6.2.1 直接序列展频

直接序列展频是通过展频码，也称为虚拟噪声码，将原本窄频高能量的信号扩展为原本的数倍带宽，而且能量变小，以低于背景噪声值，然后才把信号发送出去。当接收端收到此信号时，再用展频码演算一次，将信号还原成窄频高能量，取得传送的信息。

这个机制先将要传送的数据分割成许多片段，再将这些小片段分别以不同频率的无线电波发送出去，如图6-7所示。

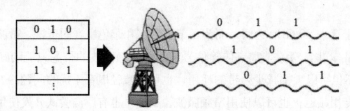

图6-7 直接序列展频示意图

直接序列展频的优点如下：

1. 抗干扰

因为展频之后的能量低于背景噪声值，而当接收端收到信号时，利用展频码将信号还原，同时将背景噪声能量降低，再通过滤波器将能量低的噪声滤掉，就可以取得传输的信息了。

2. 防窃听

因为展频后的信号，能量比背景噪声值更低，因此一般的接收器将它视为背景噪声而滤掉。而且为了防止信号被拦截，直接序列展频在传输过程中，还通过几个频率传送错误数据，因此就算是具有展频功能的接收器，如果无法确定哪个频率的无线电波经过展频，也不知道哪些频道是错误的数据，又不知道原始数据所采用的分割方法和发送顺序，想要窃取传送的数据，实在是困难巨大。

除此之外，按照直接序列展频所使用的调制技术不同，其传输速度最高可达 11 Mbit/s，至于所采用的调制技术可以参阅有关资料。

6.2.2 跳频式展频

跳频式展频是利用一个很宽的频带，将其细分成数十个小频道，然后把数据塞到频道上送出去，而且每次传送数据所使用的频道都不一样。更清楚的定义是：在一个很宽的频带内，先由连线的两端协议确定使用的频道，然后轮流使用这些频道传送数据，如图6-8所示。

这种跳频式的传输方式降低了被窃听的风险。这是因为每传送一段数据后，下一次要用哪一个频道传送，只有接收端才会知道，外界根本无从得知。至于为什么会叫做展频，这是因为虽然它将整个频带分割成许多的小频道，不断在其间跳跃传送数据，但是其跳跃速度极快，而且频道很密集，感觉上好像是使用整个频带的带宽，所以称之为展频。

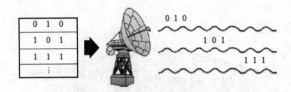

图6-8　跳频式展频示意图

跳频式展频所使用的调制技术为GFSK（Gaussian Frequency Shift Key），基本带宽是1 Mbit/s，最高为 2 Mbit/s，不过与直接序列展频相比较之下，2 Mbit/s 的速度仍然有一定的差距，但是跳频式展频有一点远比直接序列展频强，就是高容错能力。这是因为就算传送数据的过程中，被外在因素所干扰，也只会造成某个小频道无法传送数据，发送端只要针对被干扰的部分重发送即可。也因为如此，所以跳频式展频仍有其应用的范围。

6.2.3　IEEE 802.11a

IEEE 802.11a使用 5 GHz 的频带，又称为 U-NII（Unlicensed National Information Infrastructure）频带，理论上也是属于不需申请的范围，不过并非每个国家都有开放，因此目前支持此规格的无线设备还属少数。

IEEE 802.11a 所使用的传输技术为 OFDM（Orthogonal Frequency Division Multiplexing），而不是展频技术，这是因为OFDM能更有效地防止干扰，并通过特殊的频道分割方式，达到更快速的传输性能。不过因为OFDM的运作方式需要耗用较大的带宽，因此不适用在拥挤而且可用带宽较小的2.4 GHz宽带。IEEE 802.11a 按所使用的调制技术不同，传输速度从 6 Mbit/s 开始，最高可达54 Mbit/s。2.4 GHz 可用的带宽只有 80 MHz，而 5 GHz 的可用带宽最多达 300 MHz。

6.2.4　IEEE 802.11b

IEEE 802.11b 是使用高速直接序列展频（HR/DSSS）的传输技术，利用 2.4 GHz 的频带，按所使用的调制技术不同，有 4 种传输速率。

① 1 Mbit/s：采用 DB/SK（Differential Binary Phase Shift Keying）调制技术。

② 2 Mbit/s：采用 DQPSK（Differential Quadrature Phase Shift Keying）调制技术。

③ 5.5 Mbit/s、11 Mbit/s：这两种高速传输模式都是采用 CCK（Complementary Code Keying）的调制技术。

1 Mbit/s 和 2 Mbit/s 都是传统直接序列展频的速率，更高的 5.5 Mbit/s、11 Mbit/s 则是高速直接序列展频的速率，如图6-9 所示。

图6-9　IEEE 802.11b无线设备

6.3　HomeRF

HomeRF（Home Radio Frequency）是由国际电信协会（International Telecommunication Union，ITU）所推行的一种家用无线网络标准，目的是为了提供一个低成本、低性能，并可以同时传输语音和数据资料的家庭网络，如图6-10所示。

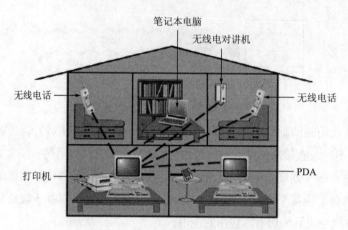

图6-10　HomeRF在家庭中的应用

6.3.1　HomeRF 的标准

HomeRF 是以共享无线访问协议（Shared Wireless Access Protocol，SWAP）为基础，此协议能将语音与数据资料整合在一起传输。

1. 传输数据资料

在传输数据资料时，HomeRF 采用的是 IEEE 802.11 FHSS 的传输技术，亦即在 2.4 GHz 的公用频带内，利用跳频式展频技术传送数据资料，传输速率最高为 2 Mbit/s。

2. 传输语音数据

在传输语音数据时，HomeRF 采用 DECT（Digital Enhanced Cordless Telecommunications）标准，以时分多路访问（Time Division Multiple Access，TDMA）模式传输语音数据。在共享无线访问协议的系统里，共可提供 6 个全双工的数字语音频道，每个带宽为 32 Kbit/s。

3. 其他特点

除了可以同时传输语音和数据资料外，HomeRF 还有以下特点。

（1）涵盖范围达 50 m

因为 HomeRF 发展的目的就是家庭网络，因此涵盖范围大约是 50 m。

（2）支持 128 个结点

在一个 HomeRF 的局域网里，总共可以有 128 个网络结点。这些结点包括 HomeRF 控制点（Control Point，CP）、支持 TDMA 的语音终端设备（Voice Terminal）、调制解调器等。

（3）可以和蓝牙设计在同一个设备中

也就是说，HomeRF 可以和蓝牙共用一个设备，而蓝牙则是未来信息家电的主要传输系统，可想而知 HomeRF 不只要在家庭网络的市场，同时也希望能在未来的信息家电市场中，占有一席之地。

6.3.2　高速 HomeRF

HomeRF 虽然可以同时传输语音和数据资料，但在数据传输部分，仅有 2 Mbit/s 的速度，和 IEEE 802.11b 相较之下，实在差距太大，也因此导致 HomeRF 的市场一直无法扩展。但是从

HomeRF 1.0 版开始，它们就一直在提升传输的性能，在 2000 年 12 月的一场 HomeRF 技术研讨会上，提出了 HomeRF 2.0 的规格，其中最重要的改进就是传输速度大幅度提升到 10 Mbit/s。

下面介绍一下 HomeRF 2.0 的几个重要特点：

① 传输速率最高达 10 Mbit/s，也支持 5 Mbit/s、1.6 Mbit/s 和 0.8 Mbit/s。

② 兼容于 HomeRF 1.2 的设备。

③ 耗电量比无线设备还低。

④ 最多同时可以有 8 个连线。

6.4　蓝 牙 技 术

1994年，L.M.Ericsson公司与其他4家公司（IBM、Intel、Nokia和Toshiba）一起组成了一个SIG（Special Interest Group，特别兴趣小组）来开发一个无线标准，用于将计算和通信设备或附加部件通过短距离的、低功耗的、低成本的无线电相互连接起来。这个项目被命名为蓝牙（Bluetooth），该名字来自10世纪的丹麦国王哈拉尔德（Harald Gormsson）的外号。出身海盗家庭的哈拉尔德统一了北欧四分五裂的国家，成为维京王国的国王。由于他喜欢吃蓝莓，牙齿常常被染成蓝色，而获得蓝牙的绰号，当时蓝莓因为颜色怪异的缘故被认为是不适合食用的东西，因此这位爱尝新的国王也成为创新与勇于尝试的象征。1998年，Ericsson公司希望无线通信技术能统一标准而取名蓝牙。

目前，蓝牙标准化集团Bluetooth SIG的成员企业数已达到2000家以上。除了原创的5家厂商之外，包括康柏（Compaq）、戴尔（Dell）、摩托罗拉（Motorola）、Qualcom、BMW及卡西欧（Casio）等均已加入，所有厂商已达成知识产权共享的协议，以推广此项技术。在技术标准方面，蓝牙协会已在1999年7月推出Bluetooth 1.0之标准。而我国亦至少有12家厂商、组织已加入Bluetooth国际联盟，同时国内也在1999年初成立国内的Bluetooth SIG，以促进技术引进、市场及技术资讯扩展、应用推广等工作。

近年来，世界上一些权威的标准化组织都在关注蓝牙技术标准的制定和发展。例如，IEEE已经成立了802.15工作组，专门关注有关蓝牙技术标准的兼容和未来的发展等问题。IEEE 802.15.1 TG1是讨论建立与蓝牙技术1.0版本相一致的标准；IEEE 802.15.2 TG2是探讨蓝牙如何与IEEE 802.11b无线局域网技术共存的问题；而IEEE 802.15.3 TG3则是研究未来蓝牙技术向更高速率（如10～20Mbit/s）发展的问题。

6.4.1　蓝牙技术的概念与功能

1. 蓝牙的概念

简言之，蓝牙就是一种同时可用于电信和计算机的无线传输技术。Bluetooth SIG 在制定蓝牙技术时，希望它是属于短距离、低功率、低成本，且运用无线电波来传输的技术，通过这个标准，将所有信息设备互相连通，例如：一只蓝牙手机，在家里可以变成无线电话，甚至作选台器，而且还能当作 PDA（Personal Digital Assistant，个人数字助理）来用。听起来很神奇，但事实上，这就是蓝牙技术的目的。

2. 蓝牙的主要功能

蓝牙技术同时具备语音和数据通信的能力，最高传输速率达 1 Mbit/s，应用范围很广，蓝牙的主要功能如下：

（1）语音及数据资料的即时传输

蓝牙可以传输语音数据，也能传输数据资料，因此用户可以通过蓝牙技术，在笔记本电脑或 PDA 上，以无线的方式上网及收发电子邮件。

（2）取代有形线路

蓝牙技术是一种短距离（10 m 内）无线传输的接口，如果加上频率放大器则可扩展到 100 m，因此只要计算机、键盘、打印机、手机、传真机、电视、电话等电气设备都装设有蓝牙芯片，通过蓝牙的无线通信技术，所有设备都能互相连通，完全不需要再用线路连接，彻底取代传统线路连接的方式。

（3）快速方便地网络连接

两个蓝牙设备要建立连接，只要是在传输的范围之内，经过简单的操作，便可以建立连接。与同样是为了建立互通性好、低成本、低性能而设计的红外线技术相比，蓝牙传输距离远比红外线的 1.5 m 来得远，建立连接时又不用使通信端口面对面，可见蓝牙的优势所在。

（4）3合1电话

这点就是前面提过的，一部具备蓝牙技术的手机，在家可以当无线电话的分机，出外又变成手机，到了公司又成为电话分机，还能当 PDA 用，而且设置简单又方便，不但节省成本，便利性也高。

6.4.2 基于蓝牙的数码产品

蓝牙技术的应用范围相当广泛，可以广泛应用于局域网络中各类数据及语音设备，如 PC、拨号网络、笔记本电脑、打印机、传真机、数码照相机、移动电话和高品质耳机等，蓝牙的无线通信方式将上述设备连成一个微微网（Piconet），多个微微网之间也可以进行互连接，从而实现各类设备之间随时随地进行通信。应用蓝牙技术的典型环境有无线办公环境、汽车工业、信息家电、医疗设备以及学校教育和工厂自动控制等。目前，蓝牙的初期产品已经问世，一些芯片厂商已经开始着手改进具有蓝牙功能的芯片。与此同时，一些颇具实力的软件公司或者推出自己的协议栈软件，或者与芯片厂商合作推出蓝牙技术实现的具体方案。尽管如此，蓝牙技术要实现真正普及还需要解决以下几个问题：首先要降低成本；其次要实现方便、实用，并真正给人们带来实惠和好处；第三要安全、稳定、可靠地进行工作；第四要尽快出台一个有权威的国际标准。一旦上述问题被解决，蓝牙将迅速改变人们的生活与工作方式，并大大提高人们的生活质量。

1. 蓝牙手机

嵌入蓝牙技术的数字移动电话将可实现一机三用，真正实现个人通信的功能。在办公室可作为内部的无线集团电话，回家后可当作无线电话使用，不必支付昂贵的移动电话的话费。到室外或乘车的路上仍作为移动电话与掌上电脑或个人数字助理 PDA 结合起来，并通过嵌入蓝牙技术的局域网接入点，随时随地都可以到因特网上冲浪浏览，使人们的数字化生活变得更加方便和快捷。同时，借助嵌入蓝牙的头戴式话筒和耳机以及话音拨号技术，不用动手操作就可以接听或拨打移动电话。

2. 蓝牙车载免提系统

（1）模块介绍

蓝牙车载免提系统由以下模块组成：蓝牙免提控制器、蓝牙手机、蓝牙无线耳麦、显示屏。图6-11所示为各模块之间的交互示意图。

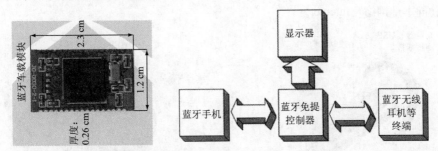

图6-11 蓝牙车载免提系统各模块交互示意图

（2）功能介绍

蓝牙车载免提系统是专为行车安全和舒适性而设计的。其功能主要是：自动辨识移动电话，不需要电缆或电话托架便可与手机联机；使用者不需要触碰手机（双手保持在方向盘上）便可控制手机，用语音指令控制接听或拨打电话。使用者可以通过车上的音响或蓝牙无线耳麦进行通话。若选择通过车上的音响进行通话，当有来电或拨打电话时，车上音响会自动静音，通过音响的扬声器/麦克风以进行话音传输。若选择蓝牙无线耳麦进行通话，只要耳麦处于开机状态，当有来电时按下接听按钮就可以实现通话。蓝牙车载免提系统可以保证良好的通话效果，并支持任何厂家生产的内置蓝牙模块和蓝牙免提Profile（符合SIG v1.2规范）的手机。此外，蓝牙车载免提系统还可以与全球定位系统（GPS）终端捆绑，降低成本。该解决方案示意图如图6-12所示。

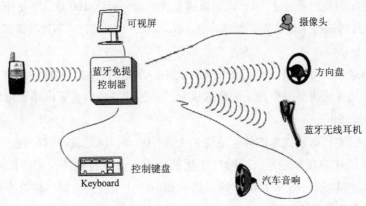

图6-12 解决方案示意图

3. 蓝牙耳机

多功能蓝牙耳机（见图6-13）采用蓝牙（Bluetooth）无线技术，语音清晰流畅。它集蓝牙耳机功能和蓝牙USB适配器功能于一身，可以将它连接到任何支持蓝牙耳机规范或蓝牙免提规范的蓝牙手机上；当它用USB线连接到个人计算机上时，被自动当作蓝牙USB适配器来使用，并提供如：支持无线拨号连接上网（需蓝牙手机等的配合）、无线局域网络、无线传真（计算机需安装有传真软件）、无线数据传输、装置数据同步化、电子名片交换及多人TCP/IP网络游戏等功能。

4．蓝牙网关

蓝牙网关（见图6-14）是一个解决无线到有线网络访问的产品，它能够为蓝牙设备（包括蓝牙PDA、蓝牙笔记本电脑、蓝牙家电等）创建一个到本地网络的高速无线连接的通信链路，使之能够访问本地网络及Internet。

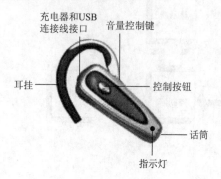

图6-13 蓝牙耳机

图6-14 蓝牙网关

蓝牙网关实现了Bluetooth Serial Port Profile、Lan Access Profile 及 Dial-up Networking Profile，它可以为实现TCP/IP 协议或者没有实现TCP/IP协议的蓝牙设备提供接入服务。对于已经实现TCP/IP协议的蓝牙设备（如蓝牙PDA、蓝牙笔记本电脑），蓝牙网关可以运行PPP 协议与该类蓝牙设备实现通信；对于没有实现TCP/IP 协议的蓝牙设备（蓝牙家电），蓝牙网关可以使用Bluetooth Serial Port Profile与该类蓝牙设备实现数据的交互，网关负责将数据封装成符合TCP/IP协议规范的数据，从而达到将该类蓝牙设备接入本地网络及Internet的目的。

6.4.3 蓝牙技术的标准

蓝牙技术传输的范围最远达 10 m，如果接上放大器则可达 100 m，所使用为 2.4 GHz 公用频带，采用的无线传输技术是跳频式展频，和 IEEE 802.11 相同，只不过其跳跃的频率很高（每秒 1600 次）。

一个蓝牙网络总共可以接 8 个蓝牙设备，其中一个是主控端，其他设备则是客户端，同时每一个蓝牙设备又可成为另一个蓝牙网络的成员，通过此特性将蓝牙网络无限地扩展出去，形成一个大的蓝牙局域网。

曾经有人主张要将蓝牙技术的传输范围扩大到 100 m，但是支持的厂商并不多，主要是因为较短的距离所消耗的功率较低，同时抗干扰能力也较强。特别是蓝牙所使用的是最拥挤的 2.4 GHz 频带，该频带是一个开放的空间，因此如何防止干扰并兼顾传输效率就非常重要，蓝牙技术对此问题有几个解决方法。

① 采用高速跳频（每秒 1600 次）和小信息包传送技术，如果有信息包在传输时遗失了，只需要将该部分重传，而且因为每个信息包都很小，重送不会对传输速度有太大的影响。

② 通过错误控制的机制，确保信息包传递的正确性。

③ 因为语音数据对于正确性的要求不高（听清即可），因此语音传输时，如果有信息包遗失，并不会重发送，以避免延迟和因为重传所导致的其他噪声。

④ 在传输数据资料时，接收端将逐一检查信息包的正确性，如果有错误则会要求发送端重送此信息包，以确保数据无误。

6.4.4 带宽占用

跳频式展频的特点就是高容错能力，因为当某个频道被干扰时，另外一个频道可能没有被干扰到，因此遗失的信息包可以通过未被干扰的频道重传出去，但是，同样采用 2.4 GHz 的频带，蓝牙以高达每秒 1600 次的跳跃速度与跳跃速度较慢的无线电波设备一起传输数据时，会发生其他设备因为蓝牙快速的跳频的情况，而判断每一个频道都有干扰源，因此将要传送出去的每一个信息包都丢掉，也就是说，当蓝牙开始发出无线电波时，就像整个频带被它占用了一样。

利用直接序列展频技术的 IEEE 802.11b 无线网络设备，因为并非是用跳频的方式传送数据，理论上应可防止蓝牙的干扰，但根据实际测试，当 IEEE 802.11b 的设备和蓝牙设备邻近时，两者的传输性能都将大幅度下降。

6.5 GSM & GPRS

1989 年中国正式提供移动电话的服务。

6.5.1 GSM

GSM 是欧洲电信标准协会（European Telecommunications Standard Institute，ETSI）于 1990 年底所制定的数字移动网络标准，该标准主要是说明如何将模拟式的语音转为数字的信号，再通过无线电波传送出去。

因为各国对无线电频率的规定各有不同，GSM 可以应用在 3 个频带上：900 MHz、1800 MHz 及 1900 MHz。在 GSM 系统中，信号的传送方式和传统有线电话的方式相同，都采用电路交换的信息传输技术。这个技术是让通话的两端独占一条线路，在未结束通话时，此线路将一直被占用。想象一下家用电话在使用时的情形：当我们和朋友打电话时，这条电话线就被我们独占着，如果家人想打电话，就要等到我们将电话挂掉，这就是电路交换技术。但是 GSM 有一个致命的缺陷，就是数据传输的速度只有 9.6 kbit/s，这个问题让我们想用手机上网时，感到非常的不便。例如，在上网时，用56 kbit/s的调制解调器拨号都很慢，如果用手机上网，居然只有9.6 kbit/s，因此为了解决这个问题，在 1998 年提出一种新的技术来加速 GSM 数据传输的速度，这就是 GPRS。

6.5.2 GPRS

1. GPRS 和 GSM 的关系

GPRS（General Packet Radio Service）是通用分组无线业务的英文简写，是在现有GSM移动电话通信系统上附加的一种数据传输业务，目的是给移动用户提供高速无线数据服务。GPRS理论带宽可达171.2 kbit/s，实际应用带宽大约在40~100 kbit/s，在此信道上提供TCP/IP连接，可以用于Internet连接、数据传输等应用。GPRS是数字移动通信时代的宽带网络结构，它和 GSM 的关系就如同传统调制解调器拨号和 ADSL 宽带上网的关系一样。传统调制解调器拨号和 ADSL 宽带上网同样利用电话线路传输，同样要通过一台调制解调器连接互联网，不同的是两者传输性能区别巨大，而 GPRS 和 GSM 也是如此，事实上，GPRS 是基于现有的 GSM 结构而建立，将信息传输技术改变，以达到高速传输的功能。

简单来说，GPRS 只是一项加快数据传输的服务，在无线电波传递上，还是以 GSM 的规格在进行，所以甚至可以把 GPRS 当做 GSM 的加强模型。GPRS的数据通信结构如图6−15所示。

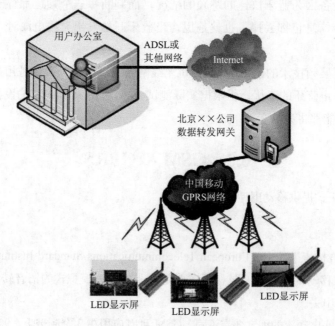

图6−15　GPRS数据通信结构

2. GPRS 和 GSM 的区别

GSM 采用的是电路交换技术。但 GPRS 采用的是报文分组交换技术。理论上，报文分组交换技术最大的数据传输速率可达 171.2 Kbit/s，比 9.6 Kbit/s 快了近 20 倍。

报文分组交换技术的特点，是将要传送的数据分割成许多小信息包，每个信息包都标有目的地地址，然后看哪一个频道有空闲就将信息包送出去，如此一来，每一个频道都不会空闲，不但可以更有效地利用宝贵的频谱资源，还可以大幅提升传输性能。不过由于报文分组交换技术并不是独占带宽，所以当多人使用时，还是会影响部分性能，再加上无线电波易受干扰的原因及软件上的限制，所以实际上 GPRS 的速度大约在 115 Kbit/s 以下，以市面上目前的 GPRS 手机来看，大多也只能达到 64 Kbit/s 的速度，这已经远快于 GSM 。

6.6　WAP

互联网的出现使人们的生活方式产生了巨大的改变，通过互联网，可以达到不出门能知天下事。不管是查询资料、网络交易、收发电子邮件或玩在线游戏,只要有一台计算机,一条电话线,坐在家中就可以实现。

互联网虽然方便,可是计算机并不是随处都有,如果能将互联网搬到更小、更轻薄、更普及、更便宜的随身设备上,那是更方便的事情。在 1997 年 9 月出现了新一代的移动电话网络协议 WAP(Wireless Application Protocol,无线应用协议)。

6.6.1　WAP概述

WAP 是一种新的移动通信技术,简单来说,通过 WAP,手机就可以访问互联网的信息,如同用计算机上网一样,也就是说,有了 WAP,随时随地都可以利用手机上网查询资料、订票、收发电子邮件。

WAP模型是基于局域网模拟建立的GPRS平台提出的,如图6-16所示。进行模型分析的数据在模拟平台的WAP网关和用户端之间提取,然后对数据进行分析确定建模对象的分布及其参数,并且比较了不同业务的差异。最后根据模型分析结果,进行了评估网络性能的仿真实验。

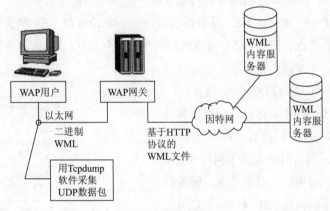

图6-16　WAP模型

6.6.2　WAP 的标准

WAP 的功能类似互联网的 HTTP 协议,但主要是用在无线通信设备(这里指的多为手机,但也可以是 PDA 之类的设备)上。在互联网里,HTTP 采用的是超文本置标语言(Hyper Text Markup Language,HTML),但在 WAP 上,则是采用无线超链接语言(Wireless Markup Language,WML)。之所以要开发新的语言而不采用原有的 HTML语言,是因为目前无线通信设备的带宽有限,屏幕又小,且内存最多也不过数十 KB,以目前的网页来看,最简单的也要近百 KB,对于无线通信设备而言,要承载这些信息困难巨大,所以必须有一套专为无线通信设备设计的语言才行。

计算机通过 TCP/IP 访问互联网的结构如图6-17所示。HTTP 所采用的通信协议是 TCP/IP,而 WAP 所采用的通信协议则是 WDP(Wireless Datagram Protocol),不过严格来说,WDP 并非是要取代 TCP/IP,而是为了让 WAP 能使用 TCP/IP 来访问互联网,其结构如图6-18所示。

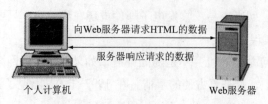

图6-17 计算机通过 TCP/IP 访问互联网的结构

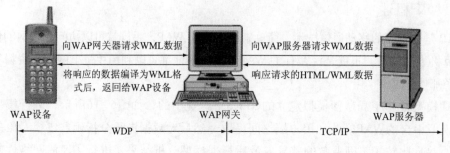

图6-18 WAP使用 TCP/IP 来访问互联网的结构

图6-17是 WAP 在访问互联网时的传输过程，与图 6-16 非常相似，只是在 WAP 设备和 WAP 服务器间多了一台 WAP 网关。而 WDP 就是在 WAP 设备和 WAP 网关间运作，这部分才是 WAP 连接结构中的重点，因为 WAP 可以说只存在于这个部分。WAP 网关的主要功能就是转发 WAP 设备的要求，并编译、检查服务器返回的数据为 WML 格式后，再返回给 WAP 设备。

从 WAP 网关到 WAP 服务器，与用计算机连上互联网是一模一样的，甚至，WAP 服务器就是 Web 服务器，只是同时提供了利用 WML 语法写成的 WAP 网页而已。也就是说，原本在 Web 服务器上的程序、数据库（例如：CGI、ASP、Perl、PHP 等）都无须变动，只要将输出的部分改为 WML 的语法，即可让 WAP 手机使用，这也就是为何可以利用手机上网订票、进行交易的关键因素，因为变动幅度越小，成本越低，所以得以发展，如图6-19所示。

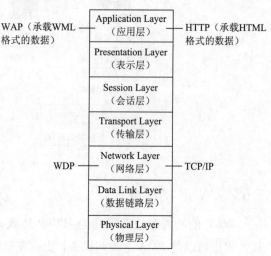

图6-19 WAP 服务器与 Web 服务器比较

6.6.3 WAP 和 GPRS 的关系

下面对应 OSI 模型，介绍WAP 和 GPRS 的差别。WAP 主要是说明数据如何在无线通信网络中传输，包括如何进行保密的操作，如何将数据压缩以减少带宽的损耗，以及如何在手机上正确地显示出所要求的信息。

GPRS 则是 GSM 系统的扩展（或说是强化功能），主要是把原本 GSM 系统只能用电路交换的信息传输方式，改为支持报文分组交换的传输模式，让传输的速度由 GSM 的 9.6 Kbit/s 跃升到 GPRS 的 171.2 Kbit/s。了解 WAP 和 GPRS 的功能后，可以发现，如果硬要把 WAP 和 GPRS 拿来做比较，就好像是把 HTTP 和 ADSL 拿来相比一样，根本是无从比较。不过这两者虽然不能比较，但却可以搭配使用，就像利用 ADSL 宽带上网后，再去访问 HTTP 的数据，有相辅相成的效果。

如果是用 OSI 模型来看这两者所处的相对位置，WAP 刚好是位在第 7 层（应用层）到第 5 层（会话层），GPRS 则是位在第 4 层（传输层）到第 1 层（物理层）。

从这个对应的位置来看，应该能更加了解WAP 和 GPRS 彼此之间是互补的关系，所以在 GPRS 普及后，WAP 才有机会勃兴，在无线通信网络中异军突起。

6.7　无线网的设备

现在人们在室内上网，除了插网线上网，还有逐渐普及的无线上网，其实无线网络只是有线网络的一种延伸，从LAN到了WLAN，解决了最后的接入问题，人们可以在无线信号覆盖的范围内随意上网。但这毕竟是在LAN的范围内，还是需要像路由器、交换机和网卡这类的常规网络设备才能接入网络，在无线网络里它们换了个名字，下面介绍常用的无线局域网设备。

1. 无线网卡

无线网卡是一个信号收发的设备，只有找到无线接入点，才能实现与互联网的连接，如图6-20所示。无线网卡是终端的无线网络设备，是在无线局域网的信号覆盖下，通过无线连接网络进行上网而使用的无线终端设备。具体来说无线网卡就是使用户的计算机（台式机和笔记本）可以利用无线信号来上网的一个网卡。

图6-20　无线网卡

无线网卡的分类：

① 笔记本内置的MiniPCI无线网卡（也称"迅驰"无线模块）。目前这种无线网卡主要以Intel公司的"迅驰"模块为主（如Intel PRO/无线2100网卡），很多笔记本厂商也有自己的无线模块。"迅驰"笔记本就已经具备无线网卡了。

② 台式机专用的PCI接口无线网卡。台式机当然也可以无线上网，PCI接口的无线网卡插在主板的PCI插槽上，无须外置电源，节省空间和系统资源，可以充分利用现有的计算机。PCMICA是"非迅驰"笔记本电脑专用的接口网卡，PCMCIA无线网卡造价比较低，但随着笔记本电脑的发展，笔记本电脑都会预装MiniPCI无线网卡。USB接口的无线网卡不管是台式机用户还是笔记本用户，只要安装了驱动程序，都可以使用。在选择时要注意的一点就是，只有采用USB 2.0接口的无线网卡才能满足802.11g无线产品或802.11g+无线产品的需求。

2. 无线AP

无线接入点（Access Point，AP）又称为无线访问结点或存取桥接器，类似于有线网络中的集线器，如图6-21所示。AP的重要功能就是中继和桥接，即延长无线覆盖距离和无线连接几个不同的网络。无线接入点是移动计算机用户进入有线网络的接入点，主要用于宽带家庭、大楼内部以及园区内部，典型距离覆盖几十米至上百米。大多数无线接入点还带有接入点客户端模式

图6-21　无线AP

（AP client），可以和其他接入点进行无线连接，延展网络的覆盖范围。

通俗地讲，无线AP是无线网和有线网之间沟通的桥梁，无线AP相当于一个无线交换机，接在有线交换机或路由器上，为跟它连接的无线网卡从路由器处分得IP。

3．无线网桥

无线网桥保留了网桥原有的一切，比如1个WAN口，4个LAN口，共享上网、网络管理等功能；然后它加上了天线、无线技术芯片等无线设备，用于无线信号的发送和接收。

4．无线天线

无线局域网的天线系统重点是适合于无线局域网的方向性天线。

（1）天线的有关概念

① 天线增益：是将天线的方向图压缩到一个较窄的宽度内并且将能集中在一个方向上发射而获得的，由dBi表示，由主波瓣的辐射密度和各向同性时的辐射密度的比值所得（输出功率相同时）。

② 极化方向：电磁波的振动方向，是天线的方向性并且和各向等向天线有关。

（2）天线的类型

① 全向天线：在所有水平方位上信号的发射和接收都相等；

② 定向天线：在一个方向上发射和接收大部分的信号。

（3）天线位置选择因素

① 两点之间距离最短处；

② 水平高度最高处；

③ 最佳可视效果处；

④ 天线之间的分隔距离最大（选择分集接收器）。

6.8　无线局域网组网模式

无线局域网使用无线AP来连接终端，施工方便，不会因布线问题而阻碍施工，虽然无线设备目前较昂贵，但总体的工程费用还是较低的。无线局域网因使用无线介质，以微波作为传输媒介，信息的安全性较差，难以控制非法用户的接入、数据窃听等网络攻击，虽然采用了多种验证、加密等安全技术，但效果仍然不好。目前无线局域网的应用更多的是作为有线网络的补充，但无线网络一定会成为未来网络的发展方向。

6.8.1　点对点无线桥接模式

点对点桥接模式，多用于两个有线局域网间，通过两台AP将它们连接在一起，实现两个有线局域网之间通过无线方式的互连和资源共享，也可以实现有线网络的扩展。这种模式多应用于两个局域网距离并不很远，但由于中间的地带有阻碍，不方便布线连接的情况。

此时利用无线来替代有线的连接是简单易行的低成本解决方案。由于这种应用一般都是将AP置于室外，其环境多变，所以一般使用专用的室外无线AP，并安装专用定向天线。高集中定向传输，有利于提高信号强度保障稳定性，AP之间不要有障碍物阻挡，否则衰减会比较严重。

点对点桥接模式组图如图6-22所示。

点对点无线桥接模式，一般用于连接两个分别位于不同地点的网络，一般情况下由一对无线AP桥接器和一对天线组成。如上所述，该对桥接器应设置成相同的频率。它通过无线信号发送器与接收器即AP设备来完成两个网络的信号传送和网络的组建，只要AP设备处于相同的频段，能支持相同的标准，在有效距离范围内，就可以方便地实现两个局域网的互连。

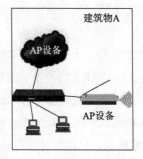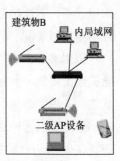

图6-22　点对点桥接模式组图

点对点无线桥接模式，其应用范围还是很广泛的。在一些城市里，有河流居中而过，如此景况不便于网络线路的架设，此时采用AP无线网络连接两岸的网络，是一个很好的选择，一则方便，二则省去了架设线路的麻烦。在一些公司，办公大楼相隔较远，如两栋大楼相隔几千米远，然而却能互相看见，这时采用点对点桥接模式架设无线网络就可以省去租用电信专线所需要的长期支付的费用，从长远来看，对公司的发展也有很大的好处。在两个分别位于不同地点的网络，不便于布线，布线成本过高等原因，就可以采用无线AP组建无线网络连接。

目前，楼宇之间的局域网互连互通已经成为很多单位面临迫切需要解决的问题，一个公司可能希望将邻近的生产、运输子网和管理中心连接在一起；在大学校园区中，教学楼、学生宿舍中独立的内部局域网与计算中心连网后，可以方便学生和教师接入校园网和Internet；总之，大家都希望网络可以实现在两个或多个邻近的建筑物间的局域网连接，提供高速互连网络接入以及实现移动获得网络服务等功能。按照传统的思路，要实现两栋大楼的互连，即使是近在咫尺，也需要牵线挖管，采用铺设线缆或租用线路的方法。如果遇到周围环境的条件限制，铺设线缆的工程可能无法实施；租用DDN线路会面临着租用费用太高和线路带宽太低等诸多困难。不过，现在利用无线技术已经解决上面诸多问题的答案。

在采用点对点无线桥接模式，组建两个网络的连接时，要充分考虑所需连接网络的大小，网络内复杂度，终端设备多少。同时还需要考虑网络连接的带宽需求和两个网络相隔的距离。在充分考虑了这些因素后，才能制定网络连接的方案和所需要的设备。AP设备中，各种设备所支持的网络带宽和传输信号距离是不同的，不同的标准型号的AP设备的价格也是不一样的，要充分考虑性价比及可扩展性。可扩展性也是现在网络组建的一个较为重要的参数，有可扩展性在以后网络扩展时才不会大量地浪费资源，实现网络资源的利用最大化。

6.8.2　点对多点无线桥接模式

点对多点无线桥接模式常用于有一个中心点，多个远端点的情况下。点对多点无线桥接模式最大优点是组建网络成本低、维护简单，其次，点对多点无线桥接模式由于中心使用了全向天线，设备调试相对容易。该种网络的缺点也是因为使用了全向天线，波束的全向扩散使得功率大大衰减，网络传输速率低，对于距离较远的远端点，网络的可靠性不能得到保证。此外，由于多个远端站共用一台设备，网络延迟增加，导致传输速率降低，且中心设备损坏后，整个网络就会停止工作。其次，所有的远端站和中心站使用的频率相同，在有一个远端站受到干扰的情况下，其他站都要更换相同的频率，如果有多个远端站都受到干扰，频率更换更加麻烦，且不能互相兼顾。

点对多点无线桥接模式，一般用于建筑群之间的各个局域网之间的连接，在建筑群的中心建筑顶上安装一个全天向的AP无线设备，就可以使在其覆盖范围内的其他建筑的局域网络达成互连，实现网络共享。其应用范围也相对广泛，在如今的大城市里，高楼林立，在一定的区域内都可以使用这种点对多点的桥接模式来组建网络，特别是在高楼相隔有一定的距离，且中间相隔一些不易布线的障碍物，采用此种模式就能轻松方便地组建网络连接。

在如今的学校里，大型的公司里，一些较大的生活小区里，它们都有共同的特点，建筑很多，且建筑物之间的距离都不固定，布局不规则，楼与楼的距离也相对较远，在之间布线只有从地面下通过，网络连接布线不方便，施工麻烦。同时，在建筑物之间没有什么其他能阻碍无线信号传输的障碍物。像这样的环境特别适合建立局域网之间的无线AP连接，实现方便，架设难度不大，无须考虑像建立有线网络连接的布线、管道一系列的问题。

楼宇之间的局域网互连互通已经成为很多单位面临迫切需要解决的问题，一个公司可能希望将邻近的生产、运输子网和管理中心连接在一起；在大学校园区中，教学楼、学生宿舍中独立的内部局域网与计算中心连网后，可以方便学生和教师接入校园网和Internet；总之，大家都希望网络可以实现在两个或多个邻近的建筑物间的局域网连接，提供高速互连网络接入以及实现移动获得网络服务等功能。

现在的无线网络及无线技术发展和应用都出现了多样化的特点。如今的无线分布式系统技术，为不同环境下的不同业务需求提供了多种无线连接的解决方案。采用点对多点无线桥接模式，就能轻松解决上面一系列的问题，实现分布的离散的局域网的连接。

在现在的高校里，都建设了校园网，网络已经成为学校的基础建设，校园网的建设已经在高校中得到了普及。在现在大中型公司企业里面也逐渐普及了企业内部网Intranet。高校里面建设校园网，由于高校里面的建筑较多，各个建筑里就是一个小型的局域网。各个局域网之间在用有线或无线设备连接起来组建而成整个校园网，然后再接入因特网。Intranet的组建也是如此。

6.8.3　中继连接

无线中继模式组图如图6-23所示。

在此种模式下，中心AP也要提供对客户端的接入服务，所以选择"AP模式"即可，而充当中继器的AP不接入有线网络，只接电源，使用"中继模式（Repeater）"，并填入"远程AP的MAC地址（Remote AP MAC）"即可。

无线中继技术是针对于那些有线骨干网络布线成本很高，还有一些AP由于周边环境因素，无法进行有线骨干网络的连接的环境而提

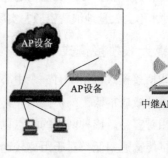
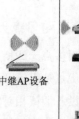

图6-23　无线中继模式组图

出的。利用无线中继与无线覆盖相结合的组网模式，可实现扩大无线覆盖范围，达到无线网络

漫游。无线中继技术就是利用AP的无线接力功能，将无线信号从一个中继点接力传递到下一个中继点，并形成新的无线覆盖区域，从而构成多个无线中继覆盖点接力模式，最终达到延伸无线网络的覆盖范围的目的。

无线中继模式组网方法的用途极其广泛，在无线网络已经开始广泛使用的今天，很多地方会因为场地比较大或者有障碍物，而无线设备的覆盖范围就达不到人们所需要的距离或中途受到阻碍，这时候采用无线中继模式来连接无线网络，就能满足组网的要求。现在很多的无线AP产品都具备桥接功能，在以前就只有通过无线网桥来实现无线连接，且以前的无线网桥只具有桥接功能，而不能达到无线覆盖的效果。

在如今的城市里，连接两个建筑物之间的网络，采用无线AP连接具有很大的便利性。然而如今城市里高楼林立，很容易造成无线信号受阻，这样就不能顺利地实现网络的连接。同时也会出现需要连接的网络相隔太远，就算中间没有什么其他的障碍物阻挡信号的传送与接收，但如今的网络技术及网络设备的覆盖范围还不够的情况。如此情况，就采用中继模式，以中继AP来实现信号的放大与延续传送。

楼宇之间的局域网需要互相连接：一个公司希望将其最近的生产厂房、车间、管理中心等所有的网络连接在一起，便于资源共享、统一管理、实现信息的最大化利用；在大学校园里，教学楼、学生宿舍与计算中心等部门中独立的内部局域网，也需要组建在一起，可以方便学生和教师接入校园网和Internet等。这些需要连接各个局域网，都可以采用无线分布系统技术来实现，当出现距离过远，信号较弱，中间有障碍物阻挡时，就需要应用无线分布系统中的无线中继模式来连接组建网络。

6.9　无线局域网组网实例

要组建一个无线局域网，需要的硬件设备是无线网卡和无线接入点。

1. 无线网卡选择

要组建一个无线局域网，除了需要配备计算机外，还需要选择无线网卡。对于台式计算机，可以选择PCI或USB接口的无线网卡；对于笔记本电脑，已内置无线网卡。为了能实现多台计算机共享上网，最好还要准备一台无线AP或无线路由器，并可以实现网络接入，例如，ADSL、小区宽带、Cable Modem等。在选购无线网卡时，需要考虑以下事项。

（1）接口类型

按接口类型分，无线网卡主要分为PCI、USB、PCMCIA三种，PCI接口无线网卡主要用于台式计算机，USB接口无线网卡也可以用于台式计算机。

其中，PCI接口无线网卡可以和台式计算机的主板PCI插槽连接，安装相对麻烦；USB接口无线网卡具有即插即用、安装方便、高速传输等特点，只要配备USB接口就可以安装使用。在选购无线网卡时，应该根据实际情况来选择合适的无线网卡。

（2）传输速率

传输速率是衡量无线网卡性能的一个重要指标。目前，无线网卡支持的最大传输速率可以达到54 Mbit/s，一般都支持IEEE 802.11g标准，兼容IEEE 802.11b标准。不过部分厂家的产品通过各种无线传输技术，实现了高达108 Mbit/s的传输速率，例如，TP-LINK、NETGEAR等。

比较常用的支持IEEE 802.11b标准的无线网卡最大传输速率可达11 Mbit/s，其增强型产品可以达到22 Mbit/s、甚至44 Mbit/s。在选购时，对于普通家庭用户选择11 Mbit/s的无线网卡即可；而对于办公或商业用户，则需要选择至少54 Mbit/s的无线网卡。

（3）认证标准

目前，无线网卡采用的网络标准主要是IEEE 802.11b以及IEEE 802.11g标准，两个标准之间，分别支持11 Mbit/s和54 Mbit/s的速率，后者可以兼容IEEE 802.11b标准。

在选购时一定要注意，产品是否支持Wi-Fi认证的标准，只有通过该认证的标准产品才可以和其他的同类无线产品组成无线局域网。另外，很多厂商提供的支持IEEE 802.11g标准的产品，同时注明兼容IEEE 802.11b标准，这样，可以自由选择不同的传输速率。

（4）兼容性

无线局域网相关的IEEE 802.11x系列标准中，除了IEEE 802.11b和IEEE 802.11g标准外，还有IEEE 802.11a标准，该标准可以支持20 Mbit/s的传输速率，但是与前面两个标准都不兼容。所以在选购产品时，最好不要选择该标准的产品。在选择多个无线网卡时，必须要选择支持同一标准或相互兼容的产品。

（5）传输距离

传输距离同样是衡量无线网卡性能的重要指标，传输距离越大说明其灵活性越强。目前，一般的无线网卡室内传输距离可以达到30～100 m，室外可达到100～300 m。在选购时，注意产品的传输距离不低于该标准值即可。另外，无线网卡传输距离的远近还会受到环境的影响，比如墙壁、无线信号干扰等。

（6）安全性

因为常见的IEEE 802.11b和IEEE 802.11g标准的无线产品使用了2.4 GHz工作频率，所以，理论上任何安装了无线网卡的用户都可以访问网络，这样的网络环境，其安全性得不到保障。为此，一般采取WAP（Wireless Application Protocol，无线应用协议）和WEP（Wired Equivalent Privacy，有线等价加密）加密技术，WAP加密性能比WEP强，不过兼容性不好。目前，一般的无线网卡都支持68/128位的WEP加密，部分产品可以达到256位。

2. 无线路由器选择注意事项

无线接入点可以是无线AP，也可以是无线路由器，它们主要用于网络信号的接入或转发。在选购无线接入点时（以无线路由器为例），需要注意以下事项：

（1）端口数目、速率

如今，很多无线路由器产品都内置有交换机，一般包括1个WAN端口以及4个LAN端口。WAN端口用于和宽带网进行连接，LAN端口用于和局域网内的网络设备或计算机连接，这样可以组建有线、无线混合网。在端口的传输速率方面，一般应该为10/100 Mbit/s自适应RJ-45端口，每一端口都应该具备MDI/MDIX自动跳线功能。

（2）网络标准

与无线网卡所支持的标准一样，无线路由器一般支持IEEE 802.11b和IEEE 802.11g标准，理论上分别可以实现11 Mbit/s、54 Mbit/s的无线网络传输速率。家庭或小型办公网络用户一般选择

IEEE 802.11b标准的产品即可。除此之外，还必须要支持IEEE 802.3以及IEEE 802.3u网络标准。

（3）网络接入

对于家庭用户，常见的Internet宽带接入方式有ADSL、Cable Modem、小区宽带等。所以在选购无线路由器时要注意它所支持的网络接入方式，例如，使用ADSL上网的用户选择的产品必须支持ADSL接入（即PPPoE拨号），对于小区宽带用户，必须要支持以太网接入。

（4）防火墙

为了保证网络的安全，无线路由器最好还应该内置防火墙功能。防火墙功能一般包括LAN防火墙和WAN防火墙，前者可以采用IP地址限制、MAC过滤等手段来限制局域网内计算机访问Internet；后者可以采用网址过滤、数据包过滤等简单手段来阻止黑客攻击，保护网络传输安全。

（5）高级功能

选购无线路由器时，还需要注意它所支持的高级功能。例如，支持的NAT（网络地址转换）功能可以将局域网内部的IP地址转换为可以在Internet上使用的合法IP地址；通过DHCP服务器功能可以自动为无线局域网中的任何一台计算机自动分配IP地址；通过DDNS（动态DNS）功能可以将动态IP地址解析为一个固定的域名，以便于Internet用户对局域网服务器的访问；通过虚拟服务器功能可以实现在Internet中访问局域网中的服务器。另外，为了让局域网中的路由器之间以及不同局域网段中的计算机之间进行通信，选购的无线路由器还必须支持动态/静态路由功能。

除了上面介绍的注意事项外，在选购无线路由器产品时，还需要注意无线路由器的管理功能。它至少应该支持Web浏览器的管理方式；无线传输的距离，至少应该达到室内100 m，室外300 m；至少应该支持68/128位WEP加密。网络操作系统是计算机网络的重要组成部分，每个网络结点只有安装网络操作系统后，才能作为网络成员对其他结点提供网络服务。单机操作系统只能为本地用户使用本机资源提供服务，不能满足开放的网络环境的服务需求。连网计算机的资源既是本机资源又是网络资源，它们既要为本地用户使用资源提供服务，又要为远程网络用户使用资源提供服务。

6.9.1 家庭、办公室无线共享ADSL上网

ADSL资源共享在一定程度上讲就是搭建一个小型的局域网，通过ADSL拨号服务器、ADSL路由器等设备使局域网实现网络资源的共享分配。实现资源共享的方式通常有硬件共享上网和软件共享上网两种。

硬件共享上网一般是指利用ADSL路由器等硬件设备来实现，它是通过内置的硬件芯片来完成Internet与局域网之间的数据包交换的，实质上就是在芯片中固化了共享上网软件。硬件共享上网方式一般是企业级选用的，因为它需要投入较大的资金购买路由器设备。

软件共享上网方式是现在最为流行的共享上网方式，因为它无须什么投资，却能达到网络资源共享的目的，特别适用于小型公司。目前用来实现共享上网的软件分为两类：一类是代理服务器软件，另一类就是网络地址转换软件。

1. 软件共享方式

实现设备及软件：

- ADSL Modem。
- ADSL拨号服务器。
- 集线器。
- 资源共享或代理服务软件。

软件共享通常需要利用ADSL拨号服务器连接上一台集线器或者交换机，然后各台分机在通过五类线连接集线器分享ADSL的资源。工作时，用户的ADSL Modem 和服务器的网卡1负责连接Internet通信，然后，服务器通过网卡2连接到Hub或交换机。这样，就组成了一个内部用户访问Internet的通路：局域网用户→交换机→服务器网卡2→服务器网卡1→ADSL Modem→Internet。软件方面可以通过设置系统或者安装Sygate、WinGate等资源共享软件实现网络资源的分配和共享。

这种方法的致命弱点就是可扩展性差，一旦集线器的接口插满就无法让更多的计算机进行资源的共享与连接了。而且ADSL拨号服务器需要长时间处于开启状态容易造成系统崩溃等弊端，附加安装的Sygate等资源共享软件不仅安装烦琐，也很容易造成瘫痪。但是对于只有5～20个人的小公司或者工作室来说，Hub+拨号服务器仍然是最廉价与实用的共享方案。

2．硬件共享方式

实现设备及软件：

- ADSL Modem。
- ADSL路由器。
- 集线器。

这种方案采用了一台ADSL路由器代替了ADSL拨号服务器，增加了网络的可扩展性。由于ADSL路由器已经将软件固化到了芯片之中，因此也省去了安装操作系统、资源共享及网络安全软件的麻烦。此外，由于路由器是单一设备，调试成功后基本不用再经常维护，所以在稳定性方面它也要比ADSL拨号服务器优秀。ADSL路由器设置也很简单，通常利用IE登录路由器的IP地址就可以方便地进行网络的设置和账号的修改。虽然ADSL路由器有诸多的优点，但相比软件共享方式它需要另外花费资金购买。如果选择廉价的产品，安全性能往往又不尽如人意。所以要综合考虑这个问题。

6.9.2　无线校园网

校园内部铺设网络的工程涉及面很广，无论是在室内还是在室外，都会对现有的校园环境产生不少影响，这一点在发展历史较长、校内新老建筑并举的校园内表现得尤为明显。从应用需求方面考虑，无线网络很适合学校的一些不易于网络布线的场所应用。现在大部分校园都建有有线局域网，对原有网络进一步扩充，使校园的每个角落都处在网络中，形成真正意义上的校园网。在原有的有线校园网基础上构建无线校园网络，可以分为室内和室外两个部分进行。

1．室内

指原先没有安装有线网络的教室、会议室、临时移动办公室等房间。在室内部署WLAN的第一步是要确定AP的数量和位置。也就是要将多个AP形成的各自的无线信号覆盖区域进行交叉覆盖，各覆盖区域之间无缝连接。所有AP通过双绞线与有线骨干网络相连，形成以有线网络为基础，无线覆盖为延伸的大面积服务区域。所有无线终端通过就近的AP接入网络，访问整个网络资源。覆盖区的间隙会导致在这些区域内无法连通。安装人员可以通过地点调查来确定AP的位置和数量。地点调查可以权衡实际环境（如教室的面积等）和用户需求，考虑到教学环境对网络带宽、网络速度的要求，这包括覆盖频率、信道使用和吞吐量需求等。多个AP通过线缆连接在有线网络上，使无线终端能够访问网络的各个部分。

通常情况下，一个AP最多可以支持多达80台计算机的接入，但是，数量为20~30台时工作站的工作状态最佳，AP的典型室内覆盖范围是30~100 m。根据教室和会议厅的大小，可配置1个或多个无线接入点。例如，可在教室中放置4台AP，使这个教室最多可容纳80~120个无线网络用户。

2. 室外

指校园操场及其他公共场所等。

（1）设备的选择

AP、无线全向天线、无线定向天线。

（2）室外考虑因素

与教室、会议室不同的是，在校园区室外配置无线接入点要复杂，要把各自成一个局域网而又有一定距离的各栋楼房连接起来。在网络的每一端接入AP，并在距离远或信号弱的地方，同时外接高增益天线，这样就可以实现几千米以内的多个网段之间的互连了。具体操作时，要根据实际情况（如各栋楼之间的实际距离以及障碍物等）来考虑选择设备（如设备型号、是否要加用全向、定向天线，以及增减设备数量等）。当然，在楼房上架设无线网络设备还需加装避雷器、防潮箱等设备，以防止无线网络设备的损坏。

只需无线网卡及一台AP，便能以无线方式配合既有的有线架构来分享网络资源。WLAN具有安装便捷、使用灵活、易于扩展、价格便宜、辐射小等优点，能快速、方便地解决使用有线方式不易实现的网络连通问题。在安全方面，IEEE 802.11b标准能提供保密机制，学校还可以同时借助一些管理策略（如只有授权用户可以访问无线设备等）和VPN（虚拟专用网）来强化安全性能。

小　结

无线局域网使用的是无线传输介质，按传输技术可以分为红外线局域网、扩频无线局域网和窄带微波无线局域网3类。目前，比较成熟的无线局域网标准是802.11。蓝牙系统也是无线的，但是其目标更多地瞄准了桌面系统，它用无线的方式将头戴设备和其他的外设连接到计算机。它也可以用来将外设（比如传真机）连接到移动电话上。

无线网络的传输技术分为光传输和无线电波传输。以光为传输介质的技术有红外线（Infrared，IR）技术和激光（Laser）技术；利用无线电波传输的技术则包括窄频微波（Narrowband Microwave）、直接序列展频（Direct Sequence Spread Spectrum，DSSS）、跳频式展频（Frequency Hopping Spread Spectrum，FHSS）、HomeRF以及蓝牙（Bluetooth）等技术，移动电话是利用无线电波来传输数据。

拓 展 练 习

1．下列哪一个不属于无线网络（　　）？

A．HomeRF　　　　B．Bluetooth　　　　　C．100BASE-Tx Ethernet　　　　D．WAP

2．下列哪一个不是红外线传输的模式（　　）？

A．直接红外线连接　　　　　　　　　B．反射红外线连接

C．全向性红外线连接　　　　　　　　D．广域性红外线连接

3．下列哪一个是采用直接序列展频技术（　　）？

A．IEEE 802.11b　　B．Bluetooth　　　　C．HomeRF　　　　D．GPRS

4．下列哪一个不是 HomeRF 的特点（　　）？

A．采用 IEEE 802.11 FHSS 的传输技术

B．可以让手机访问互联网的资源，就像用计算机上网一样

C．可以和蓝牙设计在同一个设备中

D．耗电量比市面上任何无线设备还低

5．下列哪一个不是 GSM 可以应用的频带（　　）？

A．1700 MHz　　　　B．1800 MHz　　　　C．1900 MHz　　　　D．900 MHz

6．无线网络的传输技术可分为哪两大类？请各举一个例子。

7．IEEE 802.11 规范了哪 3 种传输技术？

8．简述 GPRS 和 GSM 的关系。

9．简述 WAP 和 GPRS 的关系，并说明其在 OSI 模型的相对位置是什么。

10．无线局域网主要的应用领域是哪些？无线局域网从传输技术上可分为几种类型？

11．无线局域网的设备包括哪些？

12．蓝牙技术的主要技术特点是什么？

13．简述无线网卡、无线路由器的选购注意事项。

第 7 章

IP 基础

本章主要内容

- IP 基础
- IP 信息包的传递方式
- IP 地址表示法
- IP 地址的等级
- 子网
- 超网
- 网络地址翻译

在前面几章陆续介绍了通信的原理、网络设备，以及包含局域网与广域网的各种通信技术。这些内容大致涵盖了 OSI 模型中物理层与数据链路层的范围。从本章开始，将以 3 章的篇幅（第 7、8、9 章）来介绍网络层的协议。网络层负责在网络系统之间传送信息，即将信息从源端传送到目的端。网络层的主要功能如下：

- 定址：为网络设备决定名称或地址的机制。
- 路由：决定信息包在网络之中的传送路径。

网络层中常用的协议是TCP/IP 的 IP（Internet Protocol）等。至于其他通信协议，也都可以实现网络层的功能。下面以最常用的 IP 为例说明网络层的功能。

7.1 IP 基本概念

IP是整个 TCP/IP 协议族的核心，也是构成互联网的基础。IP 位于TCP/IP 模型的网络层（相当于 OSI 模型的网络层），对上可载送传输层各种协议的信息，例如TCP、UDP 等；对下可将 IP 信息包放到链路层，通过以太网、令牌环网络等各种技术来传送。

IP 所提供的服务大致可归纳为两类：

- IP 信息包的传送。
- IP 信息包的分割与重组。

以下将分别说明这两类服务。

7.1.1 IP 信息包传送

IP 是网络之间信息传送的协议，可将 IP 信息包从源设备（例如用户的计算机）传送到目的设备（例如某部门的 WWW 服务器）。为了达到这样的目的，IP 必须依赖IP 定址与 IP 路由器两种机制来实现。

1. IP 定址

IP 规定网络上所有的设备都必须有一个独一无二的 IP 地址，就好比是邮件上都必须注明收件人地址，邮递员才能将邮件送到。同理，每个 IP 信息包都必须包含有目的设备的 IP 地址，信息包才可以正确地送到目的地。同一设备不可以拥有多个 IP 地址，所有使用 IP 的网络设备至少有一个唯一的 IP 地址。换言之，可以分配多个IP 地址给同一个网络设备，但是同一个 IP 地址却不能重复分配给两个或两个以上的网络设备。

如果要使网络设备具有多个 IP 地址，在实际操作上必须有操作系统的支持。除了使每个网络设备都有一个 IP 地址之外，相关单位在分配 IP 地址时也考虑分布的合理性，尽量将连续的 IP 地址集合在一起，以有利于 IP 信息包的传递。这就好比推测 101 号、102 号必然在邻近的区域，而不会是位于几千米之外。

在现实生活中，相关单位会统筹分配地址的事宜，包括道路的命名、门牌号码的分配等等。同样的，全球也有类似的机构，负责分配 IP 地址。此机构的最高单位为 ICANN（Internet Corporation for Assigned Names and Numbers），网址为 http://www.icann.org/。

ICANN根据地区与国家，授权给公正的单位来执行分配 IP 地址的工作。在中国是由 CNNIC（China Internet Network Information Center，中国互联网信息中心）所负责，网址为 http://www.cnnic.cn/。CNNIC 按照分配管理办法，将 IP 地址分配给学术网络、各家 ISP 等。个人或公司如果需要 IP 地址，必须向 ISP申请。

2. IP路由

互联网是由许多个网络连接所形成的大型网络。如果要在互联网中传送 IP 信息包，除了确保网络上每个设备都有一个唯一的 IP 地址之外，网络之间还必须有传送的机制，才能将 IP 信息包通过一个个的网络传送到目的地。此种传送机制称为 IP 路由。

如图7-1所示，各个网络通过路由器相互连接。路由器的功能是为 IP 信息包选择传送的路径。换言之，必须依靠沿途各路由器的通力合作，才能将IP信息包送到目的地。在 IP 路由的过程中，由路由器负责选择路径，IP 信息包则是被传送的对象。

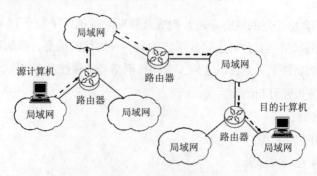

图7-1　IP 路由说明

IP 地址与 IP 路由是IP 信息包传送的基础。此外，IP 信息包传送时还有一项很重要的特性，即使用非连接式的传送方式。非连接式的传送方式是指 IP 信息包传送时，源设备与目的设备双方不必事先连接，即可将 IP 信息包送达。即源设备完全不用理会目的设备，而只是单纯地将 IP 信息包逐一送出。至于目的设备是否收到每个信息包、是否收到正确的信息包等，则由上层的协议（例如TCP）来负责检查。这就好像以平信来传送信件时，邮差只负责将信件投入收信地址的信箱。至于后续状况，例如：收信人是不是真的能拿到这封信，则不是平信递送的责任。寄信人如果要确认信件是否送达，必须自行以电话、传真等其他联络方式来确认。

使用非连接式的优点是过程简单化，可提高传输的效率。此外，由于 IP 信息包必须通过 IP 路由的机制，在一个个路由器之间传递，非连接式的传送方式较易在此种机制中运行。

相对于非连接式的传送方式，也有连接式的传送方式，也就是源与目的设备双方必须先建立连接，才能进一步传输数据，TCP 就是使用连接式的传送方式。

7.1.2　IP 信息包封装、分段与重组

IP报文要封装成帧之后才能发送给数据链路层。理想情况，IP报文正好放在一个物理帧中，这样可以使得网络传输的效率最高。而实际的物理网络所支持的最大帧长各不相同。例如，以太网帧中最多可以容纳1500字节，而一个FDDI（光纤分布式数据接口）帧中可以容纳4470字节的数据。把这个上限称为物理网络的最大传输单元（Maximum Transmission Unit，MTU）。每一种链路层的技术都有最大传输单元，即该种技术所能传输的最大信息包长度。有些网络的MTU非常小，其值可能只有128字节。表7-1列举了几种常用技术的最大传输单位。

表7-1　链路层常用技术的最大传输单元

技　　术	最大传输单元（字节）	技　　术	最大传输单元（字节）
以太网	1500	X.25	1600
FDDI	4470	ATM	9180

为了能把一个IP报文放在不同的物理帧中，最大IP报文的长度就只能等于这条路径上所有物理网络的MTU的最小值。当数据报通过一个可以传输长度更大的帧的网络时，把数据报的大小限制在互联网上最小的MTU之下不经济；如果数据报的长度超过互联网中最小的MTU值的话，则当该数据报在穿越该子网时，就无法被封装在一个帧中。

IP协议在发送IP报文时，一般选择一个合适的初始长度。如果这个报文要经历的中间物理网络的MTU值比IP报文长度要小，则IP协议把这个报文的数据部分分割成若干个较小的数据片，组成较小的报文，然后放到物理帧中去发送。每个小的报文称为一个分段。分段的动作一般在路由器上进行。如果路由器从某个网络接口收到了一个IP报文，要向另外一个网络转发，而该网络的MTU比IP报文长度要小，那么就要把该IP报文分成多个小IP分段后再分别发送。

图7-2给出了一个对IP报文进行分段的网络环境示例。在图7-2（a）中，两个以太网通过一个远程网互连起来。以太网的MTU都是1500，但是中间的远程网络的MTU为620字节。如果主机A现在发送给B一个长度超过620字节的IP报文，首先在经过路由器R1时，就必须把该报文分成多个分段。

在进行分段时，每个数据片的长度依照物理网络的MTU而确定。由于IP报文头中的偏移

字段的值实际上是以8字节为单位，所以要求每个分段的长度必须为8的整数倍（最后一个分段除外，它可能比前面的几个分段的长度都小，它的长度可能为任意值）。图7-2（b）是一个包含有1400字节数据的IP报文，在经过图7-2（a）所示网络环境中路由器R1后，该报文的分段情况。从图中可以看出，每个分段都包括各自的IP报文头。而且该报文头和原来的IP报文头非常相似，除了MF标志位、分段偏移量、校验和等几个字段外，其他内容完全相同。

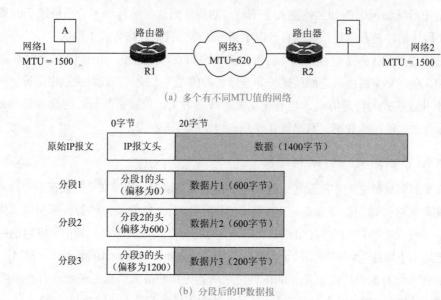

(a) 多个有不同MTU值的网络

(b) 分段后的IP数据报

图7-2　IP数据报的分段

　　重组是分段的逆过程，把若干个IP分段重新组合后还原为原来的IP报文。在目的端收到一个IP报文时，可以根据其分段偏移和MF标志位来判断它是否是一个分段。如果MF位是0，并且分段偏移为0，则表明这是一个完整的IP数据报。否则，如果分段偏移不为0，或者MF标志位为1，则表明它是一个分段。这时目的地端需要实行分段重组。IP协议根据IP报文头中的标识符字段的值来确定哪些分段属于同一个原始报文，根据分段偏移来确定分段在原始报文中的位置。如果一个IP数据报的所有分段都正确地到达目的地，则把它重新组织成一个完整的报文后交给上层协议去处理。

　　将上述的内容总结如下：IP 信息包在传送过程中，可能会经过许多个使用不同技术的网络。假设 IP 信息包是从 ATM 网络所发出，原始长度为 9180 B，如果 IP 路由途中经过以太网络，便面临信息包太大，无法在以太网络上传输的障碍。为了解决此问题，路由器必须有 IP 信息包分割与重组的机制，将过长的信息包进行分割，以便能在最大传输单位较小的网络上传输。分割后的 IP 信息包，由目的设备接收后重组，恢复成原来 IP 信息包。

7.1.3　IP 数据报的结构

　　IP数据报是IP协议的基本处理单元，它由两部分组成：数据报头和数据部分。传输层的数据交给IP协议后，IP协议要在其前面加上IP数据报头，用于在传输途中控制IP数据报的转发和处理。IP数据报的格式如图7-3所示。

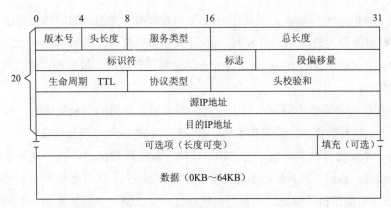

图7-3　IP数据报格式

（1）版本号

IP数据报头部第一项就是IP协议的版本号，占用4位。无论是主机还是中间路由器在处理每个接收到的IP数据报之前，首先要检验它的版本号，以确保用正确的协议版本来处理。

（2）长度字段

在IP数据报中有两个长度字段，头长度和总长度。一个表示IP数据报头的长度，占用4位，另一个表示IP数据报总长度，占用16位，它的值是以字节为单位的。IP数据报头又分为固定部分和选项部分，固定部分正好是20字节，而选项部分为变长。因此需要用一个字段来给出IP数据报头的长度。而且若选项部分长度不为4的倍数，则还应根据需要填充1～3个字节以凑成4的倍数。

（3）服务类型

IP数据报头中的服务类型字段规定了对于本数据报的处理方式。该字段共为1字节，分为5个子域，其结构如图7-4所示。

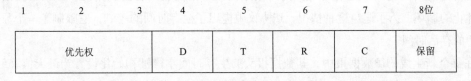

图7-4　服务类型

其中优先权（共3位）指示本数据报的重要程度，其取值范围为0～7。用0表示一般优先级，而7表示网络控制优先级，即值越大，表示优先级越高。

D、T、R、C这4位表示本数据报所希望的传输类型。

D：要求有更低的延迟；

T：要求有更高的吞吐量；

R：要求有更高的可靠性，就是说在数据报传送中，被结点交换机丢弃的概率更小；

C：级要求选择更低廉的路由。

（4）数据报的分段和重组

IP数据报要放在物理帧中再进行传输，这一过程叫做封装。一般来说，在传输的过程中要跨越若干个不同的物理网络，由于不同的物理网络，采用的帧格式是不一样的，且所容许的最大帧长度不同（帧的最大传输单元，简称为MTU，其值由物理网络的硬件和算法确定，不能更改）。而IP数据报的最大长度可达64 KB，远大于大多数物理网络的MTU，因此IP协议需要一种分段机制，把一个大的IP数据报，分成若干个小的分段进行传输，最后到达目的地后再重新组合还原成原来的样子。

分段可以在任何必要的中间路由器上进行，而重组仅在目的主机处进行。在IP报头中，共有三个字段用于实现对数据报的分段和重组：标识符、标志域和分段偏移量。

标识符是一个无符号的整数值，它是IP协议赋予数据报的标志，属于同一个数据报的分段具有相同的标识符。标识符的分配决不能重复，IP协议每发送一个IP数据报，则要把该标识符的值加1，作为下一个数据报的标志。标识符占用16位，可以保证在重复使用一个标识符时，具有相同标识符的上个IP数据报的所有的分段都已从网上消失了，这样就避免了不同的数据报具有相同标识符的可能。

标志域为3位，但只有低两位有效。每个位意义如下：

0位（MF位），最终分段标志。

1位（DF位），禁止分段标志。

2位，未用。

当DF位被置为1时，则该数据报不能被分段。假如此时IP数据报的长度大于网络的MTU值，则根据IP协议把该数据报丢弃。同时向源端返回出错信息。

当MF标志位置为0时，说明该分段是原数据报的最后一个分段。

分段偏移量指出本分段的第一个字节在初始的IP数据报中的偏移值，该偏移量以8字节为单位。

（5）数据报生存周期（TTL）

IP数据报传输的特点就是每个数据报单独寻址。而在互联网的环境中从源端到目的端的时延通常都是随时变化的，还有可能因为中间路由器的路由表内容出现错误，导致数据报在网络中无休止的循环。为了避免这种情况，IP协议中提出了生存时间的控制，它限制了一个数据报在网络中的存活时间。

在每个新生成的IP数据报中，其数据报头的生存时间字段被初始化设置为最大值255，这是IP数据报的最大生存周期。由于精确的生存时间在分布式结构的网络环境中很难实现，故IP协议以这种近似的方式来处理，即在数据报每经过一个路由器时，其TTL值减1，直到它的值减为0时，则丢弃该数据报。这样即使在网络中出现循环路由，循环转发的IP数据报也会在有限的时间内被丢弃。

（6）协议类型

该字段指出IP数据报中的数据部分是哪一种协议（高层协议），接收端则根据该协议类型字段的值来确定应该把IP数据报中的数据交给哪个上层协议去处理。

（7）头校验和

该字段用于保证头部数据的正确性。其计算方法很简单：在发送端把校验和字段置为0，然后对数据报头中的内容按16比特累加，结果值取反，便得到校验和。注意，IP协议并没有提供对数据部分的校验。

（8）源IP地址和目的IP地址

在IP数据报的头部有两个字段，源端地址和目的地址，分别表示该数据报的发送者和接收者。

（9）IP数据报选项

IP可选项主要用于额外的控制和测试。IP报头可以包括多个选项。每个选项第1字节为标识符，标识该选项的类型。如果该选项的值是变长的，则紧接在其后的1字节给出其长度，之后才是该选项的值。在IP协议中可以有如表7-2所示的一些选项类型。

表7-2　IP数据头中的可选项

安 全 选 项	表示该 IP 数据报的保密级别
严格源选径	给出完整的路径表
松散源选径	给出该数据报在传输过程中必须要经历的路由器地址
路由记录	让途径的每个路由器在 IP 数据报中记录其 IP 地址
时间戳	让途径的每个路由器在 IP 数据报中记录其 IP 地址及时间值

7.2　IP 信息包的传送方式

在传送 IP 信息包时，一定会指明源地址与目的地址。源地址当然只有一个，但是目的地址却可能代表单一或多部设备。根据目的地址的不同，区分为 3 种传送方式：单点传送、广播传送以及多点传送。

1. 单点传送

单点传送是一对一的传递模式。在此模式下，源端所发出的 IP 信息包，其 IP 报头中的目的地址代表单一目的设备，因此只有该目的设备能收到此 IP 信息包。在互联网上传送的信息包，绝大多数都是单点传送的 IP 信息包，单点传送模式如图7-5所示。

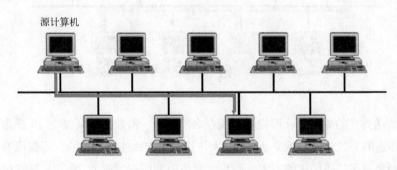

图7-5　单点传送模式

2. 广播传送

广播传送是一对多的传递方式。在此方式下，源设备所发出的 IP 信息包，其 IP 报头中的目的地址代表某一网络，而非单一设备，因此该网络内的所有设备都能收到、并处理此类 IP 广播信息包。由于此特性，广播信息包必须小心使用，否则稍有不慎，便会波及该网络内的全部设备。

由于某些协议必须通过广播来运行，例如：ARP（第8章内容），因此局域网内含有不少的广播信息包，广播传送模式如图7-6所示。

源计算机

图7-6　广播传送模式

在第 4 章曾介绍以太网络的广播，不要将它与 IP 的广播混淆，两者是在不同的协议层中运行。

3. 多点传送

多点传送是一种介于单点传送与广播传送之间的传送方式模式。多点传送也是属于一对多的传送方式，但是它与广播传送有很大的不同。广播传送必定会传送至某一个网络内的所有设备，但是多点传送却可以将信息包传送给一群指定的设备。即多点传送的 IP 信息包，其 IP 报头中的目的地址代表的是一群选定的设备。凡是属于这一群的设备都可收到此一多点传送信息包，如图7-7所示。

源计算机

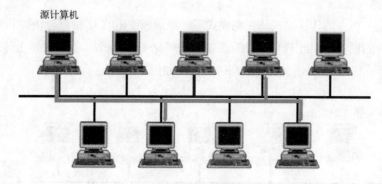

图7-7　多点传送

设置多点传送方式的原因是：假设我们现在必须传送一份数据给网络上 10 部指定的设备。如果使用单点传送的方式，必须重复执行 10 次传送的操作才能达成目的，不仅没有效率，且浪费网络带宽。如果使用广播传送的方式，则指定网络中的所有（例如 20 部）计算机都会收到、且必须处理这些广播传送信息包，换言之，将影响到其他不相干的计算机。这时候，如果使用多点传送，便能避免单点传送与广播传送的问题。

多点传送非常适合传送一些即时共享的信息给一群用户，例如传送即时股价、多媒体影音信息等。不过，虽然在同一个网络内进行多点传送没有技术上的问题，但如果要通过互联网，则沿途的路由器必须都支持相关的协议才行。这也是多点传送所面临的瓶颈。

7.3 IP 地址表示法

IP 地址是一个长度为 32 bits 的二进制数，例如：

11001011010010101100110101101111

| 总共有32个bits

这样一长串的二进制数值，不要说记下来，连复诵或抄写都很困难。为了方便记忆与使用，一般使用下列方式来转换这样的32 bits 二进制数。

① 首先以 8 bits 为单位，将 32 bits 的 IP 地址分成 4 段，每一段是 8 bit，即一个字节。

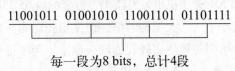

11001011 01001010 11001101 01101111

每一段为8 bits，总计4段

② 将各段的二进制数值转换成十进制，再以 "." 隔开，这样便于阅读与理解。

203.74.205.111

这种表示方式便于记忆与使用。通常在设置 IP 地址时，都是以这种格式来输入。

目前互联网上通用的 IP 版本为IPv4。IPv4 的 IP 地址是由 32 bits 组成，理论上会有 2^{32} = 4 294 967 296（将近 43 亿个）种组合。这个数字虽然很大，但是现实世界对于 IP 地址的需求却是永无止境。为了解决这个问题，IETF设计了下一版的IPv6（第 6 版的 IP）。IPv6 的 IP 地址是由 128 bits所组成，2^{128}数字巨大，可以提供非常充裕的 IP 地址空间。

7.4 IP 地址的等级

在设计 IP 时，基于路由与管理上的需求，因此制定了 IP 地址的等级。虽然这种设计方式在后来面临了地址不足的问题，因而做了许多更改，但是，了解 IP 地址等级的来龙去脉与发展过程，仍然是深入学习IP协议的必经之路。

7.4.1 IP 地址的结构

IP 地址是用于识别网络上的设备，因此，IP 地址是由网络地址与主机地址两部分所组成。

1. 网络地址

网络地址可用来识别设备所在的网络，网络地址位于 IP 地址的前段。当组织或企业申请 IP 地址时，所获得的并非IP 地址，而是取得一个唯一的、能够识别的网络地址。同一网络上的所有设备，都有相同的网络地址。IP 路由的功能是根据 IP 地址中的网络地址，决定要将 IP 信息包送至所指明的那个网络。

2. 主机地址

主机地址位于 IP 地址的后段，可用来识别网络上设备。同一网络上的设备都会有相同的网络地址，而各设备之间则是以主机地址来区别，32位的IP地址的划分如图7-8所示。

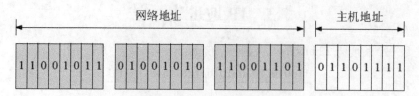

图7-8 32位的IP地址

网络地址与主机地址的长度分配是一个值得考虑的问题，如果网络地址的长度较长，例如 24 bits，那么主机地址便只有 8 bits，即此一个网络地址下共有 $2^8 = 256$ 个主机地址可使用，可分配给 256 台设备使用。如果网络地址的长度较短，例如16 bits，那么主机地址便有 16 bits，即此一个网络地址下共有 $2^{16} = 65\,536$ 个主机地址可使用，可分配给 65 536 台设备使用。

由于各个网络的规模大小不一，大型的网络应该使用较短的网络地址，以便能使用较多的主机地址；反之，较小的网络则应该使用较长的网络地址。为了符合不同网络规模的需求，IP 在设计时便根据网络地址的长度，设计与划分IP地址。

7.4.2 五种地址等级

在设计 IP 时，基于路由与管理上的需求，因此制定了 5 种 IP 地址的等级。不过，一般最常用到的便是A、B、C类这三种等级的 IP 地址。5种等级分别使用不同长度的网络地址，因此适用于大、中、小型网络。IP 地址的管理机构可根据申请者的网络规模，决定要赋予哪种等级。

传统 IP 地址的运行方式，由于以等级来划分，因此称为等级式的划分方式。相对的，后来又产生了无等级的划分方式，也就是目前所用的方式。后文将介绍如何以无等级方式来划分 IP 地址。

1. A类

网络地址的长度为 8 bits，最左边的 bit（称为前导位）必须为 0。A类的网络地址可从 00000000（二进制）至 01111111（二进制），总共有 $2^7 = 128$ 个，如图7-9所示。

图7-9 A类的 IP 地址

由于A类的网络地址长度为 8 bits，因此主机地址长度为 32 - 8 = 24 bit，即每个A类网络可运用的主机地址有 $2^{24} = 16\,777\,216$ 个（1600多万）。只有国家（或一些特殊的单位）会分配到A类的 IP 地址。

由于每类地址的前导位不同，因此，从前导位就可以判断所属的等级。

2. B类

网络地址的长度为16 bits，最左边的2 bits为前导位，必须为 10（这不是指十进制的 10，而是二进制的10），因此B类的IP地址必然介于128.0.0.0 与 191.255.255.255 之间，如图7-10所示。每个 B类网络可资运用的主机地址有 $2^{16} = 65\,536$ 个，通常用来分配给一些跨国企业或ISP使用。

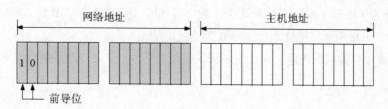

图7-10　B类的IP地址

3．C类

如图7-11所示，网络地址的长度为24 bits，最左边的3 bits为前导位，必须为 110（这也不是指十进制的110，而是二进制的110），因此C类的 IP 地址必然介于 192.0.0.0 与 223.255.255.255 之间。每个C类网络可以运用的主机地址有 $2^8 = 256$ 个，通常用来分配给一些小型企业。

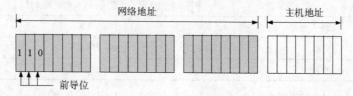

图7-11　C类的IP地址

4．D类

D类的地址的前导位为1110，后面的28 bits为组播地址。主要用于组播，D类地址被分配给指定的通信组，当通信组被分配一个D类地址后，该组中的每一个主机都会在正常的单播地址的基础之上增加一个组播地址。

5．E类

E类地址只有一块，它是保留地址。E类地址的最后一个（255.255.255.255）用作一个特殊地址。

6．5种常用的IP地址等级的比较

图7-12所示的是5种IP地址等级的比较。

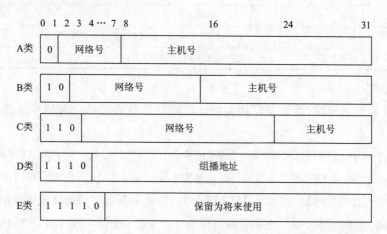

图7-12　5种IP地址等级的比较

上述A、B、C、D、E类的规划，主要是针对路由与管理上的需求，优点如下：

从 IP 地址的前导位，便可判断出所属网络的等级，进而得知网络地址与主机地址。例如：

某主机 IP 地址为 168.95.1.84。我们从第 1 个数字"168"便可判断此为B类 的 IP 地址。因此，该 IP 地址的前16 bits 为网络地址，后 16 bits 为主机地址。

根据企业或单位的实际需求，可分配不同的等级网络地址，使IP地址的分配更有效率。

7.4.3　特殊的 IP 地址

前文所述的 IP 地址的数量，都只是数学上各种排列组合的总量。在实际应用上，有些网络地址与主机地址有特别的用途，因此在分配或管理 IP 地址时，要特别注意这些限制，下面是这些特殊 IP 地址的说明。通常用点分十进制记法来表示IP地址。如B类IP地址1000000000000101100 00001100011111，可记为128.11.3.31。IP地址的使用范围如表7-3所示。

表7-3　常用三类IP地址的使用范围

网络类别	最大网络数	第一个可用的网络号	最后一个可用的网络号	每个网络中的最大主机数
A	126	1.0.0.0	126.0.0.0	16 777 214
B	16382	128.1.0.0	191.254.0.0	65 534
C	2097150	192.0.1.0	223.255.254.0	254

当一个主机同时连接到两个网络上时（如路由器），该主机必须同时具有两个IP地址，其网络号部分应该是不同的。这种主机称为多地址主机。

IP地址和电话号码的结构不一样，IP地址不能反映任何有关主机位置的地理信息。IP地址和物理地址是不一样的。

除了上面介绍的可使用的IP地址，还有一些不使用的特殊IP地址，如表7-4所示。

表7-4　特殊IP地址

网 络 号	主 机 号	含　　义
0	0	在本网络上的本主机
0	主机号	在本网络上的某个主机
全 1	全 1	只在本网络上进行广播（各路由器不进行转发）
网络号	全 0	表示一个网络
网络号	全 1	对网络号标明的网络的所有主机进行广播
127	任何数	用作本地软件回送测试

1．广播地址

所有主机号部分为1的地址是广播地址。广播地址分为两种：直接广播地址和有限广播地址。

在一特定子网中，主机地址部分为全1的地址称为直接广播地址。一台主机使用直接广播地址，可以向任何指定的网络直接广播它的数据报，很多IP协议利用这个功能向一个子网上广播数据。

32个比特全为1的IP地址（即255.255.255.255）被称为有限广播地址或本地网广播地址，该地址被用作在本网络内部广播。使用有限广播地址，主机在不知道自己的网络地址的情况下，也可以向本子网上所有的其他主机发送消息。

广播地址不像其他的IP地址那样分配给某台具体的主机。因为它是指满足一定条件的一组计算机。广播地址只能作为IP报文的目的地址，表示该报文的一组接收者。

2．组播地址

D类IP地址就是组播地址，即在224.0.0.0～239.255.255.255范围内的每个IP地址，实际上代表一组特定的主机。

组播地址与广播地址相似之处是都只能作为IP报文的目的地址，表示该报文的一组接收者，而不能把它分配给某台具体的主机。

组播地址和广播地址的区别在于广播地址是按主机的物理位置来划分各组的（属于同一个子网），而组播地址指定一个逻辑组，参与该组的计算机可能遍布整个Internet。组播地址主要用于电视会议、视频点播等应用。

网络中的路由器根据参与的主机位置，为该组播的通信组形成一棵发送树。服务器在发送数据时，只需发送一份数据报文，该报文的目的地址为相应的组播地址。路由器根据已经形成的发送树依次转发，只是在树的分岔点处复制数据报，向多个网络转发一份副本。经过多个路由器的转发后，则该数据报可以到达所有登记到该组的主机处。这样就大大减少了源端主机的负担和网络资源的浪费。

3．0地址

主机号为0的IP地址从来不分配给任何一个单个的主机号为0，例如，202.112.7.0就是一个典型的C类网络地址，表示该网络本身。

网络号为0的IP地址是指本网络上的某台主机。例如，如果一台主机（IP地址为202.112.7.13）接收到一个IP报文，它的目的地址中网络号部分为0，而主机号部分与它自己的地址匹配（即IP地址为0.0.0.13），则接收方把该IP地址解释成为本网络的主机地址，并接收该IP数据报。

0.0.0.0代表本主机地址。网络上任何主机都可以用它来表示自己。

4．回送地址

从表7-3中可以看到，原本属于A类地址范围内的IP地址127.0.0.0～127.255.255.255却并没有包含在A类地址之内。

任何一个以数字127开头的IP地址（127.×.×.×）都叫做回送地址。它是一个保留地址，最常见的表示形式为127.0.0.1。

在每个主机上对应于IP地址127.0.0.1有个接口，称为回送接口。IP协议规定，当任何程序用回送地址作为目的地址时，计算机上的协议软件不会把该数据报向网络上发送，而是把数据直接返回给本主机。因此网络号等于127的数据报文不能出现在任何网络上，主机和路由器不能为该地址广播任何寻径信息。回送地址的用途是，可以实现对本机网络协议的测试或实现本地进程间的通信。

7.5　子　网

IP 地址等级的设计虽然有许多好处，但有一个缺点，即可塑性不强。举例而言，假设 A 企业分配到 B类的 IP 地址，但如果将六万多台计算机连接在同一个网络中，势必造成网络效能的低落，因此在实际上不可行。但是，如果在B类网络中只连接几十台计算机，将浪费掉许多 IP 地址。解决这个问题的方法是便是让企业能自行在内部将网络分割为子网。例如：A 企业将分配到的B类网络分割成规模较小的子网，再分配给多个实体网络。换言之，子网的技术，可使只有5种等级的 IP 地址更为灵活。

　　一个网络上的所有主机都必须有相同的网络号。当网络增大时，这种IP编址特性会引发问题。例如，一个公司一开始在Internet上有一个C级局域网。一段时间后，其机器数超过了254台，因此需要另一个C级网络地址；或该公司又有了一个不同类型的局域网，需要与原先网络不同的IP地址。最后，结果可能是创建了多个局域网，各个局域网有它自己的路由器和C类网络号。

　　随着各个局域网的增加，管理成了一件很困难的事。每次安装新网络时，系统管理员就要向网络信息中心NIC（网络接口卡）申请一个新的网络号。然后该网络号必须向全世界公布；而且把计算机从一个局域网上移到另一个局域网上要更改IP地址，这反过来又需要修改其配置文件并向全世界公布其IP地址。解决这个问题的办法是：让网络内部可以分成多个部分，但对外像任何一个单独网络一样，这些网络称做子网。

　　一个被子网化的IP地址包含3部分：网络号、子网号、主机号。

　　其中子网号和主机号是由原先IP地址的主机地址部分分为两部分而得到的。因此，用户子网的能力依赖于被子网化的IP地址类型。IP地址中主机地址位数越多，就能分得更多的子网和主机。然而，子网减少了能被寻址主机的数量，实际上是把主机地址的一部分拿走用于识别子网号。子网由伪IP地址（也称为子网掩码）标识。

7.5.1　子网分割的原理

　　分割子网的重点便是让每个子网拥有一个唯一的子网地址，以识别子网。由于企业分配到的网络地址无法变动，因此，如果要分割子网的话，必须从主机地址借用前面几位，作为子网地址。原先的网络地址加上子网地址便可用来识别特定的子网。

　　假设 A 企业申请到 B类 的 IP 地址如下：

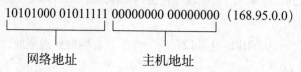

网络地址　　　　主机地址

　　按照原先等级式 IP 的规划，前面 16 bits 是网络地址，后面 16 bits 则是主机地址。如果要分割子网，必须借用主机地址前面的几 bits 作为子网地址。假设现在使用主机地址的前 3 bits 作为子网地址：

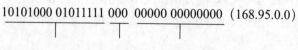

网络地址　子网地址　主机地址

　　子网地址与原先的网络地址加起来共 19 bits，是新的网络地址，用来识别该子网。原先16 bits的网络地址当然不可更动，但是子网地址却是可以自行分配。如果子网地址使用了3 bits，则产生了$2^3 = 8$个子网，分别为：

$$10101000\ 01011111\ 00000000\ 00000000$$
$$10101000\ 01011111\ 00100000\ 00000000$$
$$10101000\ 01011111\ 01000000\ 00000000$$

10101000 01011111 01100000 00000000

10101000 01011111 10000000 00000000

10101000 01011111 10100000 00000000

10101000 01011111 11000000 00000000

10101000 01011111 11100000 00000000

网络地址　　子网地址

换言之，从主机地址借用了 3 bit 之后，便可以分割出 8 个子网。当然，相对地主机地址长度变短后，所拥有的 IP 地址数量也减少了。以上例而言，原先 B 类可以有 $2^{16} = 65\ 536$ 个可用的主机地址；而新建立的子网，仅有 $2^{13} = 8192$ 个可用的主机地址。

由于子网地址必须取自于主机地址，每借用 n 个主机地址的位，便会产生 2^n 个子网。因此，分割子网时，其数目必然是 2 的幂次，也就是 2^2、2^3、2^4、2^5 等数目。

B 类网络可能分割的子网如表7-5所示。

表7-5　B类网络可能分割的子网

子网地址位数	形成的子网数目	每个子网可用的主机地址
0	1	65 536
1	2	32 768
2	4	16 384
3	8	8192
4	16	4096
5	32	2048
6	64	1024
7	128	512
8	256	256
9	512	128
10	1024	64
11	2048	32
12	4096	16
13	8192	8
14	16 384	4
15	32 768	2

C类 网络可能分割子网如表7-6所示。

表7-6　C类网络可能分割的子网

子网地址位数	形成的子网数目	每个子网可用的主机地址
1	2	128
2	4	64
3	8	32

续表

子网地址位数	形成的子网数目	每个子网可用的主机地址
4	16	16
5	32	8
6	64	4
7	128	2

　　上面两表只是表示使用多少个位作为子网地址时，可产生的子网与可分配主机地址的数目。但在实际应用上，必须记得子网地址与主机地址不得全为 0 或 1 的原则。所以，上表中有几项是不可用的。

　　① 不可能使用 1 bit 作为子网地址，因为它只能建立 2 个子网地址，扣掉全为 0 或 1 的子网地址，即没有可用的子网。

　　② 不能使主机地址只剩下 1 bit，因为此时每个子网只能有 2 个主机地址，扣掉全为 0 或 1 的主机地址，即没有可用的主机地址。

7.5.2　子网掩码

　　子网掩码是可用点分十进制数格式表示的32位二进制数，掩码告诉网络中的设备（包括路由器和其他主机）IP地址的多少位用于识别网络和子网，这些位称之为扩展的网络前缀。剩下的位标志子网内的主机，掩码中用于标志网络号的位，置为1；主机位，置为0。

　　例如，掩码11111111.11111111.11111111.11000000（255.255.255.192）能在子网产生64个可能的主机地址。因此可以在子网内唯一地标志64个设备。实际上只有62个地址是可用的，另两个主机地址是保留的，第一个主机号总保留为识别子网自身，另一个主机号保留作为子网的广播地址。因此当得到子网内最大可用的主机数时总要减去2，才能得到可用的主机数。

　　每一类地址使用不同的位数识别网络，因此每一类地址用于子网化的位数也不同。如果不断扩大的公司用B类地址，将16位的主机号分成一个6位的子网号和一个10位的主机号，如图7-13所示，这种分解法可以使用62个局域网，每个局域网最多有1022个主机。子网掩码是255.255.252.0。

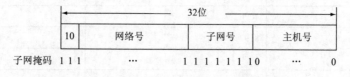

图7-13　B类子网分成若干子网的一种方法

　　在网络外部，子网是不可见的，因此分配一个新子网不必与NIC联系或改变程序外部数据库。第一个子网可能使用以130.50.4.1开始的IP地址，第二个子网可能使用130.50.8.1开始的地址，依此类推。

　　使用A类和B类IP地址的单位可以把它们的网络划分成几个部分，每个部分称为一个子网。每个子网对应于一个下属部门或一个地理范围（如一座或几座办公楼），或者对应一种物理通信介质（如以太网，点到点连接线路或X.25网）。它们通过网关互连或进行必要的协议转换。

　　首先，要确定每个子网最多可包含多少台主机，因为这将影响32位IP地址中子网号和主机号的分配。例如，B类地址用开头16位表示网络号，剩下16位是本地地址。如果拥有该IP网的单位的计算机数目不超过14×4094=57 316台，就可以用主机号的开头4位作子网号。这种划分（即用主机号部分的开头4位作子网号）允许该单位有14个子网，每个子网最多可以挂4094台主机，再如，拥有B类IP地址的单位在下属部门较多，每个部门配备的计算机数量较少的情况下，也可以用主机号的开头8位作子网号，从而允许该单位有254个子网，每个子网最多可以挂254台主机。

　　划分子网以后，每个子网看起来就像一个独立的网络。对于远程的网络而言，它们不知道这种子网的划分。例如，如图7-13所示的B类网络的网络号是130.130，在该单位之外的网络仅仅知道这个网络号代表这个简单的网络，而对130.130.11.1和130.130.22.3所在的两个子网11和22不加区别，不关心某台主机究竟在哪个子网上。在该单位内部必须设置本地网关，让这些网关知道所用的子网划分方案。也就是说，在单位网络内部，IP软件识别所有以子网作为目的地的地址，将IP分组通过网关从一个子网传输到另一个子网。

　　当一个IP分组从一台主机送往另一台主机时，它的源地址和目标地址被掩码。子网掩码的主机号部分是0，网络号部分的二进制表示码是全1，子网号部分的二进制表示码也是全1。因此，使用4位子网号的B类地址的子网掩码是：255.255.240.0。使用8位子网号的B类地址的子网掩码是255.255.255.0。

　　子网不仅是单纯地将 IP 地址加以分割，其关键在于分割后的子网必须能够正常地与其他网络相互连接，也就是在路由过程中仍然能识别这些子网。此时，便产生了一个问题：无法再利用 IP 地址的前导位来判断网络地址与主机地址有多少个位。

　　以上述 A 企业最后所分配到的网络地址为例，虽然其前导位仍然为 10，但是经过子网分割后，网络地址长度并非 B 类 的 16 bits，而是 17、18 个以上的位。因此，势必要利用其他方法来判断 IP 地址中哪几个位为网络地址和哪几个位为主机地址。子网掩码正是为了此目的应运而生。以下说明子网掩码的特性。

　　① 子网掩码长度为 32 bits，与 IP 地址的长度相同。

　　② 子网掩码必须是由一串连续的 1，再跟上一串连续的 0 所组成。因此，子网掩码可以是这类的 32 位数值：

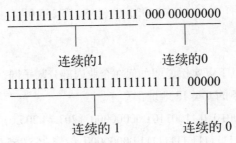

但不可以是如下的数值：

　　11111111 00011111 11111000 00000000

　　　　　　　└─┘
　　　　　不连续的 1

③ 为了方便阅读，子网掩码使用与 IP 地址相同的十进制来表示。例如：

11111111 11111111 11111111 00000000

通常写作：

255.255.255.0

④ 子网掩码必须与 IP 地址配对使用才有意义。单独的子网掩码不具任何意义。当子网掩码与 IP 地址一起时，子网掩码的 1 对应至 IP 地址便是代表网络地址位，0 对应至 IP 地址便是代表主机地址位。例如：

网络地址　　　　　　　　主机地址

IP 地址：　　10101000 01011111 11000 000 00000001 （168.95.192.1）

子网掩码：　11111111 11111111 11111 000 00000000 （255.255.248.0）

21 bits　　　　　11 bits

IP 地址的前 21 bits 为网络地址，后 11 bits 为主机地址。路由过程中，便是据此来判断 IP 地址中网络地址的长度，以便能将 IP 信息包正确地转送至目的网络。而这也是子网掩码最主要的目的。

上述 IP 地址与子网掩码的组合也可写成：

168.95.192.1 / 21

"/" 前面是正常的 IP 表示法，"/" 后面的数字 21 则代表子网掩码中 1 的数目。

⑤ 原有等级式的网络地址仍然可继续使用。以 C 类的 IP 为例：

IP 地址：11001011 01001010 11001101 01101111

如果不执行子网分割，则其子网掩码为：

子网掩码：11111111 11111111 11111111 00000000

换言之，原先使用 A、B、C 三种等级的网络仍然可继续使用，只是必须额外设置对应的子网掩码。A类、B、C 对应的子网掩码如下：

A类：11111111 00000000 00000000 00000000 （255.0.0.0）

B类：11111111 11111111 00000000 00000000 （255.255.0.0）

C类：11111111 11111111 11111111 00000000 （255.255.255.0）

7.5.3　子网分割实例

子网分割经常使用，以下以实例说明如何在企业内部分割子网。

假设 A 企业申请到如下的 C 类 IP 地址：

IP 地址：11001011 01001010 11001101 00000000 （203.74.205.0）

子网掩码：11111111 11111111 11111111 00000000 （255.255.255.0）

A 企业由于业务需求，内部必须分成 A1、A2、A3、A4 等 4 个独立的网络。此时便需要利用子网分割的方式，建立数个子网，以便分配给这 4 个独立的网络。首先要决定的是子网地址的长度。可以查一下前面的信息，如果子网地址为 3 bits，可形成 8 个子网，扣除子网地址全为 0 或 1 的子网，因此实际上可用的子网有 6 个，符合 A 企业的需求。

决定了子网地址的长度后，便可以知道新的子网掩码，以及主机地址的长度。由于使用了 3 bits作为子网地址，网络地址变成 24+3 = 27 bits。因此，新的子网掩码为：

11111111 11111111 11111111 11100000（255.255.255.224）

而原先的主机地址有 8 bits，但是子网地址借用了 3 bits，主机地址只能使用剩下的 5 bits。因此，每个子网可以有 2^5 = 32 个可用的主机地址。不过，主机地址不得全为 0 或 1，所以实际上每个子网可分配的 IP 地址为 30 个。

A 企业的网管人员接着应决定子网分配的方式。表7-7将子网依次分配给 A1～A4 等 4 个网络。

表7-7　A 企业可用的子网

网　　络	可设置的 IP 地址	子网掩码
A1	203.74.205.33 ～ 203.74.205.62	255.255.255.224
A2	203.74.205.65 ～ 203.74.205.94	255.255.255.224
A3	203.74.205.97 ～ 203.74.205.126	255.255.255.224
A4	203.74.205.129 ～ 203.74.205.158	255.255.255.224
未分配	203.74.205.161 ～ 203.74.205.190	255.255.255.224
未分配	203.74.205.193 ～ 203.74.205.222	255.255.255.224

接着是最重要的步骤，关系着子网是否能正确地运行，便是必须在 A 企业所有的路由器上设置 A1、A2、A3、A4 等子网的路由记录，以便在路由器能将 IP 信息包正确地传送到分割后的子网。子网分割至此大功告成。最后有两项要注意：

① 子网可再进一步分割成更小的子网。例如：网管人员可以再将 A1 网络分割成更小的子网。方法仍旧是从主机地址借用几位来作为子网地址。

② 子网分割时所作的设置，都是在企业内部。换言之，远端的网络或路由器并不需知道 A 企业内部是如何分割子网。如此，可保持互联网上路由结构的简单性。

7.6　超　　网

当初在设计 IP 地址的等级时，网络环境主要是由大型主机所组成，主机与网络的总数都相当有限。但随着个人计算机与网络技术的快速普及，各种大小的网络如雨后春笋般出现，对于 IP 地址的需求也迅速增加。3 种等级的 IP 地址分配方式，很快便产生了一些问题。这其中最严重的便是 B类的 IP 地址面临缺少的危机；但是相对地，C类使用的数量则仅是缓慢成长。为了解决这个问题，便产生了无等级的 IP 地址划分方式。

B类消耗快，是因为有很多地址空间都浪费了。举例而言，假设 B 企业需要 1500 个 IP 地址，由于 C类 地址只能供 256 个 IP 地址，因此必须分配 B类的网络地址给此 B 企业。不过，B 类其实可提供 65 536 个 IP 地址，远超过 B 企业的需求，这些多出来的 IP 地址无法再分配给其他企业使用，因此实际上都浪费了。既然 B类严重不足，而 C类还很充裕，更重要的是 B类实际上有很多是浪费了，那么要解决这些问题，自然地想到是否可以将数个 C类的 IP 地址合并，分配给原先需申请B类的企业。

在上例中，我们只要分配 6~7 个 C类 的 IP 地址给 B 企业，便可符合其需求，因而节省下 1 个B类的地址空间。如何合并数个 C类 的 IP 地址，可以使用子网掩码来定义网络地址。这与子网分割的原理相同，无等级的 IP 地址划分方式定义的网称之为超网，超网与子网都是使用相同的概念与技术，只是在应用上略有不同，其区别如下：

子网是利用子网掩码重新定义较长的网络地址，以便将现有的网络加以分割成 2、4、8、16 等 2 幂次数的子网。超网是利用子网掩码重新定义较短的网络地址，以便将现有 2、4、8、16 等 2 幂次数的网络，合并成为一个网络。

7.7 网络地址翻译

凡是使用 IP 协议的设备，都必须指定一个独特的 IP 地址。近年来由于互联网的日渐普及，一般公司所能申请到的 IP 地址数量有限，经常有不够用的情况发生。为此网络地址翻译（Network Address Translation，NAT）机制应运而生，它可以解决 IP 地址不足的问题，让许多台计算机可以共用一个合法的 IP 地址。

网络地址翻译的运行方式如图7-14所示。整个局域网内的计算机都使用专用 IP 地址，并通过一个合法的 IP 地址与外界连接。这个合法的 IP 地址可以是通过专线连接的固定式 IP 地址，或是通过拨号由 ISP 分配的动态 IP 地址。

网络地址翻译的原理并不难，当使用专用 IP 地址的计算机对外传送 IP 信息包，首先会送至具有网络地址翻译功能的路由器，并在此将 IP 信息包的来源地址，从专用地址转为合法的 IP 地址后，再送到外界。IP 信息包从外界送入时，网络地址翻译会先判断信息包目的地，然后将目的地址从合法的 IP 地址转为私人地址，再送到局域网内，如图7-15所示。

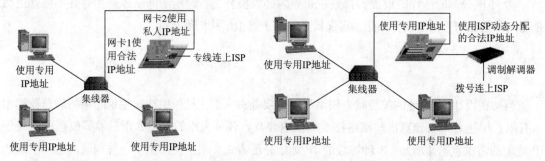

图7-14 网络地址翻译的运行结构（专线）　　　图7-15 网络地址翻译的运行结构（拨号）

当局域网内许多台计算机的专用地址都对应到同一个 IP 地址时，网络地址翻译机制如何判断IP 信息包该送给哪一台计算机，这主要是通过客户端 TCP/UDP 连接端口号码来判断。换言之，只有使用 TCP/UDP 协议的应用程序才能通过网络地址翻译与外界连接。送出信息时，网络地址翻译的运行方式如图7-16所示。

接收信息时，网络地址翻译的运行方式如图7-17所示。

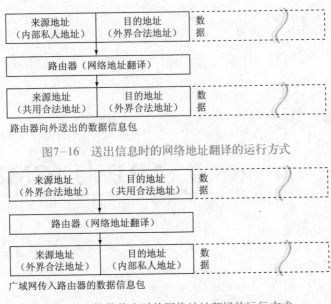

图7-16 送出信息时的网络地址翻译的运行方式

图7-17 接收信息时的网络地址翻译的运行方式

小 结

网络层中常用的协议是TCP/IP 的 IP（Internet Protocol）等。本章以最常用的 IP 为例说明网络层的功能，主要介绍 IP 信息包的传递方式、IP 地址表示法、IP 地址的等级、子网、超网和网络地址翻译等内容。

拓 展 练 习

1．IPv4 的地址长度是（ ）。

A．16 bits   B．24 bits   C．32 bits   D．40 bits

2．C类网络的主机地址长度是（ ）。

A．8 bits   B．16 bits   C．24 bits   D．32 bits

3．B类网络的子网掩码如果为255.255.224.0，代表主机地址长度是（ ）。

A．8 bits   B．10 bits   C．13 bits   D．16 bits

4．如果要以 CIDR 的方式合并 8 个 C类网络，则子网掩码应该设为（ ）。

A．255.255.224.0   B．255.255.240.0   C．255.255.248.0   D．255.255.252.0

5．当 IP 地址的主机地址全为 1 时代表的意思是（ ）。

A．专用 IP 地址   B．对于该网络的广播信息包

C．不可使用的 IP 地址   D．Loopback 地址

6．列出 3 种 IP 报头中重要的信息。

7．IP 信息包传送过程中为何需要分割信息包?

8．简述 IP 报头中标识码的用途。

9．简述 3 种 IP 信息包的传递模式。

10．列出 A类、B类、C类网络的前导位。

第8章

ARP 与 ICMP 协议

本章主要内容

- 地址解析协议
- ARP 工具程序
- ICMP 协议
- ICMP 工具程序
- Internet 组管理协议

在 TCP/IP 协议族中，属于网络层的协议有 IP、ARP 与 ICMP 等 3 种。其中最主要的当然是 IP，至于 ARP 与 ICMP 一般都视为辅助 IP 的协议。本章将依次介绍 ARP 与 ICMP 协议及其应用。

8.1 地址解析协议

在数据链路层传递信息包时，必须利用数据链路层地址来识别目的设备，例如以太网 MAC 地址。网络层在传递信息包时，必须利用网络层地址来识别目的设备，例如 IP 地址。

从上述特性可以得到以下推论：当网络层信息包要封装为数据链路层信息包之前，必须先取得目的设备的 MAC 地址。将 IP 地址转换为 MAC 地址的工作由地址解析协议（Address Resolution Protocol，ARP）来执行。

如果以 OSI 模型来说明 ARP 的功能，便是利用网络层地址来取得对应的链路层地址。换言之，如果网络层使用 IP，数据链路层使用以太网，当知道某项设备的 IP 地址时，便可利用 ARP 来取得对应的以太网 MAC 地址。由于 MAC 地址是局域网内传送信息包所需的识别信息，因此，在传送 IP 信息包之前，必然使用 ARP 这个协议。

8.1.1 地址解析协议功能

地址解析协议（ARP）用来将 IP 地址转换成物理网络地址。考虑两台计算机 A 和 B 共享一个物理网络的情况。每台计算机分别有一个 IP 地址 IA 和 IB，同时有一个物理地址 PA 和 PB。设计 IP 地址的目的是隐蔽低层的物理网络，允许高层程序只用 IP 地址工作。但是不管使用什么样的硬件网络技术，最终通信总是由物理网络实现的。IP 模块建立了 IP 分组，并且准备送给以太网驱动程序之前，必须确定目的地主机的以太网地址。于是就提出这样一个问题：假设计算机A要通过物理网络向计算机B发送一个IP分组，A只知道B的IP地址，把这个IB变成B的物理地址PB的方法是：TCP/IP协议采用了地址解析协议解决了具有广播能力物理网络的地址转换问题。

8.1.2　地址解析协议实现

从IP地址到物理网络地址的变换通过查表实现，ARP表放在内存储器中，其中的登录项是在第一次需要使用而进行查询时通过ARP协议自动填写的。图8-1列出的是一个简化了的ARP表的示例。

IP 地址	以太网地址
130.130.71.1	08-00-39-00-2F-C3
130.130.71.3	08-00-5A-21-A7-22
130.130.71.4	08-00-10-99-AC-54

图8-1　一个简化了的ARP表的示例

当ARP解析一个IP地址时，它搜索ARP缓存和ARP表作匹配。如果找到了，ARP就把物理地址返回给提供IP地址的应用，如果IP模块在ARP表中找不到某一目标IP地址的登录项，它就使用广播以太网地址发一个ARP请求分组给网上每一台计算机。这些计算机的以太网接口收到这个广播以太网帧后，以太网驱动程序检查帧的类型字段（值0806表明是一个ARP分组），将相应的ARP分组送给ARP模块。这个ARP请求分组说："如果你的IP地址跟这个目标IP地址相同，请告诉我你的以太网地址"。

图8-2给出的是一个ARP请求分组的示例。

发送方 IP 地址	130.130.71.1
发送方以太网地址	08-00-39-00-2F-C3
目标 IP 地址	130.130.71.2
目标以太网地址	

发送方 IP 地址	130.130.71.2
发送方以太网地址	08-00-39-00-3B-A9
目标 IP 地址	130.130.71.1
目标以太网地址	08-00-39-00-2F-C3

(a)　　　　　　　　　　　　　(b)

图8-2　一个ARP请求分组的示例

因为在ARP表中不能找到IP地址，所以发出一个ARP请求分组。收到广播的每个ARP模块检查请求分组中的目标IP地址，当该地址和自己的IP地址相同时，就直接发一个响应分组给源以太网地址。ARP响应分组说："是的，那个目标地址是我，让我来告诉你我的以太网地址"。对应图8-2（a）中的ARP请求分组的响应如图8-2（b）所示，这个响应分组被发送请求的计算机接收，其ARP模块将得到的目标计算机IP地址和以太网地址加入它的ARP表。如果目标计算机不存在，则得不到ARP响应，在ARP表中也就不会有其登录项，本地IP模块将会抛弃发往这个目标地址的IP分组。

图8-3表示了在以太网上使用的ARP/RARP分组格式，在其他物理网络上，地址段长度可能不同。

下面对分组的各个段分别加以说明。

硬件类型：指明硬件接口类型，对于以太网，此值为1。合法的值如表8-1所示。

表8-1 硬件类型表

0   8   16   24   31

硬 件 类 型	协 议 类 型
硬件地址长度	协议地址长度	操 作
发送方硬件地址（8位组0-3）	
发送方硬件地址（8位组4-5）	发送方IP地址（8位组0-1）
发送方IP地址（8位组2-3）	目标硬件地址（8位组0-1）
目标硬件地址（8位组2-5）	
目标IP地址（8位组0-3）	

图8-3 用于以太网的ARP/RARP分组格式

类　　型	描　　述
1	以太网
2	实验以太网
3	X.25
4	Token Ring（令牌环）
5	混沌网 CHAOS
6	IEEE 802.X
7	ARC 网络

协议类型：指明发送者在ARP分组中所给出的高层协议的类型，对IP地址而言，此值是0800（十六进制）。

硬件地址长度：硬件地址的字节数，对于以太网，此值是6。

协议地址长度：高层协议地址的长度，对于IP，此值等于4。

ARP请求和ARP应答报文的格式如图8-4所示，当一个ARP请求发出时，除了接收端硬件地址之外，所有域都被使用。ARP应答中，使用所有的域。使用ARP主要有两个方面的优点：

① 不必预先知道连接到网络上的主机或网关的物理地址就能发送数据。

② 当物理地址和IP地址的关系随时间的推移发生变化（如一台机器更换了有故障的以太网控制器，因而以太网地址改变更）时，能及时给予修正。

硬件类型（16 位）
协议类型（16 位）
硬件地址长度 | 协议地址长度
操作码（16 位）
发送硬件地址
发送 IP 地址
接收端硬件地址
接收端 IP 地址

图8-4 ARP请求和应答报文格式

8.1.3 反向地址解析协议

ARP协议有一个缺陷：假如一个设备不知道它自己的IP地址，就没有办法产生ARP请求和ARP应答。网络上的无盘工作站就是这种情况。无盘工作站在启动时，只知道自己的网络接口的MAC地址，不知道自己的IP地址。一个简单的解决办法是使用反向地址解析协议（RARP）得到自己的IP地址。RARP以与ARP相反的方式工作。

反向地址解析协议实现MAC地址到IP地址的转换。RARP允许网上站点广播一个RARP请求分组，将自己的硬件地址同时填写在分组的发送方硬件地址段和目标硬件地址段中。网上的所有机器都收到这一请求，但只有那些被授权提供RARP服务的计算机才处理这个请求，并且发送一个回答，称这样的机器为RARP服务器，服务器对请求的回答是填写目标IP地址段，将分组类型由请求改为响应，并且将响应分组直接发送给请求的机器。请求方机器从所有的RARP服务器接收回答，尽管只需要第一个回答就够了。这一切都只在系统开始启动时发生。RARP此后不再运行，除非该无盘设备重设置或关掉后重新启动。

以太网帧的类型段中用十六进制8035表示该以太网帧运载RARP分组。应当指出的是，为了运行无盘工作站，在每个以太网上必须至少有一个RARP服务器，广播帧是不能通过IP路由器转发的。RARP所提供的服务是接收48位的以太网物理地址，将它映射成IP地址。

RARP报文和ARP报文的格式几乎完全一样。唯一的差别在于RARP请求包中是由发送者填充好的源端MAC地址，而源端IP地址域为空（需要查询）。在同一个子网上的RARP服务器接收到请求后，填入相应的IP地址，然后发送回给源工作站。

8.1.4　ARP 运行方式

以 IP 而言，网络上每部设备的 IP 与 MAC 地址的对应关系，并未集中记录在某个数据库，因此，当 ARP 欲取得某设备的 MAC 地址时，必须直接询问该设备。

ARP 运行的方式相当简单，整个过程是由 ARP 请求（ARP Request）与 ARP 应答（ARP Reply）两种信息包所组成。为了方便说明，我们假设有 A、B 两台计算机。A 计算机已经知道 B 计算机的 IP 地址，现在要传送 IP 信息包给 B 计算机，因此必须先利用 ARP 取得 B 计算机的 MAC 地址。

1. ARP 请求

A 计算机送出 ARP 请求信息包给局域网上所有的计算机，如图8-5所示。

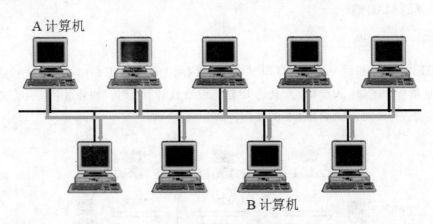

图8-5　ARP 请求信息包送给局域网上所有的计算机

ARP 请求信息包在链路层，是广播信息包（即以太网广播信息包），因此局域网上的每一台计算机都将收到这个信息包。A 计算机所送出的 ARP请求信息包含了所要解析对象的 IP 地址（即 B 计算机的 IP 地址），也记录了 A 计算机的 IP 地址与 MAC 地址。

2. ARP 应答

局域网内的所有计算机都会收到 ARP 请求的信息，并与本身的 IP 地址对比，决定自己是否为要求解析的对象。以上例而言，B 计算机为 ARP 要求的解析对象，因此只有 B 计算机能够送出响应ARP 应答信息包，如图8-6所示。

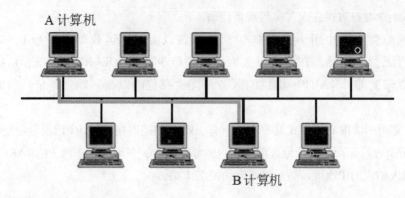

图8-6　ARP应答信息包只会送回到发出ARP请求的计算机

由于 B 计算机可从 ARP 请求信息包中得知 A 计算机的 IP 地址与 MAC 地址，因此 ARP 应答信息包不必再使用广播的方式，而是直接在以太网信息包中，指定 A 计算机的 MAC 地址为目的地址。ARP 应答中最重要的内容就是 B 计算机的 MAC 地址。A 计算机收到此 ARP 应答后，即完成 MAC 地址解析的工作。

3. ARP 解析范围

以太网的广播信息包只能在局域网内传送，路由器等设备可以阻挡住以太网广播信息包，使之无法传输到其他网络。由于 ARP 在解析过程中，ARP 请求信息包为以太网广播信息包，即 ARP 请求无法通过路由器传送到其他网络。因此 ARP 仅能解析同一网络内的 MAC 地址，无法解析其他网络的 MAC 地址。

8.1.5　ARP 与 IP 路由

由于 ARP 只能解析同一网络内的 MAC 地址，因此，在整个 IP 路由过程中，可能出现多次的 ARP 地址解析。例如：A 计算机要传送 IP 信息包给 B 计算机时，如果途中必须经过两部路由器，则总共需进行 3 次 ARP 名称解析的操作，如图8-7所示。

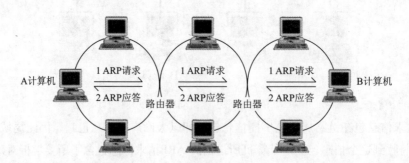

图8-7　在IP路由过程中，可能出现多次的 ARP 地址解析

8.1.6　ARP 高速缓存

在 ARP 的解析过程中，由于 ARP 要求为数据链路层的广播信息包，如果经常出现，势必造成局域网的沉重负担。为了避免此项问题，在实际操作 ARP 时，通常会加入 ARP 高速缓存的设计。高速缓存又称为Cache，高速缓存能够将数据临时保存在读写效率较佳的存储区域，

以加速访问的过程。ARP 高速缓存可将网络设备的 IP/MAC 地址记录在在本地计算机上（通常是存储在内存中）。系统每次要解析 MAC 地址前，便先在 ARP 高速缓存中查看是否有符合的记录。如果 ARP 高速缓存中有符合的记录，便直接使用；如果 ARP 高速缓存中找不到符合的记录，才需要发出 ARP 要求的广播信息包。因此，不仅加快地址解析的过程，也可避免过多的 ARP 要求广播信息包。ARP 高速缓存所包含的记录，按产生的方式，可分为动态与静态两种记录。

1. 动态记录

当 ARP 完成每条IP/MAC 地址的解析后，便会将结果存储在 ARP 高速缓存中，供后续使用，以避免重复向同一对象请求地址解析。这些由 ARP 自动产生的记录为动态记录。

以先前 A、B 计算机为例，当 A 计算机通过 ARP 要求和 ARP 应答取得 B 计算机的 MAC 地址后，便将 B 计算机的 IP 地址与对应的 MAC 地址存储在 A 计算机的 ARP 高速缓存中。

ARP 高速缓存的动态记录虽然可提高地址解析的性能，但是却可能产生一个问题。以先前 A、B 计算机为例，当 A 计算机的 ARP 高速缓存中有 B 计算机 MAC 地址的记录时，如果 B 计算机故障、关机或更换网卡，A 计算机因为无从得知，仍然会根据 ARP 高速缓存中的记录将信息包传送出去。这些信息包传送出去后不会有任何设备加以处理，就好像丢到黑洞一样有去无回，此种现象称为网络黑洞。为了避免此种情况发生，ARP 高速缓存中的动态记录必须有一定的寿命时间，超过此时间的记录便会被删除。

2. 静态记录

当用户已知某设备的 IP/MAC 地址的对应关系后，可通过手动的方式将它加入 ARP 高速缓存中，即为静态记录。由于 ARP 高速缓存存储在计算机的内存中，因此无论是动态或静态记录，只要重新开机，全部都会消失。

8.2 ARP 工具程序

大部分操作系统都会提供 ARP 工具程序。以下将介绍 2 种 ARP 工具程序：Windows 的 ARP.EXE 与 Linux 的 ARPWATCH。

8.2.1 ARP

Windows 提供了 ARP.EXE 这个工具程序，方便用户查看与编辑 ARP 高速缓存的内容。ARP.EXE 主要提供 3 项功能，说明如下。

1. 查看目前记录

可以利用 ARP.EXE 查看 ARP 高速缓存中目前的记录。语法如下：

arp -a

例如：

C:\>arp -a

Interface: 203.74.205.111 on Interface 0x2

Internet Address   Physical Address   Type

203.74.205.1   00-10-7b-c1-ec-98   dynamic

203.74.205.3   00-10-b5-3a-91-75   dynamic

203.74.205.7   00-10-b5-3a-91-b8   dynamic

203.74.205.11   00-10-b5-3a-91-dc   dynamic

C:\>

Internet Address 字段代表解析对象的 IP 地址，Physical Address 字段为解析所得的 MAC 地址，Type 字段则是代表此记录产生的方式。如果是动态记录，Type 字段值为 dynamic；如果是静态记录，Type 字段值为 static。

2. 删除记录

删除 ARP 高速缓存中指定的记录。语法格式如下：

arp -d [IP 地址]

例如：

C:\>arp -a

Interface: 203.74.205.111 on Interface 0x2

Internet Address   Physical Address   Type

203.74.205.1   00-10-7b-c1-ec-98   dynamic

203.74.205.3   00-10-b5-3a-91-75   dynamic

203.74.205.7   00-10-b5-3a-91-b8   dynamic

203.74.205.11   00-10-b5-3a-91-dc   dynamic   原先有4条记录

C:\>arp -d 203.74.205.11   删除 203.74.205.11 这条记录

C:\>arp -a

Interface: 203.74.205.111 on Interface 0x2

Internet Address   Physical Address   Type

203.74.205.1   00-10-7b-c1-ec-98   dynamic

203.74.205.3   00-10-b5-3a-91-75   dynamic

203.74.205.7   00-10-b5-3a-91-b8   dynamic   少了 203.74.205.11 这条记录

C:\>

3. 添加记录

在 ARP 高速缓存中添加一条静态记录。语法格式如下：

arp -s [IP 地址] [MAC 地址]

例如：

C:\>arp -s 203.74.205.42 00-00-e8-97-73-86   新增记录

C:\>arp -a

Interface: 203.74.205.111 on Interface 0x2

Internet Address   Physical Address   Type

```
203.74.205.1        00-10-7b-c1-ec-98    dynamic
203.74.205.3        00-10-b5-3a-91-75    dynamic
203.74.205.7        00-10-b5-3a-91-b8    dynamic
203.74.205.11       00-10-b5-3a-91-dc    dynamic
203.74.205.42       00-00-e8-97-73-86    static
C:\>
```

手动方式所加入的静态记录不会受到 ARP 高速缓存寿命的限制。由于 ARP 高速缓存存储在
RAM 中，因此只要重新开机，静态记录也会被清除。

8.2.2　ARPWATCH

Linux 的 ARPWATCH 可检测与记录局域网中的 ARP 信息包，并通过电子邮件将结果报告给
管理员，或直接将结果显示在屏幕上。

1. 通过电子邮件

执行 ARPWATCH 后，如果检测到新的 ARP 记录，即通过电子邮件来报告。以下为电子邮
件的内容：

```
Date: Sat，8 Apr 2000 16:24:00 +0800
From: Arpwatch <arpwatch@localhost.localdomain>
To: root@localhost.localdomain
Subject: new station
```

```
    hostname:        <unknown>                              主机名称
    ip address:      203.74.205.96                          IP 地址
    ethernet address: 0:0:e8:97:73:95                       网卡的硬件地址
    ethernet vendor:  Accton Technology Corporation         网卡的制造商
     timestamp:Saturday，April 8，2000 16:23:25 +0800       发生的时间
```

2. 直接显示在屏幕

如果要直接在屏幕上显示结果，执行：

```
arpwatch -d
```

如果检测到新的 ARP 记录，则屏幕上会显示如下的内容：

```
$ arpwatch -d
Kernel filter，protocol ALL，raw packet socket
From: arpwatch (Arpwatch)
To: root
Subject: new station
hostname:   <unknown>
    ip address:      203.74.205.22
    ethernet address: 0:0:e8:97:70:ea
    ethernet vendor:  Accton Technology Corporation
```

timestamp:　　　　Saturday，April 8，2000 16:28:59 +0800

...

8.3　ICMP 协议

IP 在传送信息包时，只是简单地将 IP 信息包送出即完成任务。至于传送过程中，如果发生问题，则是由上层的协议来负责确认、重送等工作。但是，在 IP 路由的过程中如果发生问题，例如：路由器找不到合适的路径，或无法将 IP 信息包传送出去，则势必需要某种机制，将此状况通知 IP 信息包的来源端。这时候便会用到 ICMP（Internet Control Message Protocol）这个协议。ICMP 属于在网络层运行的协议，一般视为是 IP 的辅助协议，可用来报告错误。换言之，在 IP 路由的过程中，如果主机或路由器发现任何异常，便可利用 ICMP 来传送相关的信息。不过，ICMP 只负责报告问题，至于要如何解决问题则不是 ICMP 的管辖范围。

除了路由器或主机可利用 ICMP 来报告问题外，网管人员也可利用适当的工具程序发出 ICMP 信息包，以便测试网络连接或排解问题等。

ICMP 信息包有多种类型，以下介绍数种常见的类型。

8.3.1　Internet 控制报文协议的功能

如果一个网关不能为IP分组选择路由，或者不能递交IP分组，或者这个网关测试到某种不正常状态，例如，网络拥挤影响IP分组的传递，那么就需要使用Internet控制报文协议（ICMP）来通知源发主机采取措施，避免或纠正这类问题。

ICMP也是在网络层中与IP一起使用的协议。ICMP通常由某个监测到IP分组中错误的站点产生。从技术上说，ICMP是一种差错报告机制，这种机制为网关或目标主机提供一种方法，使它们在遇到差错时能把差错报告给原始报源。例如，如果IP分组无法到达目的地，那么就可能使用ICMP警告分组的发送方：网络、计算机或端口不可到达。ICMP也能通知发送方网络出现拥挤。ICMP是互联网协议（IP）的一部分，但ICMP是通过IP来发送的。ICMP的使用主要包括下面三种情况。

① IP分组不能到达目的地。

② 在接收设备接收IP分组时，缓冲区大小不够。

③ 网关或目标主机通知发送方主机，如果这种路径确实存在，应该选用较短的路径。

ICMP数据报和IP分组一样不能保证可靠传输。ICMP信息也可能丢失。为了防止ICMP信息无限地连续发送，对ICMP数据报传输的问题不能再使用ICMP传达。另外，对于被划分成片的IP分组而言，只对分组偏移值等于0的分组片（也就是第1个分组片）才能使用ICMP协议。

8.3.2　ICMP报文的封装

ICMP报文需要如图8-8所示的两级封装。每个ICMP报文都在IP分组的数据字段中通过互联网传输，而IP分组本身又在帧的数据段中穿过每个物理网。为标识ICMP，在IP分组协议字段中包含的值是1。重要的是，尽管ICMP报文使用IP协议封装在IP分组中传送，但ICMP不被看成是高层协议的内容，它只是IP中的一部分。之所以使用IP递交ICMP报文，是因为这些报文可能要跨过几个物理网络才能够到达最终目的。因此，ICMP报文不能依靠单个物理网络来递交。

图8-8　ICMP的两级封装

8.3.3　ICMP报文的种类

ICMP报文有两种，一种是错误报文；另一种是查询报文。每个ICMP报文的开头都包含三个段：1字节的类型字段、1字节的编码字段和两字节的校验和字段。8位的类型字段标识报文，表示13种不同的ICMP报文中的一种。8位的编码字段提供关于一个类型的更多信息。16位的校验和的算法与IP头的校验和算法相同，但检查范围限于ICMP报文结构。

表8-2所示为ICMP8位类型字段定义的13种报文的名称，每一种都有自己的ICMP头部格式。

表8-2　ICMP报文类型

类 型 段	ICMP 报文
0	回送应答（用于测试 PING 命令）
3	无法到达目的地
4	抑制报源（拥挤网关丢弃一个 IP 分组时发给报源）
5	重导向路由
8	回送请求
11	IP 分组超时
12	一个 IP 分组参数错
13	时戳请求
14	时戳应答
15	信息请求（已过时）
16	信息请求（已过时）
17	地址掩码请求（发给网关或广播）
18	地址掩码请求（网关回答子网掩码）

回送请求报文（类型=8）用来测试发送方到达接收方的通信路径。在许多主机上，这个功能叫做PING。发送方发送一个回送请求报文，其中包含一个16位的标识符及一个16位的序列号，也可以将数据放在报文中传输。当目的地计算机收到该报文时，把源地址和目的地址倒过来，重新计算校验和，并传回一个回送应答（类型=0）报文，数据字段中的内容在有的情况下也要返回给发送方。

1. 响应请求与响应应答

响应请求与响应应答是最常见的 ICMP 信息包类型，主要可用来排解网络问题，包括 IP 路由的设置、网络连接等。响应请求与响应应答必须以配对的方式来运行，如图8-9所示。

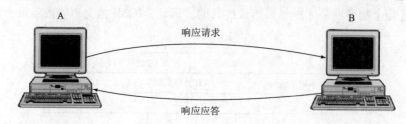

图8-9 响应请求与响应应答的运行方式

① A 主动发出响应请求信息包给 B。

② B 收到响应请求后，被动发出响应应答信息包给 A。

由于 ICMP 信息包都是封装成 IP 信息包的形式来传送，因此，如果能完成上述步骤，A 便能确认以下事项：

● B 设备存在，且运行正常。

● A、B 之间的网络连接状况正常。

● A、B 之间的 IP 路由正常。

图8-10所示为回送请求和回送应答报文的格式。

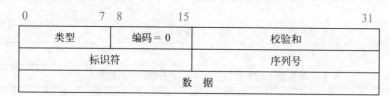

图8-10 回送请求和回送应答报文

2. 无法送达目的地

无法送达目的地也是常见的 ICMP 信息包类型。在路由过程中如果出现下列问题，路由器或目的设备便会发出此类型的 ICMP 信息包，通知 IP 信息包的来源端。

① 路由器无法将 IP 信息包传送出去。例如在路由表中找不到合适的路径，或是连接中断而无法将信息包从合适的路径传出。

② 目的设备无法处理收到的 IP 信息包。例如目的设备无法处理 IP 信息包内所装载的传输层协议。

3. 降低来源端传送速度

当路由器因为来往的 IP 信息包太多，以至于来不及处理时，便会发出降低来源端传送速度的 ICMP 信息包给 IP 信息包的来源端设备。在正式文件中并未规定路由器发出降低来源端传送速度的条件。在实际操作时，厂商通常是以路由器的 CPU 或缓冲区的负荷作为衡量标准，例如路由器的缓冲区使用量到达 85% 时，便发出ICMP信息包降低来源端传送信息包速度。

4. 重定向

当路由器发现主机所选的路径并非最佳路径时，送出 ICMP 重定向信息包，通知主机较佳的路径，以图8-11为例。

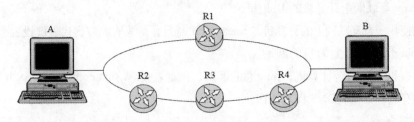

图8-11　可能产生ICMP重定向的网络环境

当 A 要传送 IP 信息包给 B 时，假设最佳路径是通过 R1 路由器传送至 B。可是由于某种因素（不当的设置或网络连接的变动），A 将 IP 信息包送至 R2 路由器，而 R2 路由器从本身的路由表发现，A 至 B 的最佳路径应通过 R1 路由器，则 R2 会发出重定向的 ICMP 信息包给 A。

R2 只负责告知 A 计算机可能的问题，至于 A 计算机后续要如何应变，则非 ICMP 的管辖范围。

5．传送超时

IP 报头记录了信息包的存活时间，其主要功能是为了防止 IP 信息包在不当的路由结构中永无止境地传送。当路由器收到存活时间为 1 的 IP 信息包时，会将此 IP 信息包丢弃，然后送出传送超时的 ICMP 信息包给 IP 信息包的来源设备。此外，当 IP 信息包在传送过程中发生分割时，必须在目的设备重组分割后的 IP 信息包。重组的过程中如果在指定的时间内未收到全部分割后的 IP 信息包，目的设备也会发出传送超时的 ICMP 信息包给 IP 信息包的来源设备。

8.4　ICMP 工具程序

大部分操作系统都会提供一些 ICMP 工具程序，方便用户测试网络连接状况。以下便以 Windows 为例，介绍数种常见的 ICMP 工具程序。

8.4.1　PING

PING 工具程序可用来发出 ICMP 响应请求信息包。网管人员可利用 PING 工具程序，发出响应请求给特定的主机或路由器，进而诊断网络的问题。

1．利用PING诊断网络问题

当发现网络连接异常时，可参考下列步骤，利用 PING 工具程序，由近而远逐步锁定问题。

（1）ping 127.0.0.1

127.0.0.1 是Loopback 地址。目的地址为 127.0.0.1 的信息包不会送到网络上，而是送至本机的 Loopback 驱动程序。此操作主要是用来测试 TCP/IP 协议是否正常运行。

（2）ping 本机 IP 地址

如果步骤 （1） 中本机 TCP/IP 设置正确，接下来可查看网络设备是否正常。如果网络设备有问题（例如：旧式网卡的 IRQ 设置有误），则不会响应。

（3）ping 对外连接的路由器

也就是ping默认网关的IP地址。如果成功，代表内部网络与对外连接的路由器正常。

（4）ping 互联网上计算机的 IP 地址

可以随便找一台互联网上的计算机，ping 它的 IP 地址。如果有响应，代表 IP 设置全部正常。

（5）ping 互联网上计算机的网址

对于互联网上的一台计算机，ping 它的网址，例如：www.sina.com.cn（Sina 的 WWW 服务器）。如果有响应，代表 DNS 设置无误。

2．PING 的语法与参数

PING 的语法格式如下：

ping [参数] [网址或 IP 地址]

PING 的参数相当多，以下仅说明较常用的参数，如表 8-3 所示。

表8-3　PING 的参数

参　　数	意　　义
-a	执行 DNS 反向查询，默认不会进行此查询
-i< 存活时间 >	设置 IP 信息包存活时间，默认为 32
-n< 次数 >	每次执行时，发出响应请求信息包的数目，默认为 4 次
-t	持续发出响应请求直到按【Ctrl+C】组合键才停止
-w< 等待时间 >	等待响应应答的时间。等待时间的单位为千分之一秒，默认值为 1000，即 1 s

3．PING 举例

如果要让 PING 执行 DNS 反向查询：

C:\>ping -a 168.95.192.1

　　　　　　　　反向查询所得的名称

Pinging hntp1.hinet.net [168.95.192.1] with 32 bytes of data:

Reply from 168.95.192.1: bytes=32 time=1292ms TTL=55

Request timed out.

Request timed out.　　超过默认的等待时间未获响应，便会出现此种信息

Request timed out.

Ping statistics for 168.95.192.1:

　　Packets: Sent = 4，Received = 1，Lost = 3 (75% loss)，

Approximate round trip times in milli-seconds:

　　Minimum = 1292ms，Maximum = 1292ms，Average = 323ms

利用 -w 参数，可以延长等待响应应答的时间。此外，也可以结合多个参数一起使用，设置只发出 2 个响应请求信息包，将等待时间延长为 5 s。

C:\>ping -n 2 -w 5000 168.95.192.1

Pinging 168.95.192.1 with 32 bytes of data:

Reply from 168.95.192.1: bytes=32 time=1192ms TTL=55

Reply from 168.95.192.1: bytes=32 time=1442ms TTL=55

Ping statistics for 168.95.192.1:

Packets: Sent = 2，Received = 2，Lost = 0 (0% loss)，

Approximate round trip times in milli-seconds:

Minimum = 1192ms，Maximum = 1442ms，Average = 1317ms

8.4.2　TRACERT

TRACERT 工具程序可找出至目的 IP 地址所经过的路由器。

1．TRACERT 原理

首先假设如图8–12所示的网络环境。

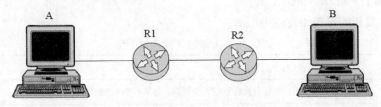

图8–12　说明TRACERT 原理的网络环境

如果从 A 主机执行 TRACERT，并将目的地设为 B 主机，则 TRACERT 会利用以下步骤，找出沿途所经过的路由器，如图8–13所示。

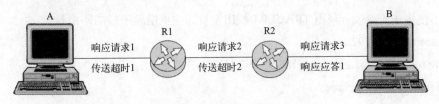

图8–13　TRACERT的过程

① 发出响应请求信息包，该信息包的目的地设为 B，存活时间设为 1。为了方便说明，将所有信息包都加以命名，此信息包命名为"响应请求 1"。

② R1 路由器收到"响应请求 1"后，因为存活时间为 1，因此会丢弃此信息包，然后发出"传送超时 1"给 A。

③ A 收到"传送超时 1"之后，便可得知到 R1 为路由过程中的第一部路由器。接着，A 再发出"响应请求 2"，目的地设为 B 的 IP 地址，存活时间设为 2。

④ "响应请求 2"会先送到 R1，然后再转送至 R2。到达 R2 时，"响应请求 2"的存活时间为 1，因此，R2 会丢弃此信息包，然后传送"传送超时 2"给 A。

⑤ A 收到"传送超时 2"之后，便可得知到 R2 为路由过程中的第二部路由器。接着，A 再发出"响应请求 3"，目的地设为 B 的 IP 地址，存活时间设为 3。

⑥ "响应请求 3"会通过 R1、R2 然后转送至 B。B 收到此信息包后便会响应"响应应答 1"给 A。

⑦ A 收到"响应应答 1"之后便完成整个过程。

2. TRACERT 过程中的注意事项

① 路由器至少会有两个网络接口。利用 TRACERT 所得到的是路由器"本地"接口的 IP 地址。以上例而言，A 利用 TRACERT 可得知 R1 连接 A 所在网络的接口，以及 R2 连接 R1 所在网络的接口。

② Windows 的 TRACERT 每次会发出 3 个响应请求，换言之，会有 3 个"响应请求 1"，以及 3 个响应的"传送超时 1"等。

3. TRACERT 的语法与参数

TRACERT 的语法如下：

tracert [参数] [网址或 IP 地址]

TRACERT 常用的参数如表 8-4 所示。

表8-4 TRACERT 常用的参数

参　数	意　义
-d	TRACERT 默认会执行 DNS 反向查询。如果不要反向查询，使用此参数
-h< 存活时间 >	TRACERT 每次发出响应请求时存活时间加 1，本参数可设置存活时间最大值，默认为 30
-w< 等待时间 >	等待传输超时或响应应答的时间，等待时间的单位为千分之一秒，默认为 1000，即 1 s

4. TRACERT 范例

以下不使用任何参数，利用 TRACERT 找出至目的主机沿途所经的路由器。

C:\>tracert 168.95.192.1

Tracing route to hntp1.hinet.net [168.95.192.1]

over a maximum of 30 hops:

```
 1  <10 ms <10 ms <10 ms   203.74.205.3
 2  <10 ms <10 ms <10 ms   c137.h203149174.is.net.tw [203.149.174.137]
 3   50 ms  60 ms  60 ms   10.1.1.70
 4   60 ms  60 ms  60 ms   c248.h202052070.is.net.tw [202.52.70.248]
 5  290 ms  60 ms  60 ms   ISNet-PC-TWIX-T3.rt.is.net.tw [210.62.131.225]
 6   70 ms  50 ms  70 ms   210.62.255.5
 7   50 ms  70 ms  51 ms   210.65.161.126
 8   51 ms  50 ms  50 ms   168.95.207.21
 9   60 ms  50 ms  50 ms   hntp1.hinet.net [168.95.192.1]
```

Trace complete.

TRACERT 的结果显示了以下信息：

① 由近到远，显示沿途所经的每部路由器。以上范例显示，从来源端主机至 168.95.192.1 主机必须经过 8 部路由器。

② 显示每部路由器响应的时间。由于 TRACERT 会传送 3 个响应请求信息包给每部路由器，因此会有 3 个响应时间。

③ 显示每部路由器在"本地"的 IP 地址，以及 DNS 反向查询所得的名称。

8.5   Internet组管理协议（IGMP）

TCP/IP传送形式有3种：单目传送、广播传送和多目传送（组播）。

单目传送是一对一的，广播传送是一对多的。组内广播也是一对多的，但组员往往不是全部成员（如是一个子网的全部主机），因此可以说组内广播是一种介于单目与广播传送之间的传送方式，称为多目传送，也称为组播。

对于一个组内广播应用来说：假如用单目传送实现，则采用端到端的方式完成，如果小组内有n个成员，组内广播需要$n-1$次端到端传送，组外对组内广播需要n次端到端传送；假如用广播方式实现，则会有大量主机收到与自己无关的数据，造成主机资源和网络资源的浪费。因此，IP协议对其地址模式进行扩充，引入多目编址机制以解决组内广播应用的需求。IP协议引入组播之后，有些物理网络技术开始支持多目传送，比如以太网技术。当多目跨越多个物理网络时，便存在多目组的寻径问题。传统的网关是针对端到端而设计的，不能完成多目寻径操作，于是多目路由器用来完成多目数据报的转发工作。

IP采用D类地址支持多点传送。每个D类地址代表一组主机。共有28位可用来标志小组，所以同时多达2.7亿个小组。当一个进程向一个D类地址发送分组时，尽最大努力将它送给小组成员，但不能保证全部送到，有些成员可能收不到这个分组。

Internet支持两类组地址：永久组地址和临时组地址。永久组地址总是存在而且不必创建，每个永久组有一个永久组地址。永久组地址的一些例子如表8-5所示。

表8-5   永久组地址

永久组地址	描　　述
224.0.0.1	局域网上的所有系统
224.0.0.2	局域网上的所有路由器
224.0.0.5	局域网上的所有 OSPF（开放最短路径优先）路由器
224.0.0.6	局域网上的所有指定 OSPF 路由器

临时组在使用时必须先创建，一个进程可以要求其主机加入或脱离特定的组。当主机上的最后一个进程脱离某个组后，该组就不再在这台主机中出现。每个主机都要记录它当前的进程属于哪个组。

为了加入跨越物理网络的多目传送，主机必须实现通知本地多目路由器关于自己加入某多目组的信息，该信息称为组员身份信息。然后，各多目路由器之间互相交换各自的多目组信息以建立多目传送路径。

组播路由器可以是普通的路由器。各个多点播送路由器周期性地发送一个多点播送信息给局域网上的主机（目的地址为224.0.0.1），要求它们报告其进程当前所属的是哪一组，各主机将选择的D类地址返回。多目路由器和参与组播的主机之间交换信息的协议称为Internet 组管理协议，简称为IGMP协议。IGMP提供一种动态参与和离开多点传送组的方法。它让一个物理网络上的所有系统知道主机当前所在的多播组。多播路由器需要这些信息以便知道多播数据报应该向哪些接口转发。

IGMP与ICMP的相似之处在于它们都使用IP服务的逻辑高层协议。事实上，因为IGMP影响了IP协议的行为，所以IGMP是IP的一部分，并作为IP的一部分来实现。为了避免网络通信量问题，当投递到多点传送地址中的消息被接收时，不生成ICMP错误消息。

当路由器有一个IGMP消息需要发送时，创建一个IP数据报，把该IGMP消息封装在IP数据报中再进行传输。IGMP报文通过IP数据报进行传输。IGMP有固定的报文长度，没有可选数据。图8-14显示了IGMP报文如何封装在IP数据报中。

图8-14 IGMP报文封装在IP数据报中

IGMP报文通过IP首部中协议字段值为2来指明。

8.5.1 IGMP报文

图8-15显示了长度为8字节的IGMP报文格式。

图8-15 IGMP报文格式

- IGMP版本：4位，版本号，RFC1112将此值定义为1。
- IGMP类型：4位，1表示查询报文，2表示报告报文。
- 保留：占1字节，以便将来使用。
- 校验和：共占2字节，提供对整个IGMP报文的校验和。
- 组地址：共占2字节，查询时，被置为0；报告时，被置为多点传送组地址。

IGMP类型为1说明是由多播路由器发出的查询报文，为2说明是主机发出的报告报文。两种报文格式相同，只是前者的组地址字符取值为0。IGMP报告报文的特点是不给出主机信息，所以由若干主机参加同一多目组，它们给出的报告报文完全相同，除第一个外，其余都是不必要的。校验和的计算和ICMP协议相同。

IGMP报告和查询的生存时间（TTL）均设置为1，这涉及IP首部中的TTL字段。一个初始TTL为0的多播数据报将被限制在同一主机。在默认情况下，待传多播数据报的TTL被设置为1，这将使多播数据报仅局限在同一子网内传送。更大的TTL值能被多播路由器转发。

从224.0.0.0～224.0.0.255的特殊地址空间是打算用于多播范围不超过1跳的应用。不管TTL值是多少，多播路由器均不转发目的地址为这些地址中的任何一个地址的数据报。

组地址为D类IP地址。在查询报文中组地址设置为0，在报告报文中组地址为要参加的组地址。

8.5.2 IGMP协议工作过程

目的IP地址224.0.0.1被称为全主机组地址。它涉及在一个物理网络中的所有具备多播能力的主机和路由器。当接口初始化后，所有具备多播能力接口上的主机均自动加入这个多播组。这个组的成员无须发送IGMP报告。

一个主机通过组地址和接口来识别一个多播组。主机必须保留一个表，此表中包含所有至少含有一个进程的多播组以及多播组中的进程数量。

此表被称为组员状态表，在参加多目组的主机中，IGMP软件负责维护这个表，其中每一表目对应于一个多目组，初始化的时候均为空。当某应用程序宣布加入一个新的多目组时，IGMP位置分配一个表目，登记上相应信息，并将计数字段赋值1。然后，每当有新的应用程序加入该多目组时，计数字段加1；每当有应用程序退出该多目组时，计数字段减1。当减到0时，表明该主机不再属于该多目组，主机不再参加该多目组的操作。

多播路由器对每个接口保持一个表，表中记录接口上至少还包含一个主机的多播组。当路由器收到要转发的多播数据报时，它只将该数据报转发到（使用相应的多播链路层地址）还拥有属于那个组主机的接口上。

IGMP协议工作过程分为两个阶段：

① 某主机加入一个新的多目组时，按全主机多目地址组员身份传播出去。本地多目路由器收到该信息后，一方面将此信息记录到相应表格中，一方面向Internet上的其他多目路由器通知此组员身份信息，以建立必要的路径。

② 为适应组员身份的动态变化，本地多目路由器周期性地查询本地主机，以确定哪些主机仍然属于哪些多目组。假如查询结果表明某多目组中已无本地主机成员，多目路由器一方面将停止通告相应的组员身份信息，同时不再接收相应的多目数据报。

多播是一种将报文发往多个接收者的通信方式。在许多应用中，它比广播更好，因为多播降低了不参与通信的主机的负担。简单的主机成员报告协议（IGMP）是多播的基本模块。在一个局域网中或跨越邻近局域网的多播需要使用这些技术。广播通常局限在单个局域网中，对目前许多使用广播的应用来说，可采用多播来替代广播。

小　结

在 TCP/IP 协议族中，属于网络层的协议有 IP、ARP 与 ICMP 等 3 种。其中最主要的是 IP，至于 ARP 与 ICMP 一般都视为辅助 IP 的协议。本章将依次介绍 ARP 与 ICMP 协议及其应用。主要内容包括地址解析协议、ARP 工具程序、ICMP 协议、ICMP 工具程序和 Internet组管理协议等。

拓 展 练 习

1. 以 OSI 模型而言，ARP 的功能是取得哪一层的地址（　　）？
A．物理层　　　　B．数据链路层　　　　C．网络层　　　　　　D．传输层
2．ARP 请求信息包具有以下哪种特性（　　）？
A．数据链路层的单点传送信息包　　　　B．数据链路层的多点传送信息包
C．数据链路层的广播传送信息包　　　　D．无此信息包
3．ARP 应答信息包具有以下哪种特性（　　）？
A．数据链路层的单点传送信息包　　　　B．数据链路层的多点传送信息包

C．数据链路层的广播传送信息包 D．无此信息包

4．ICMP 在 OSI 的哪一层运行（　　）？

A．数据链路层　　　　　　B．网络层　　　　　　C．传输层　　　　　　D．会话层

5．当路由器找不到合适的路径来传送 IP 信息包时，可能会发出哪种类型的ICMP信息包
（　　）？

A．响应请求　　　　　　B．响应应答　　　　　　C．无法送达目的地　　　D．传送超时

6．说明 ARP 请求信息包无法通过路由器的原因。

7．ARP 高速缓存的功能是什么？

8．说明在哪种情况下会产生 ICMP 重定向信息包。

9．假设ping 本机的 IP 地址结果正常，但 ping 默认网关则无反应，可能是什么问题？

10．列出 TRACERT 过程中会出现的 3 种 ICMP 信息包类型。

第**9**章

IP 路由

本章主要内容

- IP 路由的概念
- 路由表简介
- 静态与动态路由

IP 最主要的功能是负责在互联网上传递 IP 信息包。为了达成传递信息包的目的，IP 必须包含以下两类内容。

- 静态规格：包含 IP 信息包的格式、IP 地址的规划等。
- 动态规格：包含 IP 信息包在网络之间传送的方式。这部分又称 IP 路由。

本章首先说明 IP 路由的基本概念，接着介绍路由器的原理，以及路由表，最后介绍路由表建立的方式。

9.1　IP 路由的概念

IP路由是指在网络之间将 IP 信息包传送到目的结点的过程。IP 路由的过程举例如图9-1所示。

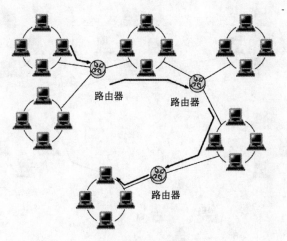

图9-1　IP 路由举例

网络之间的连接是IP路由的重要基础。网络之间有了连接，才能实现路由，因此，要掌握IP路由过程，首先必须了解连接网络的路由器设备。在前面的网络设备中曾介绍过路由器，在本章则将重点介绍在IP路由中路由器运行的方式。

9.1.1 路由器的特性

路由器是连接网络的重要设备，不仅在实体上可连接多个网络，而且还必须具有转送IP信息包的能力。在IP信息包的传送过程中，通常必须通过多部路由器的合作，才能将IP信息包送达目的结点。路由器是IP信息包的转送设备，主要具有如下特性。

① 路由器具有两个或以上的网络接口，可连接多个网络，或是直接连接到其他路由器。网络接口是指所有可连接网络的设备，例如：个人计算机上的网卡等。

② 路由器能解释信息包在OSI模型网络层的信息。这是因为路由器必须知道信息包的目的IP地址，才能执行进一步的路由工作。

③ 路由器具有路由表。路由表记载了有关路由的重要信息，路由器必须根据路由表，才能判断要将IP信息包转送到哪一个网络，为IP信息包传输选择最佳的路径。

除了路由器外，主机也可以具有路由表，后面将详细说明。

一般个人计算机只要符合上述特性，也可作为路由器。因此，只要在计算机安装两块网卡并安装合适的软件，便可以成为一台路由器。

9.1.2 路由器的功能

路由器主要的功能就是转送IP信息包。为了能正确地转送IP信息包，路由器必须根据信息包的目的IP地址，为它的传输选择一条最佳的路径。路径主要是包括下列两种信息。

① 要有经过的路由器的网络接口。

② 要有再送到另一台路由器或是直接送到目的结点。如果目的结点位于与路由器直接连接的网络上，则不必再转送给其他路由器，直接将IP信息包送至目的结点。

以图9-2为例，说明IP信息包由A1主机传送给F1主机的过程。

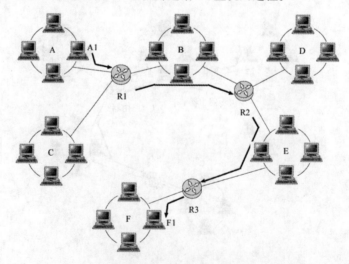

图9-2 IP信息包由A1主机传传送到F1主机的路径

当 R1 路由器收到 A1 送来的 IP 信息包时，必须根据信息包的目的 IP 地址（也就是 F1 主机的 IP 地址），对照 R1 本身的路由表来决定其路径。从图中的网络配置来看，要将 IP 信息包送至 F1 主机，R1 只有一条路径可选择，便是将信息包转送给 R2 路由器。决定路径后，R1 便可将信息包从连接 B 网络的接口送出，转交给 R2 路由器继续下一步操作。

9.1.3 IP 路由的过程

A 网络的 A1 主机传送 IP 信息包给 F 网络的 F1 主机。在传送过程中，通过每部主机与路由器的操作，来说明 IP 信息包在路由器之间转送的过程。

1. A1 主机

A1 主机在送出 IP 信息包前，必须执行以下操作。

① 将 IP 信息包的目的地址与本身的路由表内容比较，判断 F1 所在的位置。

② 如果 F1 位于 A1 主机所在的局域网，A1 首先利用 ARP 取得 F1 的 MAC 地址，然后直接将 IP 信息包传送给 F1。

③ 如果 F1 不在 A1 主机所在的局域网，则 A1 根据路由表，判断需将 IP 信息包送至哪台路由器。一个局域网通常只有一台路由器，即为默认网关，在本例中，即是 R1 路由器。A1 决定将 IP 信息包送至 R1 后，先利用 ARP 取得 R1 连接 A 网络的网络接口 MAC 地址，然后直接将 IP 信息包传送给 R1。

2. R1 路由器

R1 路由器收到 IP 信息包时，执行以下的操作。

① 解释 IP 信息包报头的信息。如果存活时间等于 1，停止转送此 IP 信息包，并发出 ICMP 的错误信息给 A1；如果存活时间大于 1，则将存活时间减 1 后，继续以下步骤。

② 读取 IP 信息包的目的地址。在本例中，即是 F1 主机的 IP 地址。根据 IP 信息包的目的地址，以及 R1 路由器本身所拥有的路由表，为 IP 信息包选择一条路径。

③ 如果 F1 主机位于 R1 所连接的网络中（例如：A、B、C 网络），则直接以 ARP 取得 F1 的 MAC 地址，然后将 IP 信息包传送给 F1。

④ 如果 F1 主机位于远端的网络（没有与 R1 连接的网络，例如：D、E、F 网络），则必须从路由表判断应该将 IP 信息包转送给哪一部路由器处理。对于此例，便是将 IP 信息包转送至 R2 路由器。决定将信息包转送给 R2 路由器后，R1 便利用 ARP 取得 R2 路由器连接 B 网络的网络接口 MAC 地址，然后直接将 IP 信息包传送给 R2。

3. R2 路由器

R2 路由器收到 IP 信息包时，所执行的操作与 R1 路由器相似，以下仅简要叙述。

① 判断 IP 信息包报头的存活时间。

② 读取 IP 信息包的目的地址，并判断最佳路径。

③ 将 IP 信息包转送至 R3 路由器。

4. R3 路由器

R3 路由器收到 IP 信息包时，所执行的操作如下。

① 判断 IP 信息包报头的存活时间。

② 读取 IP 信息包的目的地址，并判断最佳路径。

③ 因为 F1 位于 R3 所连接的网络中（F 网络），因此 R3 直接以 ARP 取得 F1 的 MAC 地址，然后将 IP 信息包传送给 F1。

从上述过程中可以看出，在 IP 信息包传送的过程中，沿途所经每台路由器必须能为 IP 信息包选择正确的路径，才能让 IP 信息包顺利到达目的地。

在互联网上的 IP 路由要复杂许多，但是基本的原理却相同。如果互联网上每台路由器都能各尽其职，任两台主机便可通过 IP 路由的机制互相传送 IP 信息包。

9.1.4 直接传递与间接传递

在IP路由的全过程中，IP信息包的传递可分为直接与间接两种形式。

1. 直接传递

直接传递是指 IP 信息包由某一结点传送至同一网络内的另一结点。由于直接传递只能在同一个网络内进行，因此在传递过程中，不通过路由器。

2. 间接传递

间接传递是指 IP 信息包由某一结点传送至不同网络中的另一结点。间接传递必须先将 IP 信息包转送给适当的路由器。

以先前 A1 主机传送 IP 信息包至 F1 主机的过程中，属于间接传递的部分为：

A1 → R1　　　R1 → R2　　　R2 → R3　　R3 → F1

属于直接传递的部分则为：

R3 → F1

如果 A1 主机传送信息包给同样位于 A 网络的 A2 主机，则只需用到直接传递，不必涉及间接传递。

9.2　路由表简介

路由表是一个小型的数据库，它的每一条路由记录记载了通往每个结点或网络的路径。当路由器收到 IP 信息包时，必须根据 IP 信息包的目的地址，选择一条合适的路由记录，即转送此 IP 信息包的最佳路径，然后按路径所指定的网络接口，将 IP 信息包转送出去。

本节首先介绍路由表的各个字段，然后再说明路由器如何为 IP 信息包选择最佳路径。

9.2.1 路由表的字段

路由表的字段主要包含下述字段：

- 网络地址。
- 网络掩码。
- 接口。
- 网关。
- 跃点数。

为了方便说明，首先模拟一个简化的网络环境，参见图9-3。

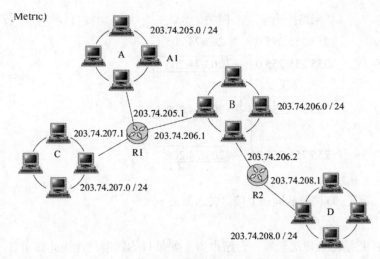

图9-3　说明路由表字段的网路环境

在图9-3中，有 A、B、C、D四个网络，以及 R1、R2两台路由器。以 R1 路由器为主轴。由于总共有四个网络，假设 R1 路由器中有 4 条路由记录，分别记载通往这四个网络的路径。接下来便以这4条记录为例，说明路由表各字段的功能。

1. 网络地址与网络掩码

由于网络地址与网络掩码这两个字段的信息必须结合起来说明才有意义。路由记录利用网络地址与网络掩码两个字段来代表目的地 IP 地址的范围，也就是用来定义目的网络。

对于 R1 路由器，通往 A、B、C、D 等网络的路由记录，其网络地址与网络掩码两个字段值如下（其他字段暂时省略）：

网络地址	网络掩码	网关	接口	跃点数
203.74.205.0	255.255.255.0			
203.74.206.0	255.255.255.0			
203.74.207.0	255.255.255.0			
203.74.208.0	255.255.255.0			

路由记录也可用来代表通往某个主机的路径。当路由记录代表单一主机时，网络地址字段必须填入主机的 IP 地址，网络掩码字段则是 255.255.255.255。

假设 R1 路由器中有一条A1 主机的路由记录，则网络地址与网络掩码两个字段值如下：

网络地址	网络掩码	网关	接口	跃点数
203.74.205.0	255.255.255.255			

↑
A1 主机的 IP 地址

为了节省空间，路由表中的记录，一般都是代表一个网络，代表单一主机的记录则较为少见。

2. 接口

记录路由器本身网络接口的 IP 地址。由于路由器具有多个网络接口，而每个网络接口都对应一个 IP 地址，当路由器决定以某条路由记录来转送 IP 信息包时，便将 IP 信息包从该记录指定的接口转送出去。

网络地址	网络掩码	网关	接口	跃点数
203.74.205.0	255.255.255.0	203.74.205.1		
203.74.206.0	255.255.255.0	203.74.206.1		
203.74.207.0	255.255.255.0	203.74.207.1		
203.74.208.0	255.255.255.0	203.74.206.1		

B、D 网络从同一个接口转送出去

3. 网关

网关记录将 IP 信息包传送至哪一台路由器。如果目的网络已连接此路由器，表明不用再将 IP 信息包转送给其他路由器，因此将网络接口的 IP 地址填入网关字段即可。以 R1 路由器为例，通往 A、B、C 网络的路由记录，由于这 3 个网络直接与 R1 连接，不必再转送给其他路由器，因此网关字段填入网络接口的 IP 地址。至于 D 网络，因为必须将信息包转送给 R2 路由器，因此网关字段填入 R2 路由器连接 B 网络的网络接口地址。

网络地址	网络掩码	网关	接口	跃点数
203.74.205.0	255.255.255.0	203.74.205.1	203.74.205.1	
203.74.206.0	255.255.255.0	203.74.206.1	203.74.206.1	
203.74.207.0	255.255.255.0	203.74.207.1	203.74.207.1	
203.74.208.0	255.255.255.0	203.74.206.2	203.74.206.1	

这是 R2 路由器连接 B 网络的网络接口地址

4. 跃点数

跃距数目是指IP 信息包从源端传送到目的端，途中所经过的路由器数目。跃点数通常设为到达目的网络所需经过的跃距数目，如图9-4所示。如果有两条路由记录的网络地址与网络掩码相同，则路由器选择跃点数最小的路径来使用。

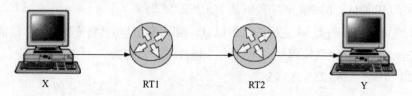

图9-4　IP信息包从X传到Y经过2个路由器

如图9-3所示，以 R1 路由器为例，到 A、B、C 网络的路径为 1 个跃距，到 D 网络则为 2 个跃距。

网络地址	网络掩码	网关	接口	跃点数
203.74.205.0	255.255.255.0	203.74.205.1	203.74.205.1	1
203.74.206.0	255.255.255.0	203.74.206.1	203.74.206.1	1

| 203.74.207.0 | 255.255.255.0 | 203.74.206.1 | 203.74.207.1 | 1 |
| 203.74.208.0 | 255.255.255.0 | 203.74.206.2 | 203.74.206.1 | 2 |

　　　　　　　　　　　　　　　　　　　　　↑
　　　　　　　　　　　　　经过 2 部路由器, 所以是 2 个跃距

　　跃点数字段并不必然就是代表跃距数目, 在不同的路由协议, 可能会有不同的意义。例如, OSPF 会根据带宽、延迟等因素来计算跃点数字段值。因此跃点数字段可以说是对于每条路径的加权值, 而路由器会优先选择跃点数最小的路径。

9.2.2　决定路径的步骤

　　当路由器收到 IP 信息包时, 将为它选择一条最佳路径, 就是选择一条最合适的路由记录。以下为路由器选择路径的步骤:

　　① 将 IP 信息包的目的 IP 地址与路由记录的网络掩码做 AND 运算。例如: 目的 IP 地址如果为 203.74.205.33, 路由记录的网络掩码为 255.255.255.224, 则运算结果为 203.74.205.32。

　　② 将上述结果与路由记录的网络地址比较, 如果两者相同, 代表适合用这条路由记录来转送此 IP 信息包。

　　③ 对每一条路由记录重复第①、②步骤, 如果找不到任何适用的记录, 则使用默认路由, 亦即将信息包转送给默认的路由器来处理。

　　④ 如果有多条符合的记录, 则从中找出网络掩码字段中 1 最多的记录。这是因为网络掩码字段的 1 越多, 代表目的网络的规模越小, 因此路径较为精确。假设符合步骤①、②有以下两条记录:

203.74.205.0 / 24

203.74.0.0 / 16

则路由器会优先使用第 1 条记录。

　　⑤ 找出跃点数最小的记录。跃点数字段代表路径的跃点数, 因此路由器会优先选择跃点数较低的路径。

9.3　静态与动态路由

　　前几节介绍了 IP 路由的原理, 接下来将说明如何建立路由表。路由表的建立方式有以下两种:

- ●静态方式: 由网管人员以手动的方式, 将路由记录逐一加入路由表。
- ●动态方式: 由路由协议自动建立、维护路由表, 无须人为输入。

9.3.1　静态路由

　　由于静态路由的路由表, 必须以人工的方式来建立, 因此适用于小型且稳定的网络环境。本节将示范如何在小型网络环境中使用静态路由。

　　例 1: 1 台路由器的环境。

首先我们假设一个最简单的路由环境，也就是一部连接两个网络的路由器，如图9-5所示。

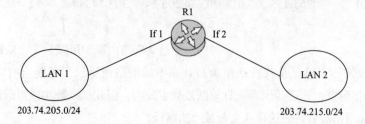

图9-5　一台路由器的网络

LAN 1 与 LAN 2 的网络地址与网络掩码如表9-1所示。

表9-1　LAN 1 与 LAN 2 的网络地址与网络掩码

网　　络	网　络　地　址	网　络　掩　码
LAN1	203.74.205.0	255.255.255.0
LAN2	203.74.215.0	255.255.255.0

R1 路由器的接口如表9-2所示。

表9-2　R1 路由器的接口的IP地址与网络掩码

接　　口	IP 地 址	网　络　掩　码
If 1	203.74.205.1	255.255.255.0
If 2	203.74.215.1	255.255.255.0

如果 LAN 1 与 LAN 2 之间互传信息包，必须在 R1 加入以下两条路由记录：

网络地址	网络掩码	网关	接口	跃点数
203.74.205.0	255.255.255.0	203.74.205.1	203.74.205.1	1
203.74.215.0	255.255.255.0	203.74.215.1	203.74.215.1	1

第 1 条记录可转送目的地为 LAN 1 的 IP 信息包；第 2 条记录可转送目的地为 LAN 2 的 IP 信息包。

如果用的是硬件路由器，例如：思科（Cisco）制造的路由器，通常可用 TELNET 连上路由器，然后以 ip route 命令来添加路由记录。如果是以个人计算机作为路由器，则操作系统或软件会提供相关的工具程序。以 Windows 2000 Server 为例，可在路由及远程访问中设置路由记录，也可从命令提示字符中执行 route 命令，添加、修改或删除路由表中的路由记录。

例2：两台路由器的环境。

在此以两台路由器连接 3 个网络为例，如图9-6所示。

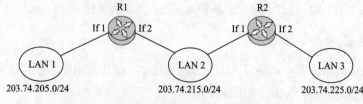

图9-6　两台路由器的网络

LAN 1、LAN 2 与 LAN 3 的网络地址与网络掩码如表9-3所示。

表9-3　LAN 1、LAN 2 与 LAN 3 的网络地址与网络掩码

网　　络	网 络 地 址	网 络 掩 码
LAN1	203.74.205.0	255.255.255.0
LAN2	203.74.215.0	255.255.255.0
LAN3	203.74.225.0	255.255.255.0

R1 路由器的接口如表9-4所示。

表9-4　R1 路由器接口的IP地址与网络掩码

接　　口	IP 地 址	网 络 掩 码
If1	203.74.205.1	255.255.255.0
If2	203.74.215.1	255.255.255.0

R2 路由器的接口如表9-5所示。

表9-5　R2 路由器接口的IP地址与网络掩码

接　　口	IP 地 址	网 络 掩 码
If1	203.74.215.1	255.255.255.0
If2	203.74.225.1	255.255.255.0

如果要让 3 个网络能正常运行，必须分别在 R1 与 R2 加入适当的路由记录。

R1 必须加入以下 3 条路由记录：

网络地址	网络掩码	网关	接口	跃点数
203.74.205.0	255.255.255.0	203.74.205.1	203.74.205.1	1
203.74.215.0	255.255.255.0	203.74.215.1	203.74.215.1	1
203.74.225.0	255.255.255.0	203.74.215.2	203.74.215.1	2

这是R2 If 1的IP地址

前两条记录与范例 1 相同，用来转送 LAN 1 与 LAN 2 的信息包。第 3 条记录可将目的地为 LAN 3 的 IP 信息包转送给 R2，因此，网关字段必须填入 R2 连接 LAN 2 的接口 IP 地址。

R2 必须加入以下 3 条路由记录：

网络地址	网络掩码	网关	接口	跃点数
		这是 R1 If 2 的 IP 地址		
203.74.205.0	255.255.255.0	203.74.215.1	203.74.215.2	2
203.74.215.0	255.255.255.0	203.74.215.2	203.74.215.2	1
203.74.225.0	255.255.255.0	203.74.225.1	203.74.225.1	1

第 1 条记录可将目的地为 LAN 1 的 IP 信息包转送给 R1，因此，网关字段必须填入 R1 连接 LAN 2 的接口 IP 地址。后两条记录用来转送 LAN 2 与 LAN 3 的信息包。

例 3：两台路由器 + 默认路由。

延续先前的网络结构，再加上一部 R3 路由器，对外连接至互联网，如图9-7所示。

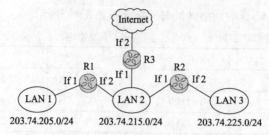

图9-7　两台路由器加默认路由的网络

LAN 1、LAN 2、LAN 3以及R1、R2的设置与范例2相同。R3路由器的接口如表9-6所示。

表9-6　R3路由器的接口的IP地址与网络掩码

接　　口	IP地址	网络掩码
If1	203.74.215.3	255.255.255.0
If2	203.19.175.9	255.255.255.0

R1与R2路由器除了必须加入范例2的路由记录外，还要再建立"默认路由"。当R1与R2收到的IP信息包与所有的路由记录都不相符时，便会使用默认路由将它传送给R3。例如：R1如果收到目的地址为168.95.192.1的IP信息包，因为与3个LAN的路由记录都不相符，因此便转送给R3，再送到互联网上。

R1必须以下列方式建立默认路由：

网络地址　　网络掩码　　　网关　　　　　接口　　　　　跃点数
0.0.0.0　　　0.0.0.0　　　 203.74.215.3 　203.74.215.1　　1

　　　　　　　　　　　　　　↑
　　　　　　　　这是R3 If 1的IP地址

路由记录的网络地址为0.0.0.0，且网络掩码为0.0.0.0时，代表此为默认路由。

R2必须以下列方式建立默认路由：

网络地址　　网络掩码　　　网关　　　　　接口　　　　　跃点数
0.0.0.0　　　0.0.0.0　　　 203.74.215.3 　203.74.215.2　　1

　　　　　　　　　　　　　　↑
　　　　　　　　这是R3 If 1的IP地址

R3可说是LAN 1、LAN 2、LAN 3等网络外的网关，因此必须有这3个网络的路由记录：

网络地址　　　　网络掩码　　　　网关　　　　　接口　　　　　跃点数
203.74.205.0　　255.255.255.0　　203.74.215.1　 203.74.215.3 　2

　　　　　　　　　　　　　　　　　　　　　↑
　　　　　　　　　　　　　这是R1 If 2的IP地址

203.74.215.0　　255.255.255.0　　203.74.215.3　 203.74.215.3 　1

　　　　　　　　　　　　　　　　　　　　　↑
　　　　　　　　　　　　　这是R3 If 1的IP地址

203.74.225.0　　255.255.255.0　　203.74.215.2　 203.74.215.3 　2

　　　　　　　　　　　　　　　　　　　　　↑
　　　　　　　　　　　　　这是R2 If 1的IP地址

这3条记录分别负责转送目的地为 LAN 1、LAN 2、LAN 3 的信息包。此外，R3 也必须设置默认路由，将信息包转送到互联网。R3 的默认路由通常是指向与 ISP 连接的路由器。

9.3.2 动态路由

当网络规模不大时，采用静态方式建立路由表的确是个可行的方式。但是当网络不断扩大时，路由表的数据将会以等比量暴增，此时如果再使用静态方式，则在设置和维护路由表时，会变得复杂且困难重重。为了解决这个问题，提出了利用动态方式建立路由表的概念，让路由器能通过某些机制，自动地建立与维护路由表，并能在有多重路径可供选择时，自动计算出最佳的路径来传送信息包。

采用动态方式建立路由表的网络就是动态路由网络，而负责建立、维护动态路由表，并计算最佳路径的机制就是动态路由协议。距离向量算法是常用的动态路由算法，其原理如下所述。

距离向量算法就是让每部路由器都和邻接的路由器交换路由表，借以得知网络状态，判断信息包传送的路径。更精确地说，应该是每一部路由器都会将自己的路由表广播到网络上，以建立动态路由表，如图9-8所示。

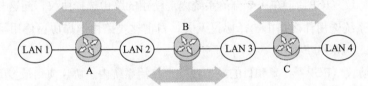

图9-8　距离向量算法

当每一部路由器收到此广播信息包时，便会核对自己的路由表，进行以下步骤：

① 收到的路由记录中，是否有没有记录到的数据？如果有，则添加此条记录，反之则继续下一个步骤。

② 此条记录是不是由同一部路由器所发出的？如果是，则更新路由记录，反之则进入下一个步骤。

③ 对比路径跃点数。如果该条路由记录的跃点数较小，则更新路由记录，反之，则不予理会。

最后每部路由器都会拥有一份完整的动态路由表，里面则记录了所有网络的位置。

除此之外，距离向量算法还能计算出最小跃点数的路径，当做信息包传递的最佳路径，如图9-9所示。

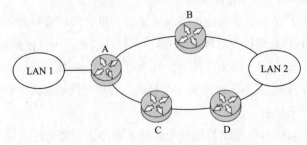

图9-9　计算路径跃点数的网络环境

在图9-9所示的网络结构中，如果 LAN1 要送信息包到 LAN2，实际可走的路径有 2 条：

① LAN1 → A 路由器 → B 路由器 → LAN2。

② LAN1 → A 路由器 → C 路由器 → D 路由器 → LAN2。

由于在交换路由表时，每部路由器都会把自己路由表中每条记录的跃点数加 1，然后广播到网络上。因此，A 路由器通过距离向量算法便可得知第 1 条路径的跃点数为 1（经过一部路由器），而第 2 条路径跃点数为 2（经过两部路由器），从而选择第 1 条路径，将信息包传送出去。

9.4　IP路由选择协议

Internet采用的路由选择协议属于自适应的、分布式路由选择协议。由于Internet的规模非常大，如果让所有的路由器知道所有的网络应怎样到达，则这种路由表将非常大，处理起来也比较花时间。为了便于进行路由选择，Internet将划分为许多较小的单位，即自治系统。一个自治系统是由同种类型的路由器连接起来的互联网，一般来说路由器是在一个单一的实体管理控制之下，其重要的特点就是它有权自主地决定在本系统内应采用何种路由选择协议。一个自治系统内的所有网络都属于一个行政单位（如一个公司，一所大学等）来管辖。这样Internet就把路由选择协议划分为以下两大类。

- 内部网关协议（IGP）：在一个自治系统内部使用的路由选择协议，而这与在互联网中的其他自治系统选用什么路由选择协议无关。目前这类路由选择协议使用得最多，例如，RIP、HELLO和OSPF协议。
- 外部网关协议（EGP）：源和目的站不在一个自治系统内。协议使用最多的是BGP（边界网关协议）。

动态路由协议种类繁多，但大体上可区分为适用于中、大型网络（例如：互联网）和适用于小型网络（例如：企业网络）两大类。OSPF、BGP、IGMP 等路由协议属于前者，RIP 则是属于后者。

9.4.1　内部网关路由选择协议

RIP（路由信息协议）是广泛流传的IP路由选择算法实现之一。RIP实现了距离向量算法，并使用跨度计量标准。1个跨度是直接连接的局域网，2个跨度是通过1个网关可达，3个跨度是通过2个网关可达。以此类推，但16个跨度被认为是最大极限，表示无穷距离，即不可达。有关RIP标准的细节可参照Internet的推荐标准RFC105。

HELLO（RFC891）是另一个路由选择向量协议，但它的计量对象是时延，而不是跨度。它起初是为运行在PDP-11处理机上的Fuzzball路由器软件研制，用以控制继ARPA网之后发展起来的NSFNET。今天，HELLO（路由选择协议）没有被广泛采用，HELLO的问题是它需要同步所有的HELLO路由器时钟的机制。这需要一个算法，利用它仅能在其时延可以估算的传输链路上，在结点之间传递时间信息。

OSPF（Open Shortest Path First）是一个链路状态协议，每个网关将它所连接的链路状态信息向其他网关传播。链路状态和路由向量算法之间的差别可以用这样来说明：路由向量向你的邻居通告整个世界的情况，而链路状态向整个世界通告你的邻居的情况。链路状态机制解决了路由向量产生的许多收敛问题，适用可伸缩的环境。然而，它们强化计算，需要一台专用机器。

1. 路由信息协议简介

路由信息协议（RIP）采用距离矢量路由选择算法，它是应用广泛的一种内部网关协议。路由信息协议最初是由施乐公司的研究中心设计的。1980年开始用于UNIX和TCP/IP，1988年6月成为标准，出现正式的RFC文本。目前已有两个路由信息协议版本。

路由信息协议有两种工作模式，主动模式和被动模式。主动模式主动向其他路由器发布路由信息广告。被动模式只监听路由信息广告，并根据广告内容更新它们的路由表，它本身不发布路由信息广告。通常路由器运行在主动模式，主机工作在被动模式。

路由信息协议的距离以从源端到目的端的路径上所经过的路由器个数为唯一的度量标准，即以路由器的跳数计算最佳路径。跳数的计算方法是：源网络与目的网络之间通过一个路由器直接相连的为1跳，相隔两个路由器的为2跳，以此类推下去。在多条路径中选择路由器跳数最少（即距离值最小）的路径为最佳路径。但在实际的网络环境中，路由器跳数最少的不一定就是最佳路径。例如，主机A访问主机B有两条路径，一条路径的路由器跳数是3，另一条路径的路由器跳数是2。按路由信息协议的度量标准，计算出最佳路径是第二条。但如果第一条路径上的路由器都是用高速以太网链路连接的，而第二条路径上的两个路由器都是通过64KB的广域网链路连接的。这时，第一条路径实际比第二条路径的带宽高得多，最佳路径应为第一条。但是，在链路带宽基本相同的网络环境中，以路由器跳数确定最佳路径的计算方法是合理的。

当网络拓扑结构发生变化时，例如，路由器检测到一条链路中断了，路由信息协议将重新计算路由表，并把整个路由表定期发送给它的邻居路由器，每个路由器都执行这个操作，以完成互联网上所有路由器的路由表更新。路由信息协议规定路由表的更新时钟为30 s，也就是说，路由信息协议每隔30 s更新一次路由表。在更新路由表时，它发送的是路由表的整个备份。

为了避免路由信息协议的无限计数问题，该协议规定：路径长度为16（路由器跳数）时，被视为无限长路径，也就是不可到达路径。因此在一个使用路由信息协议的互联网中，限制了路由器的个数不得超过15。这一规定限制了路由信息协议的使用范围，一般路由信息协议只适合在小型局域网环境中使用。

路由信息协议RIP是一种典型的距离矢量路由选择协议。RIP协议相对来说比较简单，但它对小型的互联网还是很适用的，仍然是一个广泛使用的路由选择协议。RIP允许一个通路最多由15个路由段数组成，路由段数为16即相当于不可达。因此，RIP只适用于小型网络。RIP不能在两个网络之间同时使用多条路由。RIP会选择一条具有最少路段数的路由，即使还存在一条高速（低时延）、但路由段数较多的路由。

2. RIP协议的工作过程

以图9-10中的网络为例，说明RIP协议的工作过程，假设其中的R1、R2和R3都运行RIP协议。

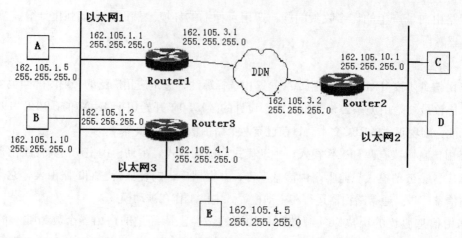

图9-10　网络互连环境

在RIP协议刚开始启动时，它要检测路由器的各个接口的状态和地址信息，以及在该接口上发送和接收数据时的距离值。如果接口状态正常，则在路由表中增加一条路由，表示该接口所在的网络可达，且距离值为1。用同样的方法，该路由器就把几个相邻的网络互连起来，并可以在它们之间转发数据。以路由器R3为例，初始化过程结束后，它的路由表中包含两项路由（初始化之后R3中的路由表如表9-7所示），这表明它可以在以太网络1和以太网3之间转发数据。

表9-7　路由器R3的初始化路由表

目的子网	目的子网掩码	发送接口	下一站路由器	量度	路由来源
162.105.1.0	255.255.255.0	1	162.105.1.2	1	直接连接
162.105.4.0	255.255.255.0	2	162.105.4.1	1	直接连接

可以用类似的方法得到R1和R2的初始化路由表。

在初始化工作完成之后，R3主动向各个网络接口发送RIP请求。该请求的RIP数据部分只包括一项路由信息，且全部字段都是0，表示要得到相邻的网络上的路由器所拥有的路由表中的全部信息。该请求以广播的形式发送，以太网1和以太网3上的路由器都应该接收到R3的请求。R1收到请求，就会发回RIP响应报，在响应报中，包含到R1所直接连接的两个网络：162.105.1.0和162.105.3.0，并且量度都是1。R3根据响应，可以计算通过到达这两个网络的量度都是2。但是由于在R3已有的路由表中到达162.105.1.0子网的路由量度仅为1，所以R3仅在路由表中添加如表9-8的路由项。

表9-8　R3在路由表中加的路由项

目的子网	目的子网掩码	发送接口	下一站路由器	量度	路由来源
162.105.3.0	255.255.255.0	1	162.105.1.1	2	RIP

类似的R1也可以从R3得到到达子网162.105.4.0的路由，添加到自己的路由表中：如表9-9所示。

表9-9　R1在路由表中加的路由项

目的子网	目的子网掩码	发送接口	下一站路由器	量度	路由来源
162.105.4.0	255.255.255.0	1	162.105.1.2	2	RIP

这样，两台路由器通过相互交流就得到了正确的转发路径。进一步，通过R1和R2之间的交

流，R1可以得到去以太网 2 的路由，R1又可以把该路由信息传播给R3。这样路由信息可以传播到整个网络。整个运行过程都是自动完成的。运行RIP协议的路由器并不是把每一条新的路由信息都添加在自己的路由表中。只是在以下3种情况下，路由器会根据获得的路由信息对自身的路由表进行修改。

① 如果收到的路由项在自身的路由表中不存在，则将它添加到路由表中。

② 如果收到的路由项的目的子网和现有路由表的某一项相符，而量度值又比它小，则用新的路由项替换之。

③ 如果收到的路由项的目的子网和下一站路由器与现有路由表中的某一项都相同，则无论量度值是减小，还是增加，都修改量度值。

路由更新信息中包含了网络拓扑结构的变化。当一台路由器检测到链路中断时，就重新计算路由，并发送路由更新协议。每一个接收到该更新信息的路由器，也相应会改变其路由表，并向更远处传播网络状态的变化，直到该信息传播到整个网络范围内，使网络中各个路由器的路由表达到一致的状态。

9.4.2　外部网关路由选择协议

外部路由选择协议用于在各自治系统之间交换路由信息。在各自系统间传送的路由信息称为可达性信息。这种可达性信息只是一种表示通过一个特定的自治系统可到达相应网络的信息。将路由选择信息在这些系统之间传递是外部路由选择协议的功能，千万不要把外部路由选择协议和外部网关协议（EGP）相混淆。EGP并不是一个类属名，而是外部路由选择协议中的一个协议。

1．BGP路由协议基本原理

两个对等体位于两个自治系统，若它们之间是直接相连的，则称为外部BGP（EBGP）。如路由器的接口和路由器的接口直接相连，则它们之间建立了EBGP连接。位于同一自治系统的BGP路由器也可以建立连接，称为内部BGP（IBGP）连接。此时对等体不需要直接相连只要TCP连通即可。

BGP邻居又称为对等体，分为两种。如果两个交换BGP报文的对等体属于不同的自治系统，那么这两个对等体就是EBGP对等体（External BGP），如RTA和RTC；如果两个交换BGP报文的对等体属于同一个自治系统，那么这两个对等体就是IBGP对等体（Internal BGP），如RTC和RTD。一个AS（Autonomous System，自治系统）内的不同边界路由器之间也要建立BGP连接，只有这样才能实现路由信息在整个AS内的传递。

IBGP对等体之间不一定是物理上直连的，但必须保证逻辑上全连接（TCP连接能够建立即可）；EBGP对等体之间在绝大多数情况下是有物理上的直连链路的，但是如果实在无法实现，也可以配置逻辑链接。

BGP把从EBGP获得的路由向它所有的BGP对等体通告（包括IBGP和EBGP），而把从IBGP获得的路由不向它的IBGP对等体通告，向EBGP通告时要保证IGP（内部网关协议）同BGP同步，同步是指BGP一直要等到IGP在本AS中传播了同一条路由后，再给其他各AS通告这条路由，也就是说，在通告给其他AS一条路由时，先要保证本AS内部的路由器知道该路由。

BGP量度是用于规定某个特别路径的优先度的一个任意单位的数字，这些量度通常由网络管理员通过配置文件设定。优先度可以基于任何数量的约定，包括自治系统计数（具有较少的自治系统计数的路径通常更好），链路的类型等。

BGP系统与其他BGP系统之间交换网络可到达信息。这些信息包括数据到达这些网络所必须经过的自治系统中的所有路径。这些信息足以构造一幅自治系统连接图。然后，可以根据连接图删除路环，制订选择路由策略。

按照其要达到的目的，可把BGP路由策略分为3类：

① 它支持一种友邻获得机制，即控制从本AS到其他AS的路径，例如，通过制定策略，禁止本AS发送的数据经过某一个中间自治系统。如图9-11所示，AS3经过AS2和AS1都可以到达另一个网络AS4，但是为了安全起见，AS3选择通过AS2的路径，即使经过AS1的路径更短。BGP对等实体使用友邻的意义在于它们交换路由选择信息，而没有地理位置上接近的必需条件。

② 控制本AS是否为某相邻的AS传递过境的数据。如图9-11包括3个自治系统，AS1、AS2、AS3都有连接，可以分别和它们通信，但是AS1可能因为经济等原因，不愿意为AS2和AS3之间的数据流提供通信，即使AS1在AS2到AS3的最短路径上。

③ 实现自治系统内部的协调。对于3个自治系统，其中AS3有两个到外部AS的出口。显然网1到AS2的最优路由是通过RTC转发，而网2到AS2最优路由是通过RTD转发。这些需要通过路由策略定义，由属于通过一个AS的边界网关通过协商实现。

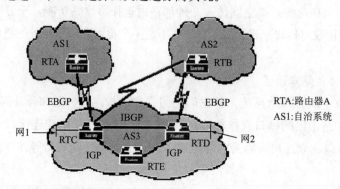

图9-11 自治系统之间的连接

BGP与RIP和OSPF的不同之处在于BGP使用TCP作为其传输层协议。两个运行BGP的系统之间建立一条TCP连接，然后交换整个BGP路由表。从这个时候开始，在路由表发生变化时，再发送更新信号。

BGP更新报文包括网络号-自治系统路径对信息。自治系统路径包括到达某个特别的网络需经过的自治系统序列，这些更新信息通过TCP传送出去，以保证其传输的可靠性。

BGP是一个距离向量协议，但是与RIP不同的是（通告到目的地址跳数的），在BGP协议传输的路径信息中，不仅包括到达目的地的距离信息，还包括到达目的地所要穿越的AS的编号。BGP协议可以很容易地用这些信息构造出各个AS间的互连图，并且检测出可能存在的循环路由，也就避免了RIP协议中无穷计数问题。

与RIP的另一个不同是，BGP采用的时增量更新机制。在两个路由器间最初的数据交换是整个的BGP路由表，更多的更新报文所发送的是路由表的变化。与其他的路由协议不同，BGP不需要对整个路由表进行定期的更新。虽然BGP对一个特定的网可能持有不止一条路径，但它在更新报文中仅传输主要的（优化的）路径。

边界网关对于所有的可用路由，按照其中包括的AS的数目、路由策略的限制、路径的广播者、链路的稳定程度等因素计算每条路径的优先值，然后以最优的路径作为当前路由。经过BGP协议获得的路由信息，一般还要经过IGP向自治系统内部的路由器进行广播。

2. 路径矢量的路由选择技术

BGP采用了一种路径矢量的路由选择技术。在距离矢量路由协议中，每个路由器都向其邻站播发一个矢量，其中列出所有可达的网络，加上到达相应网络的距离度量值以及到该网络的路径。每个路由器都根据其邻站的更新向量建立一个数据库，但并不知道各个特定路径上的中间路由器和网络。将距离矢量路由协议应用于外部路由选择协议时存在两个问题：

① 距离矢量协议假定所有的路由器都采用相同的距离度量方式，并用这种距离度量来判断路由器的选择顺序。但在实际应用中，不同的自治系统间通常都会采用不同的距离度量方式。如果不同的路由器采用不同的手段来得到度量值，那么用它们来产生稳定的、不循环的路由是不可能的。

② 一个给定的自治系统可能会与其他的自治系统有不同的优先级，也可能有一些不能应用到其他自治系统的限制。距离矢量算法无法给出沿着路径将要经过的所有自治系统的内部信息。

在链路状态路由选择协议中，每个路由器都要向所有其他路由器广播其链路状态度量值，每个路由器建立起配置中的完整的拓扑映射，然后进行路由选择计算。这个方法如果应用于外部路由选择协议也有问题：不同的自治系统会采用不同的度量方案，会有不同的限制。尽管链路状态协议确实要求链路建立起完整的拓扑映射，但因为不同的自治系统中采用的度量方式可能不一样，要执行一致的路由选择算法是不可能的。

解决方法是分发路由度量值并简单地只提供经由哪个路由器可到达哪个网络，以及必须经过哪些自治系统。这个方法与距离矢量算法有两点不同：a. 路径矢量方法不包括距离或耗费的估测；b. 每个路由信息块列出了沿着某路由到达目标网络所要经过的所有自治系统。

因为路径矢量中列出了数据报，如果沿着这条路由所必须穿过的自治系统，路由器可以参考距离矢量中提供的路径信息，然后根据这些信息来按照某个策略选择路由。也就是说，路由器可以根据是否要避开某个自治系统而决定避开某条特定路径。例如，需要保密的信息可以限制它只能穿越某些特定自治系统。或者路由器可能知道互联网上某些部分的性能或质量，可以避开某些自治系统。性能或质量度量值可以是链路的速率、容量、拥塞趋势以及整体运行质量等。

3. BGP路由

BGP执行3类路由：AS间路由、AS内部路由和贯穿AS路由。

（1）AS间路由

发生在不同AS的两个或多个BGP路由器之间的路由称为AS间路由，这些系统的对等路由器利用BGP来维护一致的网络拓扑视图，在AS之间通信的BGP邻居必须在相同的物理网络之内。Internet就是使用这种路由的实例，因为它由多个AS（或管理域）构成，域为构成Internet的研究机构、公司和实体。BGP一个最重要的用途就是用于为Internet中提供最佳路由。

（2）AS内部路由

发生在同一AS内的两个或多个BGP路由器之间的路由称为AS内路由，同一AS内的对等路由器使用BGP来维护一致的系统拓扑视图。也可用BGP来决定将哪个路由器作为外部AS的连接点。一个组织，如大学，可以利用BGP在其自己的管理域（或AS）内提供最佳路由。BGP协议既可以提供AS间路由也可以提供AS内部路由。

（3）贯穿AS路由

贯穿AS路由发生在两个或多个不运行BGP的AS交换数据的对等路由器间。在贯穿AS环境中，使用BGP通信的双方都不在AS内，BGP必须与AS内使用的路由协议交互，以成功地通过该AS传输BGP通信，贯穿AS环境如图9-12所示。

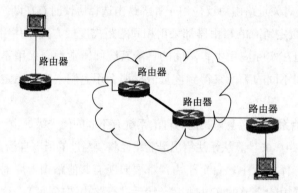

图9-12　贯穿AS环境

与其他路由协议一样，BGP维护路由表、发送路由更新信息且基于路由度量决定路由。BGP系统的主要功能是交换其他BGP系统的网络可达信息，包括AS路径的列表信息，可用此信息建立AS系统连接图，以消除路由环及执行AS级策略。每个BGP路由器维护到特定网络的所有可用路径构成的路由表，但是它并不清除路由表，它维持从对等路由器收到的路由信息直到收到增值更新。

BGP设备在以下两个时候交换路由信息：初始时和增值更新后。当路由器第一次连接到网络时，BGP路由器交换它们的整个BGP路由表，当路由表改变时，路由器仅发送路由表中改变的部分。BGP路由器并不周期性发送路由更新，且BGP路由更新只包含到某网络的最佳路径。

BGP用单一的路由度量决定到给定网络的最佳路径。这一度量含有指定链路优先级的任意单元值，BGP的度量通常由网管赋给每条链路。赋给一条链路的值可以基于任意数目的尺度，包括途经的AS数目、稳定性、速率、延迟或代价等一体化考虑。

小　结

本章首先说明 IP 路由的基本概念，接着介绍路由器的原理，以及路由表，最后介绍路由表建立的方式。本章主要内容有 IP 路由的概念、路由表简介、静态与动态路由等。IP协议最主要的功能是负责在互联网上传递 IP 信息包。

拓 展 练 习

1．以下哪一个命令可在 Windows 98 计算机上查看路由表（　　　）？

A．arp
B．ping
C．route
D．tracert

2．假设路由器有以下 2 条路由记录：

网络地址	网络掩码	网关	接口	跃点数
203.74.205.0	255.255.255.0	203.74.215.1	203.74.215.2	2
203.74.215.0	255.255.255.0	203.74.215.2	203.74.215.2	1

如果收到目的地址为 203.74.205.28 的 IP 信息包，路由器会选择哪一条路由记录（　　　）？

A．第 1 条
B．第 2 条
C．默认路由
D．将信息包丢弃

3．假设路由器有以下 2 条路由记录：

网络地址	网络掩码	网关	接口	跃点数
203.74.205.0	255.255.255.0	203.74.215.1	203.74.215.2	2
203.74.215.0	255.255.255.0	203.74.215.2	203.74.215.2	1

如果收到目的地址为 168.74.205.28 的 IP 信息包，路由器会选择哪条路由记录（　　　）？

A．第 1 条
B．第 2 条
C．默认路由
D．将信息包丢弃

4．距离向量算法使用下列哪种信息包来交换路由表信息（　　　）？

A．单点传送
B．多点传送
C．广播传送
D．不必交换路由表信息

5．距离向量算法根据哪项信息来推算路径跃点数（　　　）？

A．传输速度
B．跃距
C．带宽
D．线路质量

6．任举 2 项路由器的特性。

7．说明直接传递与间接传递的差异。

8．列出路由表的 5 个字段。

9．路由器在选择路径时，为何会优先选择网络掩码"1"最多的记录？

10．说明静态路由与动态路由的差异。

第 10 章

UDP 与 TCP 协议

本章主要内容

- UDP 协议
- UDP 数据报格式
- TCP 协议
- TCP 信息包

在TCP /IP模型中，传输层位于网络层与应用层之间，主要的功能是负责应用程序之间的通信。连接端口管理、流量控制、错误处理与数据重发等传输层的工作。

本章将介绍 TCP/IP 协议族中传输层的两个主要协议：UDP 与 TCP，并以此为例来说明传输层的主要功能。

10.1 UDP 协议

UDP（User Datagram Protocol）是一个常用的协议，它仅提供连接端口处理的功能。

10.1.1 UDP协议的特性与作用

1. UDP协议的特性

① UDP 报头记录了信息包的源端与目的端的连接端口信息、使信息包能够正确地送达目的端的应用程序。

② 非连接式的传送特性。UDP协议 与 IP协议 虽然是在不同层运行，但都是以非连接式的方式来传送信息包。由于此种特性，使得 UDP 的传送过程比较简单，但是相对地可靠性较差，如果在传送过程中发生问题，UDP不具有确认、重送等机制，而必须靠上层 (应用层) 的协议来处理这些问题。

2. UDP应用程序的作用

与 TCP 相比，由于 UDP 仅提供传输层的基本功能，因此不如 TCP应用广泛。使用 UDP 的应用程序，通常是基于以下的考虑。

① 为了要降低对计算机资源的需求。以 DNS 服务为例，由于可能要面对大量客户端的

询问，如果使用 TCP 可能会耗费许多计算机资源，因此可使用资源需求较低的 UDP。

② 要使用多点传送或广播传送等一对多的传送方式时，必须使用 UDP 协议。这是因为使用连接式传送方式的 TCP 仅限于一对一的传送。

③ 应用程序本身已提供数据完整性的检查机制，因此无须依赖传输层的协议来执行此工作。此外，应用程序传输的并非关键性的数据，例如路由器会周期性地交换路由信息等，如果这次传送失败，下次仍有机会将信息重送。在这种情况下，也使用 UDP 协议。

10.1.2　连接端口

UDP 协议最重要的功能是管理连接端口。从先前介绍 IP 的章节中，我们已经知道 IP 的功能是要将信息包传送至目的地。但是，当 IP 信息包送达目的地时，接下来便立即面临一个问题，计算机上可能同时执行多个应用程序，例如：用户同时打开 Internet Explorer 与 Outlook Express，UDP 协议便是利用连接端口来解决收到的 IP 信息包应该送至哪一个应用程序的问题。

1．连接端口概念

连接端口的英文为 Port，但它不是计算机平行口或串行口等实体的接头，而是属于一种逻辑上的概念。每一台使用 TCP/IP 的计算机，都有许多连接端口，并使用编号加以区分。应用程序如果通过 TCP/IP 存取数据，就必须独占一个连接端口编号。因此，当主机收到 IP 信息包后，可以凭此连接端口号，判断要将信息包送到哪一个应用程序来处理。连接端口号与 IP 地址两者合起来称为 Socket Address（简称为 Socket），可用来定义 IP 信息包最后到达的终点，即目的地应用程序。做个比喻来说，IP 地址就如同某栋建筑物的地址，而连接端口号就如同建筑物内的房间或窗口的号码。假设要去邮政总局联系业务，如果只知道其地址为"昌平区府学路111223号"，只能找到该栋大楼。但是，邮政总局里面可能有许多个窗口，因此，只知道地址是不够的，还必须知道要去哪一个窗口办理。如果能够事先知道"昌平区111223号第 98 号窗口"这样的信息，便能迅速正确地找到要去的部门。

IP 地址与连接端口号也是同样的道理。一台计算机或许只有一个 IP 地址，但可能同时执行许多个应用程序。应用程序彼此之间以连接端口号来区分。当计算机收到 IP 信息包时，便可根据其连接端口号（记录在传输层协议的报头中），判断交由哪个应用程序来处理。当然，每个信息包除了要记录目的端的连接端口号外，也会记录源端的连接端口号，以便相互传递信息包。所有与连接端口相关的工作，都是由传输层的协议来负责。

2．连接端口号的原则

连接端口号为 16 bits 长度的数字，可从 0 至 65535。按照 IANA（Internet Assigned Numbers Authority）的规定，0～1023 的连接端口号称为"Well-Known"（广为人知的意思）连接端口，主要为提供服务的应用程序使用。凡是在 IANA 登记有档案的应用程序，都将分配到一个介于 0~1023 之间的固定连接端口号。例如：DNS 为 53，代表 DNS 服务都应使用 53 的连接端口号。至于 1024~65535 的连接端口号则称为"Registered / Dynamic"（动态）连接端口，由客户端自行使用。例如：客户端使用 Internet Explorer 连上网站时，系统随机分配一个连接端口号供 Internet Explorer 使用。表10-1列出一些常见的 Well-Known 连接端口。

表10-1　常见的 Well-Known 连接端口

协　　议	连接端口号	应 用 程 序
UDP	53	DNS
UDP	67	BOOTP Client
UDP	68	BOOTP Server
UDP	520	RIP
TCP	19	NNTP
TCP	20	FTP Data
TCP	21	FTP Control
TCP	23	Telnet
TCP	25	SMTP
TCP	80	HTTP

客户端有时也需要使用
Well-Known连接端口

服务器可能需要1个以上的
连接端口编号。例如FTP
Serve必须用2个连接端口编号

　　服务器应用程序必须使用 Well-Known 连接端口，而客户端应用程序可使用 Registered / Dynamic 连接端口，其原因是：在一般网络的应用中，两台计算机如果要互传信息包，一开始都是由客户端主动送出信息包给服务器。也就是说，客户端必须在送出信息包前便知道服务器应用程序的连接端口号。因此服务器应用程序所使用的连接端口号势必遵循一套大家公认的规则，例如：Telnet 服务应该固定使用编号为 23 的连接端口，Web 服务应该固定使用编号为 80 的连接端口等。这些规则即形成了 Well-Known 的连接端口。至于客户端应用程序的连接端口号，由于服务器收到来自客户端的信息包后，从报头中便可得知客户端应用程序的连接端口号。因此，客户端应用程序不必像服务器一样必须硬性规定连接端口号。

　　客户端连接端口号的决定方式会因软件品牌、版本，而有所不同。例如：Windows 2000 默认只会分配 1024~5000 之间的连接端口号给客户端应用程序。

　　3. 使用自定义的服务器连接端口号

　　Well-Known 连接端口并不具有强制性。换言之，可以将 Web 服务的连接端口号设为 2001，在设置上不会有任何问题。麻烦的是，必须让每个用户知道，该 Web 服务使用的连接端口号为 2001，而非默认的 80。当然，如果这台服务器只服务少数特定用户，而不想开放给一般用户存取，使用自定义的连接端口号，反而是一种保护方法。

10.2　UDP数据报格式

　　UDP数据报格式如图10-1所示。

0	15 16	31
UDP 源端口号		UDP 目标端口号
UDP 报文长度		UDP 校验和
数据		
…		

图10-1　UDP数据报格式

下面对各个域分别加以说明。

（1）UDP源端口号

用来记录源端应用程序所用的连接端口号。如果目的端应用程序收到信息包后必须回复时，由本字段指明源端应用程序所用的连接端口号。

（2）UDP目标端口号

用来记录目的端应用程序所用的连接端口号。这个字段可以说是 UDP 报头中最重要的信息。

（3）UDP报文长度

表示数据报头及其后面数据的总长度。最小值是8字节，即UDP数据报头长度。

（4）校验和

根据IP分组头中的信息作出伪数据报头，跟UDP数据报头和数据一起进行16位的校验和计算。对数据为奇数字节的情况，增加全0字节使其成为偶数字节后再行计算。校验和计算的方法与IP中所使用的相同。当检验和的结果为0时，将它的所有位都置成1（对1求补）。伪报头假想是放在UDP报头前边的，其格式如图10-2所示。

0		8	16		31
发送方 IP 地址					
接收方 IP 地址					
0		协议标识符		UDP 长度	

图10-2　计算UDP校验和时使用的12个字节的伪报头

使用伪报头的目的在于验证UDP数据报是否已到达它的正确报宿。理解伪报头的关键是，要认识到正确报宿的组成包括互联网中一个唯一的计算机和这个计算机上唯一的协议端口。UDP报头本身只是确定了协议端口的编号。因而，为验证报宿，发送计算机的UDP要计算一个校验和，这个校验和包括了报宿主机的IP地址，也包括了UDP数据报。

在最终目的地，UDP软件使用从运载UDP报文的IP分组头中得到的目标IP地址验证校验和。如果校验和一致，那么数据报确实到达所希望的报宿主机和这个主机内的正确协议口。在伪报头内标有发送方IP地址和接收方IP地址的段内，分别包括报源IP地址和报宿IP地址，这两个地址在发送UDP数据报时都要用到。协议标识符段包括IP分组的协议类型码，对于UDP应该是17（对于TCP是6）。标明UDP长度的段包括UDP数据报长度（不包括伪报头）。为验证校验和，接收者必须从当前IP分组头中提取这些段，把它们汇集到伪UDP报头格式中，再重新计算这个校验和。

UDP在TFTP及Internet的名字服务等应用中使用。在UNIX上，UDP也在一些检测网络用户的命令中使用。Sun Microsystems公司开发的NFS（Network File System）也是在UDP上实现的。由于UDP协议简单，在每个系统中运行时网络负载很轻，故有利于大量数据的高速传送。

和其他各种协议的报头相比，UDP 报头的字段简单明了。

10.3　TCP 协议

与 UDP 相比，TCP提供了较多的功能，但相对地报头字段与运行机制也较为复杂。本节首先介绍 TCP 的特性，然后介绍传送机制、连接过程等内容。

10.3.1　TCP协议的特性

TCP 是传输层的协议，与 UDP 类似也具备处理连接端口的功能。有关连接端口的功能，本节不再赘述。TCP除了连接端口功能之外，更重要的是提供了一种可靠的传送机制。

无论是网络层的IP，或者链路层的以太网，源端在传送信息包时，完全不知道目的端的状况。目的端可能过于忙而无法处理信息包，也可能收到已经损毁的信息包，也可能根本就收不到信息包，对于这些情况源端都无从得知，当然也就无法应用，只能盲目地不断将信息包送完为止。将这样的传输方式称之为不可靠的传送机制。不可靠的传送机制较为简单，因此在实际操作上比较适合底层的协议。既然底层协议不可靠，责任就落到上层协议了。针对这个问题有两种解决方法：

- 传输层仍旧维持不可靠的特性（例如UDP），而让应用层的应用程序担当起所有的工作。这种方式的缺点就是，程序设计师在编写应用程序时非常麻烦，必须实际操作各种错误检查、修正的功能。
- 传输层使用可靠的传输方式（例如TCP），让应用层的应用程序简单化。

TCP 的应用远较 UDP 广泛，可以归纳出 TCP 具有以下几种特性。

1．数据确认与重送

当TCP源端在传送数据时，通过与目的端的相互沟通，可以确认目的端已收到送出的数据。如果目的端未收到某一部分数据，源端便可利用重送的机制，重新传送该数据。

2．流量控制

由于软、硬件上的差异，每一部计算机处理数据的速度各不相同，因此 TCP 具有流量控制的功能，能够视情况调整数据传输的速度，尽量减少数据流失的状况。

3．连接向导

TCP 为连接式的通信协议。连接式是指应用程序利用 TCP 传输数据时，首先必须建立 TCP 连接，彼此协调必要的参数（用于上述数据重发与确认、流量控制等功能），然后以连接为基础来传送数据。

10.3.2　TCP 传送机制

TCP 的传送机制较为复杂，本节首先以一个简单的模型来说明TCP 传送的基本方式，然后以此为基础，逐步说明 TCP 的各项传送机制。

TCP 使用可靠的传送机制，这个机制的基本原理就是确认与重发。就好比是上司对下属讲话时，下属必须通过不断点头的方式，表示自己已确实听到讲话内容。如果下属完全没有反应，上司必须合理怀疑下属没有听到，因此必须重讲一遍。

TCP 也是运用同样的道理来传送数据。以下就利用一个简单的模型，解释如何以确认与重发的机制可靠地传送信息包。假设 A 要传送信息包给 B，那么通过下列步骤，A便可以确认B已收到信息包：

① A 首先传送 Packet 1 信息包给 B，然后开始计时，并等待 B 的响应。

② B 收到 Packet 1 信息包后，传送 ACK 1 信息包给 A。ACK 1 信息包的内容为"我已经收到 Packet 1 信息包了"。

③ A 如果在预定的时间内收到 ACK 1 信息包，便可确认 Packet 1 正常地到达目的地。接着

即可传送 Packet 2 信息包给 B，然后开始计时，并等待 B 的响应。

　　④ B 收到 Packet 2 信息包后，传送 ACK 2 信息包给 A。ACK 2 信息包的内容为"我已经收到 Packet 2 信息包了"。

　　上述过程如图10-3所示。

　　通过上述步骤，A 可以确认 B 已收到 Packet 1、Packet 2 等信息包。如果在信息包传送的过程中出现错误，例如：Packet 2 在传送途中失踪了，此时 B 便不会发出 ACK 2 给 A。A 如果在预定的时间内没有收到 ACK 2，即判定 B 未收到 Packet 2，因此便重新传送 Packet 2 给 B，如图10-4所示。

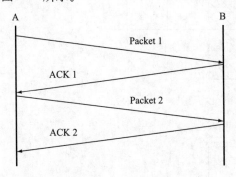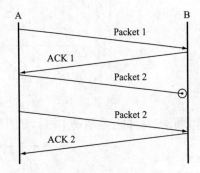

图10-3　利用确认与重发机制传送信息包　　　　图10-4　利用确认与重发机制处理传输中的错误

　　信息包重发就是一种错误处理的机制。换言之，在 TCP 传送过程中，即使发生错误，仍可通过重送信息包的方式来补救，如此才能维持数据的正确性与完整性。

10.3.3　滑动窗口

　　上述信息包传送的过程，虽然具有确认与重送的功能，但在性能方面却存在很大的问题。这是因为当 A 每传送出去一个信息包后，便只能耐心等待，一直等到收到对应的 ACK 信息包后，才能传送下一个信息包。在整个传送过程中，绝大部分时间势必都浪费在等待 ACK 信息包。

　　为了解决这个问题，提出一种叫做滑动窗口（Sliding Window）的技术。可以想象用一张中间挖空的厚纸板，挖空的部分即是所谓的窗口，可从挖空的部分去查看源端传送出去的信息包。接着仍旧以 A 为源端、B 为目的端，说明如何利用滑动窗口的机制来传送信息包。在传送一开始时，A 的滑动窗口如图10-5所示。

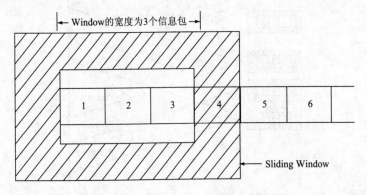

图10-5　开始传送时，A的滑动窗口

A首先将窗口内看得见的所有信息包送出，也就是送出 Packet 1、Packet 2 和 Packet 3 信息包，然后分别对这些信息包计时，并等候 B 响应。B 收到信息包后，会按信息包编号送回对应的 ACK 信息包给 A。例如：B 收到 Packet 1，便会响应 ACK 1信息包给 A。假设一切正常，A 首先会收到 ACK 1信息包，接着便执行下述操作。

① 将 Packet 1 标示为"完成"，如图10-6所示。

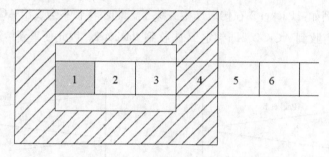

图10-6　收到ACK后，A的滑动窗口首先将Packet 1标识为完成

② 将滑动窗口往右滑动 1 格，如图10-7所示。

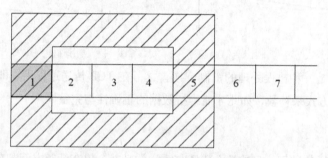

图10-7　A的滑动窗口向右滑动1格

③ 将新进入滑动窗口的 Packet 4（位于滑动窗口的最右边）送出。接下来当 A 收到 ACK 2 与 ACK 3 信息包时，仍重复上述步骤。整个过程如图10-8所示。

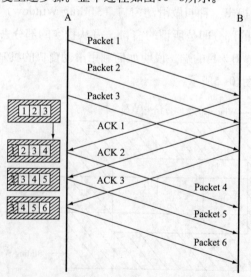

图10-8　A的滑动窗口随着收到的ACK信息包的变化

通过滑动窗口方式，A 可以迅速送出多个信息包。每送出一个信息包便等待响应ACK的信息，显然滑动窗口具有较好的传输效率。

10.3.4 发送窗口与接收窗口

在前面说明滑动窗口所举的例子中，仅 A 具有滑动窗口。不过，实际上 TCP 的源端与目的端都有各自的滑动窗口。为了方便区分，我们将源端的滑动窗口称为发送窗口（Send Window），目的端的滑动窗口称为接收窗口（Receive Window）。

对前面的例子来说，当 A 传送信息包给 B 时，由于信息包不一定会按照原有的顺序到达 B，接收窗口记录连续收到的信息包与没有连续收到的信息包。B会将连续收到的信息包转交给上层应用程序，同样地，也只会针对连续收到的信息包发出 ACK。

以下例而言，第1~7个信息包属于连续收到的信息包。由于第8~9、14信息包没有收到，所以后续的第 10~13 与第 15~16 个收到的信息包都属于没有连续收到的信息包，如图10-9所示。

图10-9 目的端只会将连续收到的信息包转交给上层应用程序，并发出对应的ACK

接收窗口会随着连续性的信息包移动。仍旧以 A 为源端、B 为目的端，在传送一开始时，B 的接收窗口如图10-10所示。

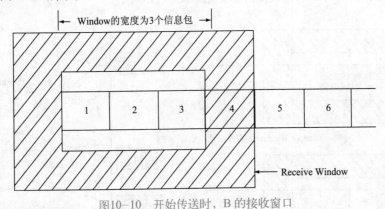

图10-10 开始传送时，B 的接收窗口

当 B 收到 A 送来的信息包时，操作如下。

① 将收到的信息包加标示。例如：收到 Packet 1，便将 Packet 1 标示为收到。

② 如果收到的信息包在窗口的最左边，则发出对应的 ACK 信息包，并将接收窗口往右滑动1格。如果窗口最左边的信息包已标示为收到，则再往右1格，直到窗口最左边的是没有标示为收到的信息包。

假设 B 是以 Packet 3、Packet 1、Packet 2 的顺序收到信息包，则 B 的接收窗口会进行如下的操作：

① B 最先收到 Packet 3，这时候只要将 Packet 3 标示为收到。由于 Packet 3 并不是窗口最左边的信息包，因此不必送出 ACK，也不用移动接收窗口，如图10-11所示。

② 收到 Packet 1，这时候 B 除了将 Packet 1 标示为收到外，因为 Packet 1 为窗口最左边的信息包，因此必须送出 ACK 1，并将接收窗口往右移动1格，如图10-12所示。

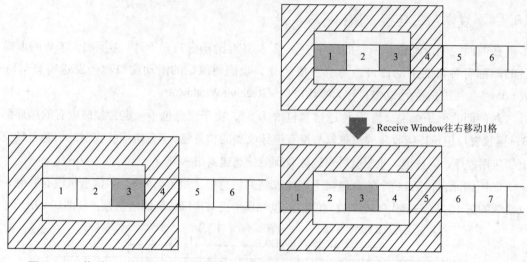

图10-11　收到 Packet 3后，B的接收窗口　　　图10-12　收到 Packet 1后，B的接收窗口的变化

③ 收到 Packet 2，这时候 B 将 Packet 2 标示为收到后，将接受窗口往右移动。因为Packet 2后面的 Packet 3 已标示为收到，因此，会送出 ACK 2 与 ACK 3，然后将接收窗口往右移动2格，如图10-13所示。

总结A的发送窗口与 B 的接收窗口的变化如图10-14所示。

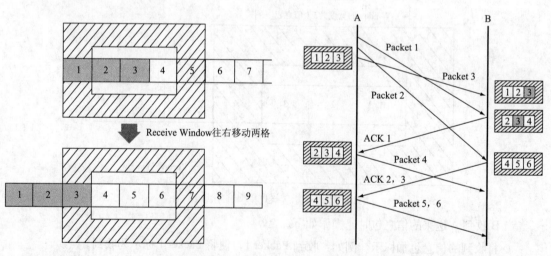

图10-13　收到 Packet 2后，B的接收窗口的变化　　　图10-14　发送/接收窗口的变化描述

在接收窗口中，当信息包从窗口最左边出去后（也就是已送出对应的 ACK），接着就应该交给上层应用程序了。不过，为了提高性能，B 不会将这些信息包逐一转交给上层应用程序，而是先将它们放在缓冲区，等缓冲区满了再一次性送给应用程序。

10.3.5　窗口的尺寸与流量控制

TCP 具有一项重要的功能，即流量控制，TCP 能够根据情况需要，随时调整数据传送速度。流量控制主要是根据滑动窗口的大小（又称为窗口的尺寸）来调整。

①　当窗口的尺寸变小时，流量变慢。当窗口的尺寸为 1 个信息包大小时，信息包传送的方式就有如最早介绍的确认与重发模型，传输效率极差。

②　当窗口的尺寸变大时，流量变快，但是相对地，较大的窗口会耗费较多的计算机资源。

③　在决定窗口的尺寸时，必须衡量上述两种因素，折中考虑。例如：当计算机因为配备不理想或太忙时，应尽量使用较小的窗口来传输信息。

窗口的尺寸是由目的端来决定的。对于前面的例子来说，B 要根据本身的状况决定接收窗口大小，然后将此信息放在 ACK 信息包中通知 A，A 再将发送窗口调整为相同的大小。在传送的全过程中，B 的接收窗口大小会随着客观条件不断变化，例如：B 计算机太忙，来不及处理 A 传送过来的数据时，便会将接收窗口变小。B 通过 ACK 信息包，可即时通知 A 调整传送信息包的速度。

10.3.6　以字节为单位处理数据

在前面的模型中，为了方便说明都是以信息包为单位。不过，实际上 TCP 在处理数据时都是以字节（Byte）为单位，将 TCP 转发的数据视为一个个字节串连而成的字节流。以下仍以 A 传送数据给 B 为例，说明如何以字节为单位来处理数据。

1. 序号

由于将转发的数据视为字节流，因此 A 利用序号（Sequence Number）的方式来识别数据。在连接一开始，A 会随机选取一个数字作为初始序号（Initial Sequence Number，ISN），此为字节流中的第 1 个字节的序号，字节流中第 2 个字节的序号则是 ISN + 1，第 3 字节的序号则是 ISN + 2……依此类推，如图10−15所示。

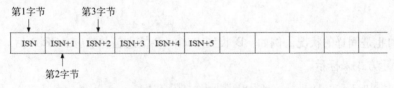

图10−15　TCP将所有要传送的数据看为字节流

所有 A 送给 B 的信息包，都会标明转发数据的第 1 个字节的序号。例如：ISN 如果设为 1000，当 A 送出长度分别为 100、200、300 字节的 Packet 1、2、3 给 B 时，各个信息包的序号值如图10−16所示。

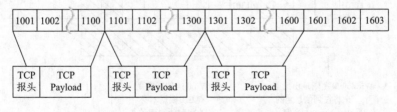

图10−16　序号与信息包之间的关系

2. 响应序号

B在收到 A 送过来的信息包时，同样地以字节为单位来处理信息。由于信息包中记录了序号，因此 B 可以得知信息包中所转发的数据在字节流中的位置。同理，B 在响应 ACK 信息包给 A 时，记录 B 已收到连续性数据的序号。在上例中，A 的 ISN 为 1000，送出长度为 100、200、300 Bytes 的 Packet 1、2、3 给 B。B 收到 Packet 1 接着回复 ACK 1 时，ACK 1 将记录 1101 代表 B 已收到序号从 1000 至 1100 的数据。为了便于区分，在 ACK 信息包所记录的这个序号，称为响应序号（Acknowledge Number）。

如果对照 Packet 1、2、3 的序号，以及 ACK 1、2、3 的响应序号，将发现响应序号等于下一个信息包的序号。例如：ACK 2 的响应序号为 1301，则下一个信息包 Packet 3 的序号同样是 1301。

3. 窗口的边界的定义

滑动窗口同样是以字节为单位来界定窗口，而非以信息包编号。以发送窗口为例，当 A 收到 ACK 1 信息包后，发送窗口以图10-17所示的方式来标明。

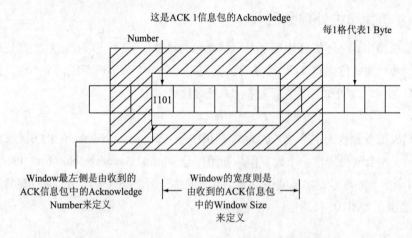

图10-17 以字节为单位来定义发送窗口的边界

接收窗口也是同样的状况。例如：B 收到 Packet 2 信息包并响应 ACK 2 后，接收窗口是以如图10-18所示方式来标示。

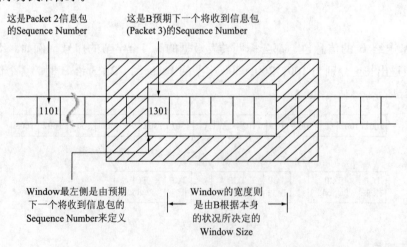

图10-18 以字节为单位来定义接收窗口的边界

10.3.7　双向传输

前面的模型都是以单向传输为例，但是 TCP 是一个双向的协议。换言之，当 A、B 之间建立好连接后，A 可以传送数据给 B，而 B 也可以传送数据给 A，可以将 TCP 连接想象成由两条通道所构成的双向传输，如图10-19所示。

A→B 与A←B通道各有一组序号/响应序号与发送/接收窗口，因此整个 TCP 连接有 2 个序号、2 个响应序号、2 个发送窗口及 2 个接收窗口。值得注意的是，A、B 之间互传的信息包，可以同时包含 A→B 与 A←B 的数据。例如：A 传送 Packet 1 给 B，此信息包所转发的数据当然是属于 A→B 传送通道，但是报头部分则可记录 A→B 的序号，以及 A→B 的响应序号。假设 A、B 以如下的方式互传 4 个信息包，如图10-20所示。

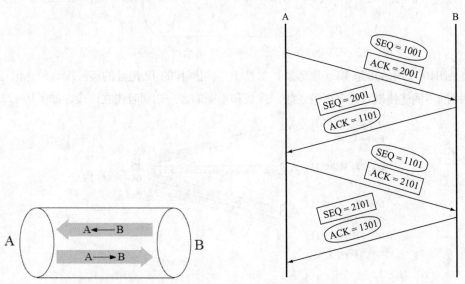

图10-19　TCP连线是由两条单向传输的通道结合而成　　图10-20　每个TCP信息包可能包含双向传输信息

椭圆形外框代表的是 A→B 所使用的序号 / 响应序号，矩形外框代表的是 A←B 所使用的序号 / 响应序号。以第 1 个信息包为例，就包含了 A→B 的序号，以及 A←B 的响应序号。以第 2 个信息包为例，它虽然是 B 要传送给 A 的 ACK 信息包（属于 A←B 传送通道），但它也可包含 A→B 传送通道的序号，其数据部分也可同时传送 A→B 的数据。

10.3.8　传送机制总结

综合上述，根据由简而繁的模型，可归纳出 TCP 几项重要的传送机制：

① TCP 传送包含确认与重发的机制，使源端可以知道数据是否确实送达，并在发现问题时，源端可重新传输数据。

② TCP传送包含流量控制的机制，利用双边的滑动窗口，可根据情况随时调整数据传送的速度。

③ TCP 将数据看作字节流，无论是数据的确认与重送，或是滑动窗口的边界，都是在字节流上以字节为单位来定义。

④ TCP 为双向传输的协议，同一个信息包报头内可包含双向传输的信息。

TCP的传送机制相当复杂，可能要花多一点时间去理解。不过如果能彻底理解这些机制，将能轻易了解 TCP 运行的方式。

10.3.9 TCP 连接

所有 TCP 的传输都必须在 TCP 连接（TCP Connection）中进行。因此，TCP 连接的建立、终止是 TCP 的最基本工作。

1. 标识连接

在介绍 TCP 连接前，首先要说明如何定义一条 TCP 连接。TCP 连接是由连线两端的 IP 地址与连接端口号所定义，如图10-21所示。

IP = 203.74.205.111
Port = 1738
A

B
IP = 168.95.1.83
Port = 80

图10-21　TCP 连接是由连线两端的 IP 地址与连接端口号所定义

如果图10-21中的B是 Web 服务器，虽然 B 使用同样的 IP 地址的连接端口号，但可以和同一客户端的不同连接端口建立多条连线，或是和不同的客户端同时建立连接，如图10-22所示。

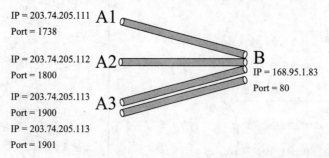

IP = 203.74.205.111
Port = 1738
A1

IP = 203.74.205.112
Port = 1800
A2

B
IP = 168.95.1.83
Port = 80

IP = 203.74.205.113
Port = 1900
A3

IP = 203.74.205.113
Port = 1901

图10-22　服务器可以与多个客户端，或同一客户端的不同端口建立连接

2. 建立连接

开始建立连接时，一定有一方为主动端，另一方为被动端。以 WWW 为例，客户端的浏览器通常扮演主动端的角色，而服务器的 Web 服务通常是被动端的角色。连接建立后，主要是让双方知道对方使用的各项 TCP 参数。因此，在建立连接时必须交换下述信息。

● 双方的 ISN（初始序号）。

● 双方的窗口尺寸。

整个连接建立的过程称为握手，也就是双方一见面时要先握手打招呼，讲好如何建立连接。握手共有 3 个步骤，每个步骤各有一个 TCP 信息包。下面我们便以 A 为 TCP 主动端，B 为被动端为例，说明握手的过程。由于整个过程会涉及 A、B 双向通道的建立，因此在这里仍以 A→B、A←B 的表示法来代表两种方向的传输通道。

步骤1：

A 首先送出第 1 个 TCP 信息包给 B，称之为 SYN 信息包。此信息包除了指明 A、B 双方的连接端口号外，还必须包含以下信息：

① 序号：指定 A→B 的 ISN，记为 ISN(A→B)。序号长度为 4 个字节，因此可从中随机选择一个数字。

② 响应序号：指定 A→B 的响应序号。因为现在还不知道 A→B 的序号为何，因此响应序号先设为 0。

③ SYN Flag：这是 TCP 报头中的一个标志位，用来表明此信息包的序号为 ISN，而非一般的序号。

SYN是Synchronize（同步）的缩写，含义是通过ISN可将A的序号与B的响应序号同步化。

④ 窗口尺寸：A 默认接收窗口的大小，记为 Window(A←B)。它可用来控制 B 的 发送窗口大小，借此达成 A←B 的流量控制。

步骤2：

B 在收到 SYN 信息包后，接着会回复一个 SYN-ACK 信息包，其中包含了以下信息：

① 序号：指定 A←B 的 ISN，记为 ISN(A←B)。

② 响应序号：指定 A←B 的响应序号。从 SYN 信息包可得知 A←B 的 ISN。在 A←B 传输通道中，SYN Flag是 字节流中的 1 个字节，因此 SYN-ACK 信息包的响应序号等于 SYN 信息包的 ISN(A→B) 再加上 1。

③ SYN-ACK Flag：SYN-ACK 的 SYN 同样是同步的意思，ACK 则是响应，用来表明此信息包的序号为 ISN (A←B)，同时表示响应序号包含了确认收到的信息。

④ 窗口尺寸：B 默认接收窗口的大小，记为 Window(A→B)。它可用来控制 A 的发送窗口大小，借此达成 A→B 的流量控制。

步骤3：

A 在收到 SYN-ACK 信息包后，接着会再发出一个 ACK 信息包，其中包含了以下信息：

① 序号：A→B 的序号，因为第 1 步骤中的 SYN Flag 占用了字节流中的 1 个字节，所以此处的序号等于第 1 步骤 SYN 信息包的 ISN(A→B) 再加上 1。

② 响应序号：指定 A→B 的响应序号。从第 2 步骤的 SYN-ACK 信息包可得知 A←B 的 ISN。同理，在 A→B 传输通道中，SYN Flag是字节流中的 1 个字节，所以此处的序号等于第 2 步骤 SYN-ACK 信息包的 ISN(A←B) 再加上 1。

③ ACK Flag：表示响应序号包含了确认收到的信息。

④ 窗口尺寸：A 的 接收窗口大小，即 Window(A←B)。

建立连接的 3 个步骤如图10−23所示。

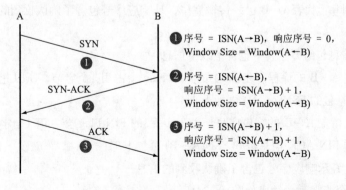

图10−23　建立TCP连接的 3 个步骤

3. 终止连接

TCP 连接如果要终止，必须通过特定的连接终止步骤，才能将连接所用的资源（连接端口、内存等）释放出来。虽然建立连接时可区分为主动端与被动端，但是双方都可以主动提出终止连线的要求。

连接终止的过程共有 4 个步骤，每个步骤各有一个 TCP 信息包。接着便以 A 作为主动提出连接终止为例，说明连接终止的过程。

步骤1：

A 首先送出第 1 个 TCP 信息包给 B，称它为 FIN-ACK 信息包，其中包含了以下信息：

① 序号：指定 A→B 的序号，因为 A→B 已完成传输，因此称为最终序号（Final Sequence Number，FSN），以 FSN(A→B) 来表示。

② 响应序号：指定 A→B的响应序号。

③ FIN-ACK Flag：FIN 是 Finish（完成）的缩写，意思是说 A→B 已经传输完毕，ACK 表示响应序号包含了确认收到的信息。

④ 窗口尺寸：与一般相同，以下省略。

步骤2：

B 送出 ACK 信息包给 A，其中包含了以下信息：

① 序号：指定 A←B的序号。

② 响应序号：指定 A←B 的响应序号。由于 FIN Flag 会占用 1个字节，所以此处响应序号等于步骤1中 FIN-ACK 信息包的 FSN(A→B) 再加上 1。

③ ACK Flag：表示响应序号包含了确认收到的信息。

此步骤结束后，代表成功地中止 A→B 传输通道。不过，A←B 可能还有数据需要传送，所以 A←B 传输通道仍旧继续维持畅通，直到传送完毕才会进入步骤3。

步骤3：

当 B 完成 A←B 的传输后，便送出 FIN-ACK 信息包给 A，其中包含了以下信息：

① 序号：指定 A←B 的序号，因为已完成传输，记为 FSN(A←B)。

② 响应序号：指定 A←B 的响应序号。由于第 1 步骤结束后，A 便不再传送数据给 B，所以此处的响应序号与第 2 步骤的响应序号相同，都为 FSN(A→B) + 1。

③ FIN-ACK Flag：代表A←B 已经传输完毕，且响应序号包含了确认收到的信息。

步骤4：

A 送出 ACK 信息包给 B，其中包含了以下信息：

① 序号：指定 A→B 的序号。步骤1中的 FIN Flag 会占用 1个字节，所以此处序号等于步骤1中的 FIN-ACK 信息包的 FSN(A→B) 再加上 1。

② 响应序号：指定 A→B 的响应序号。由于步骤3的 FIN Flag 会占用 1个字节，所以此处响应序号等于步骤3中 FIN-ACK 信息包的 FSN(A←B) 再加上 1。

③ ACK Flag：表示响应序号包含了确认收到的信息。

终止连接的 4 个步骤可总结成如图10-24所示。

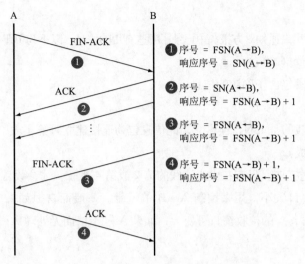

图10-24　终止TCP连接的 4 个步骤

10.4　TCP 信息包

TC P 信息包是由以下两部分所组成，如图10-25所示。

TCP报头	TCP数据

图10-25　TCP 信息包结构

- TCP 报头：记录源端与目的端应用程序所用的连接端口号，以及相关的 Sequence Number、响应序号、Window Size 等。
- TCP 数据：转发上层协议的信息。这部分可视为 TCP Payload，不过一般都称为 TCP Segment，通常将它称为TCP 数据。

TCP 位于网络层与应用层之间，对上可接收应用层协议所交付的信息，形成 TCP 数据；对下则是将整个 TCP 信息包交付给 IP（网络层的协议），成为 IP Payload。

TCP 报头记录了 TCP 连接的重要信息，接下来便说明 TCP 报头中较重要的字段。由于同一个 TCP 信息包报头内有些字段记录了送出通道的信息，有些字段则是接收通道的信息，因此仍旧以 A、B 为例，解释 A 所发出 TCP 信息包的报头字段。

1. 来源连接端口号

记录 A 上层应用程序所用的 TCP 连接端口号。

2. 目的连接端口号

记录 B 上层应用程序所用的 TCP 连接端口号。

3. 序号

记录 TCP 数据的第 1 Byte 在 A→B 传输通道 Bytes Stream 中的位置，单位为 Byte。

4. 响应序号

记录 A→B 传输通道中，已收到连续性数据在 A→B Bytes Stream 中的位置，单位为 Byte。

5. 标志位

标志位（Flag）可用来通知对方报头中记录了哪些有用的信息。以下为TCP报头中常用的标志位。

（1）Acknowledge（响应）

代表响应序号字段包含了确认的信息。

（2）Synchronize（同步）

代表序号字段记载的是 ISN，换言之，此信息包为连接建立时第 1 或第 2 步骤的信息包。

（3）Finish（完成）

代表A→B 已传送完毕。只有在中止连线的第 2 或第 4 步骤，才会设置此标志位。

设置 A 的接收窗口大小，用来控制 A←B 的流量。一般而言，如果 A 有充足的时间处理 A←B 传送来的数据时，A 的接收窗口可变大；如果 A 过于忙而无处理 A←B 传送来的数据时，A 的接收窗口会变小。

小　　结

在TCP /IP模型中，传输层位于网络层与应用层之间，主要的功能是负责应用程序之间的通信。连接端口管理、流量控制、错误处理与数据重发等传输层的工作。

本章将介绍 TCP/IP 协议族的传输层的两个主要协议：UDP 与 TCP，并以此为例来说明传输层的主要功能。主要内容有UDP协议、UDP数据报格式、TCP协议、TCP 信息包等。

拓 展 练 习

1．连接端口号长度是（　　　）。

A．8 bits　　　　　B．16 bits　　　　　C．24 bits　　　　　D．32 bits

2．Well-Known 连接端口号的范围是（　　　）。

A．0~256　　　　　B．0~1024　　　　　C．0~65536　　　　　D．1024~65536

3．TCP 的 Window Size 变小时，会使得（　　　）。

A．耗费较多的计算机资源　　　　　　　B．传输效率较佳

C．流量变快　　　　　　　　　　　　　D．流量变慢

4．TCP 利用下列哪一个来控制流量（　　　）？

A．Handshaking　　B．序号　　　　　　C．Receive Window　　D．无法控制

5．下列哪一个不是 TCP 报头中的字段信息（　　　）？

A．目的 IP 地址　　B．来源连接端口号　　C．序号　　　　　　D．Window Size

6．简单说明连接端口的功能。

7．说明定义 TCP 连接的要素。

8．在 TCP 建立连接的过程中，双方会交换哪些信息？

9．以 A 计算机为主动端，B 计算机为被动端，绘图说明 TCP 建立连接时各步骤的信息包。

10．接上题，以 A 计算机为主动提出连接终止的一端，绘图说明 TCP 终止连接时各步骤的信息包。

第 11 章

DNS 与 DHCP 协议

本章主要内容

- DNS 基础
- DNS 的结构
- DNS 查询流程
- DNS 资源记录
- DHCP 基础
- DHCP 运行流程

在 TCP/IP 协议族中,应用层涵盖了许多种的协议,包括 DNS、DHCP、HTTP、SMTP、FTP 等许多常用的协议。本章首先介绍 DNS 与 DHCP 这两种协议,其他协议则留待后续章节说明。

11.1 DNS 基础

假如现在要连上雅虎网站,可在浏览器的网址列输入"www. yahoo.com",便能连接到雅虎的 Web 站点。如果要发电子邮件给朋友,只要在收件人的位置输入"username@mail_server_ name",按下发送后朋友就可以收到这封电子信件。但是大家会有个疑问,IP 信息包是以 IP 地址来识别目的地,为何输入这些名称后,对方一样收的到信,一样可以连接到网站。

能利用易懂易记的名称来和对方沟通,是因为有域名系统(Domain Name System,DNS)的存在。通过 DNS,可以由一部主机的完整域名(Fully Qualified Domain Name ,FQDN)查到其 IP 地址,也可以由其 IP 地址反查到主机的完整域名。

11.1.1 完整域名

完整域名是由"主机名" + "域名" + "."所组成,例如 "www.sina.com.cn":

www:就是这台 Web 服务器的主机名称。

sina.com.cn:就是这台 Web 服务器所在的域名。

"www.sina.com.cn"不是一个完整域名,标准的完整域名应该是 "www.sina.com.cn.",就是多了最后的那一个点,就成为标准的完整域名了。最后这一个 "." 代表在 DNS 结构中的根域,在下一节有详细的说明,现在首先介绍完整域名的概念。完整域名的长度不能超过 255 个字符（包含"."），而不管是主机名称或是域名，都不得超过 63 个字符。即使缺少结尾的"."，还是习惯称为完整域名。平常在输入域名时，大多数都没加上结尾的"."，还是可以正常操作，这是因为大部分网络应用程序在解读名称时，将自动补上"."，以方便使用。

11.1.2　DNS名称解析

1．DNS的功能

在 DNS没有出现之前，就已经有计算机名和 IP 地址的查询机制，也就是利用主机文件进行转换的操作。主机文件的格式如下：

202.108.337.40　　　leos.sina.com.cn

主机文件的格式就是 IP 地址和完整域名的对照。因为主机文件属于单机使用，无法与其他计算机共享，如果要让每台计算机都能利用相同的完整域名连接到相同的主机，就必须为每一台计算机建立一份主机文件，如果是某一台主机的完整域名更改，每一台计算机都要更正。

在使用主机文件的时，互联网只是少数人使用，因此主机数量不多，每台计算机都准备一份主机文件还可以接受。但时至今日，互联网盛行，网络上的主机数量数都数不清，而使用主机文件做完整域名的转换，困难巨大，为此，出现了 DNS 系统。

DNS 系统是由 DNS 服务器和客户端所组成。当用户输入一个完整域名后，客户端向服务器请求查询此完整域名的 IP 地址，而服务器则去对照其所存的数据，并将 IP 地址回复给客户端。客户端要求服务器由完整域名查出 IP 地址的操作称为正向名称查询，一般就直接说名称查询，而服务器查出IP地址并返回给客户端的操作就叫做正向名称解析，一般又简称为名称解析。

如果是请求由 IP地址查询完整域名，则称为反向名称查询，简称反向查询。而服务器所对应的操作自然也就称为反向解析。

2．DNS的结构

DNS的域名空间是由树状结构组织的分层域名组成的集合。

DNS域名树的最下面的叶结点为单个的计算机。域名的级数通常不多于5个。在DNS树中，每一个结点都用一个简单的字符串（不带点）标识。这样，在DNS域名空间的任何一台计算机都可以用从叶结点到根的结点，中间用点"."相连接的字符串来标识，如：叶结点名.三级域名.二级域名.顶级域名。

从概念上，因特网被分为几百个顶层域，每个域包括多台主机。每个域被分为子域，如图11-1所示。

完整域名依靠服务器来转换为 IP 地址，但是网络上的主机数量巨大，数不胜数，全交给一台服务器来完成，当然不可能。如果是如此，以现在的主机数量来看，查询数据库的时间过长。另外，虽然网络是无国界、无地区性的，但连接到远处的速度总是比在近处的慢，如果是所有服务器都集中在某一地点，那每次需要解析完整域名时，都要连接到远处，效率低下。

整个 DNS 系统由许多的域所组成，每个域下又细分更多的域，这些细分的域又可以再分成更多的域，不断地循环下去，构成层次结构。每个域最少都由一台服务器负责，该服务器就只需存储其管理域内的数据，同时向上层域的服务器注册，例如管理".sina.com.cn"的服务器要向管理".com.cn"的服务器注册，层层向上注册，直到位于树状层次最高点的服务器为止。除了查询效率的考虑外，为了方便管理及确保网络上每一台主机的完整域名绝对不重复，因此整个 DNS 结构就设计成 4 层，分别是根域、顶层域、第二层域和主机。

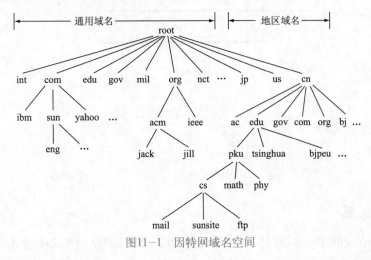

图11-1　因特网域名空间

11.1.3　根域

DNS域名空间树的最上面是一个无名的根域，用"."表示。这个域只是用来定位的，并不包含任何信息。根域是 DNS结构的最上层，当下层的任何一台服务器无法解析某个 DNS 名称时，便可以向根域的服务器寻求协助。理论上，只要所查找的主机已经按规定注册，那么无论它位于何处，从根域的服务器往下层查找，一定可以解析出它的 IP 地址。

11.1.4　顶层域

在根域之下就是顶级域名，目前包括下列域名：com、edu、gov、org、mil、net、arpa等等。所有的顶级域名都由InterNIC（因特网网络信息中心）控制。表11-1所示的是顶级域名的说明。

表11-1　DNS顶级域名

域　名	含　义
com	商业组织，比如 HP、Sun、IBM 公司等
edu	教育机构，比如 U.C.Berkeley、Stanford University、MIT 等
gov	政府部门，比如 NASA、the National Science Foundation
mil	军队组织，比如 the U.S Army 和 Navy
net	网络组织和 ISP(因特网服务供应商)等
org	非商业组织
arpa	用于反向地址查询
cn	所属国家代码的域名，cn 表示中国

顶级域名主要分为两类：组织性的和地域性的。

顶级域名之下是二级域名。二级域名通常是由NIC授权给的其他单位或组织自己管理的。一个拥有二级域名的单位可以根据自己的情况再将二级域名分为更低级的域名授权给单位下面的部门管理。地域性顶级域名是用代表国家的代码表示，例如cn为中国、jp 为日本、ca 为加拿大等，如图11-2所示。

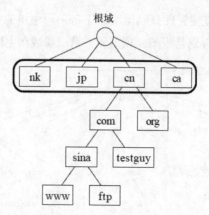

图11-2 DNS地域性顶级域名以代表国家的代码来区分

11.1.5 第二层域

第二层域采用.com、.net等以组织性质区分的域，而再细分下去的域也全都隶属于这一层中，例如：".com.cn"是属于这一层的域，而再细分下去的域 ".sina.com.cn"、".testguy.com.cn" 也同属于这一层。

第二层域可说是整个 DNS 系统中最重要的部分。虽然世界各国所制定的组织性质名称不一定相同 (例如：我国采用 .com 表示营利机构，但是日本就采用 .co 表示它)，但在这些类别域之下都开放给所有人申请，名称则由申请者自定义，例如：新浪公司就是 ".sina.com.cn"。但是要特别注意，每个域名在这一层必须是唯一的，不可以重复。例如：新浪公司申请了 ".sina.com.cn"，则其他公司或许可以申请 ".sina.org.cn"、".sina.co.jp."，但是绝对不能再申请 ".sina.com.cn" 这个名称。

当申请域名时，如果是已经注册在案的名称，负责域名的机构是不批准的，例如：".sina.com.cn"、".yahoo.com." 等都是已经注册在案的域名，如若申请，就不能被批准。

11.1.6 主机

最后一层是主机，也就是隶属于第二层域的主机，这一层是由各个域的管理员自行建立，不需要通过管理域名的机构。例如：可以在 ".sina.com.cn" 这个域下再建立 "www .sina.com.cn"、"ftp.sina.com.cn" 及 "username.sina.com.cn" 等主机。

11.1.7 DNS区域

虽然每个域都至少要有一台DNS服务器负责管理，但是在指派 DNS 服务器的管理范围时，并非以域为单位，而是以区域为单位。换言之，区域是指 DNS 服务器的实际管理范围。举例说明，如果sina域的下层没有子域，那么 sina 区域的管理范围就等于 sina 域的管理范围，如图11-3所示。

如果 sina 域的下层有子域sales 和 product，则可以将 sales 域单独指派给 X 服务器管理；其余的部分则交给 Y 服务器管理。也就是说，在 X 服务器建立了sales 区域，这个 sales 区域就等于 sales 域；在 Y 服务器建立了sina 区域，而 sina 区域的管理范围是除了 sales 域以外的 sina域，如图11-4所示。

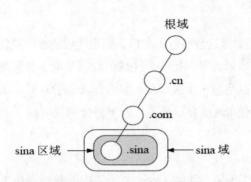

域甲狐指

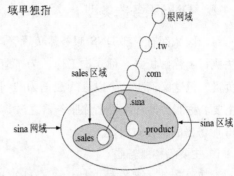

图11-3　域的管理范围与区域的管理范围一致　　　　图11-4　域的管理范围覆盖 2 个区域的情况

　　如果sina的子域更多，而且每个子域都自成一个区域，那么区域和域的关系如图11-5所示。

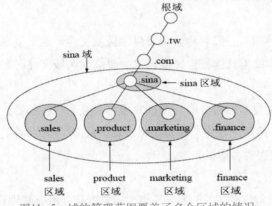

图11-5　域的管理范围覆盖了多个区域的情况

　　从图11-6可以看出，当独立成区域的子域越多，sina 区域和 sina 域所管理范围的差异就越大。简言之，区域可能等于或小于域，当然绝不可能大于域。此外，能被并入同一个区域的域，必定是有上下层紧邻的隶属关系。不能将没有隶属关系的域，或者虽有上下层关系、但未紧邻的域划分为同一个区域。在图11-6中，product域与finance域无隶属关系，不能称为一个域。在图11-7中，sina 域与r1域虽有上下层隶属关系，但并不紧邻，所以不能成为一个域。

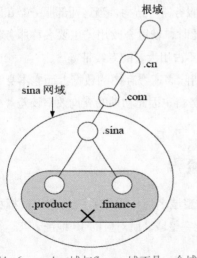

图11-6　product域与finance域不是一个域

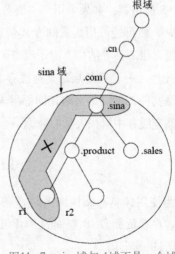

图11-7　sina域与r1域不是一个域

11.1.8　DNS服务器类型

每个区域都有一部 DNS 服务器负责管理，但是如果这台服务器死机，则该区域的客户端将无法执行名称解析与名称查询工作。为了避免这种情形，可以把一个区域的数据交给多台服务器负责，但这又产生一个以谁的数据为准问题，所以当将一个区域交给多台服务器管理时，就有主要名称服务器和次要名称服务器之分，另外还有高速缓存服务器，以下将分别说明这 3 种DNS 服务器的特性与用处。

1. 主要名称服务器

主要名称服务器存储区域内各台计算机数据的正本，而且以后这个区域内的数据有所更改时，也是直接写到这台服务器的数据库，这个数据库通称为区域文件。一个区域必定要有一台，而且只能有一台主要名称服务器。

2. 次要名称服务器

次要名称服务器定时向另一部名称服务器复制区域文件，这个复制操作称为区域传送，区域传送成功后将区域文件设为只读属性。换言之，要修改区域文件时，不能直接在次要名称服务器修改。

一个区域可以没有次要名称服务器，或拥有多台次要名称服务器。通常是为了容错考虑，才设立次要名称服务器。然而，在客户端也必须设置多台 DNS 服务器，才可以在主要名称服务器无法服务时，自动转接次要名称服务器。

3. 高速缓存服务器

高速缓存服务器是很特殊的 DNS 服务器类型，它本身并没有管理任何区域，但是 DNS 客户端仍然可以向它请求查询。高速缓存服务器向指定的 DNS 服务器查询，并将查到的数据存放在自己的高速缓存内，同时也回复给 DNS 客户端。当下一次 DNS 客户端再查询相同的完整域名时，就可以从高速缓存查出答案，不必再指定的 DNS 服务器查询，节省了查询时间。虽然高速缓存服务器并不管理任何区域，但在操作上却非常有用，特别是要考虑带宽的负担时，就发现它的用处。举例说明如下。

假设总公司和分公司隶属于相同区域，彼此之间以 64 Kbit/s 专线连接，而且两边都必须拥有 DNS 服务器。如果采用"主要名称服务器 + 次要名称服务器"结构，当这两部服务器在区域传送时，便可能占用大量的专线带宽，降低网络效率。此时，就适合改用"主要名称服务器 + 高速缓存服务器"结构，由于没有区域传送的问题，因此不占用大量的专线带宽。

此外，一旦重新启动高速缓存服务器时，可以完全清除高速缓存中的数据。而它本身又没有区域文件，所以每次的查询都得求助于指定的 DNS 服务器，因此初期的查询效率较差。必须等到高速缓存中累积大量的数据后，查询效率才可提升。

11.2　DNS查询流程

当使用浏览器阅读网页时，在地址栏输入网站的完整域名后，操作系统将调用解析程序（即客户端负责 DNS 查询的 TCP/IP 软件），开始解析此完整域名所对应的 IP 地址，其运行过程如图11-8所示。

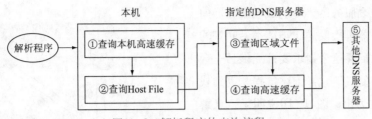

图11-8　解析程序的查询流程

① 首先解析程序将去检查本机的高速缓存记录，如果从高速缓存内即可得知完整域名 所对应的 IP 地址，就将此 IP 地址传给应用程序（在本例为浏览器），如果在高速缓存中找不到，则进行下一步骤。

② 如果在本机高速缓存中找不到答案，接着解析程序去检查主机文件（Host File），看是否能找到相对应的数据。

③ 如果还是无法找到对应的IP 地址，则向本机指定的 DNS 服务器请求查询。DNS 服务器在收到请求后，先去检查此完整域名是否为管理区域内的域名。当然检查区域文件，看是否有相符的数据，反之则进行下一步骤。

④ 区域文件中如果找不到对应的 IP地址，则 DNS 服务器去检查本身所存放的高速缓存，看是否能找到相符合的数据。

⑤ 如果还是无法找到相对应的数据，那就必须借助外部的 DNS 服务器，这时候就开始进行服务器对服务器之间的查询操作。

通过上述的 5 个步骤，能很清楚地了解 DNS 的运行过程，而事实上，这 5 个步骤可以分为两种查询模式，即客户端对服务器的查询（第 3、4 步骤）及服务器和服务器之间的查询（第 5 步骤）。

11.2.1　递归与迭代查询

1. 递归查询

递归的方法是：主机向本地的DNS服务器发出DNS请求，如果在本地域名服务器中有其IP地址，就做出正确的回答，如果服务器不知道该域名的IP地址，就以DNS客户的方式向其他服务器发出请求，其他域名服务器要么知道该域名的IP地址给出正确回答，要么再以客户身份发出DNS请求，重复（递归）上述过程，直到找到正确的服务器为止，将域名对应的IP地址再反向回传给开始发出DNS请求的主机，图11-9说明了递归查询过程。

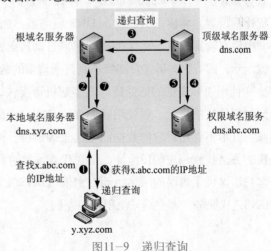

2. 迭代查询

迭代的方法是：当主机向本地的DNS服务器发出DNS请求，本地DNS服务器不知道该域名的IP地址，就以DNS客户的方式向根域名服务器发出请求，根域名服务器向请求端推荐下

图11-9　递归查询

一个可查询的域名服务器，本地域名服务器向推荐的域名服务器再次发送DNS请求，回答的域名服务器要么回答这个请求要么提供另一台服务器名字，重复（迭代）上述过程，直到找出正确的服务器为止，图11-10说明了迭代解析过程。

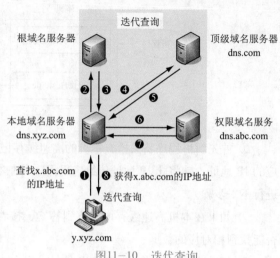

图11-10 迭代查询

迭代查询一般用于服务器对服务器之间的查询操作。这个查询方式就像两人对话一样，整个操作在服务器间一来一往，反复查询而完成，举例如下。

假设客户端向指定的 DNS 服务器要求解析 "www.sina.com.cn" 地址，但是，服务器中并未有此记录，于是便向根域的 DNS 服务器询问："www.sina.com.cn" 的 IP 地址。

根域 DNS 服务器发现这台主机位在 ".cn" 域下，请用户向管理 ".cn" 域的服务器查询。同时告知管理 ".cn" 域的 DNS 服务器 IP 地址。当指定的服务器收到此信息后，再向管理 ".cn" 网域的 DNS 服务器查询 "www.sina.com.cn" 所对应的 IP 地址，同样的，管理 ".cn" 网域的服务器也只回复管理 ".com.cn" 网域的服务器 IP 地址，而指定的服务器便再通过此 IP 地址继续询问，一直问到管理 ".sina.com.cn" 的 DNS 服务器回复 "www.sina.com.cn" 的 IP 地址，或是告知无此条数据为止，流程如图11-11所示。

上述的过程虽然复杂，其实只要短短1 s就可完成，而通过这个结构，只要欲连接的主机按规定注册登记，就可以很快查出各地主机的完整域名与 IP 地址。

当 DNS 客户端向指定的 DNS 服务器要求名称查询时，如果服务器无法解析，虽然可以转向根域的 DNS 服务器询问，不过为了节省带宽及安全上的考虑，通常不希望直接问到根域 DNS 服务器去，所以可以设置转发程序。

转发程序的功能就是将客户端的请求重定向特定的 DNS 服务器，例如：当客户端向X DNS 服务器查询 "www.pku.edu.cn" 的 IP 地址时，如果在 X DNS 服务器找不到记录，则通过转发程序的设置，将请求引导到 Y DNS 服务器，如图11-12所示的第 1 步骤所示。如果在指定的时间内没有收到响应，则 X 服务器可以自动转向根域 DNS 服务器询问，如图11-12所示的第 2 步骤所示，或直接告诉客户端找不到其所请求的数据。

使用递归查询的好处是：名字解析速度快，服务器会很快反馈客户端正确的信息或无法找到对应信息的提示。但使用递归查询存在一个问题，即使客户端提供了一个正确的域名，由于服务器中不存在对应的数据而无法正确解析。而迭代查询，只要DNS域名正确一定可以通过迭代的方法找到相应的IP地址，但迭代查询的过程比较慢，消耗DNS服务器的资源。有时会因为客户端提供了错误的域名，而白白浪费DNS服务器的资源，因此通常情况下，不采用客户端的DNS迭代服务，客户端只使用递归查询。

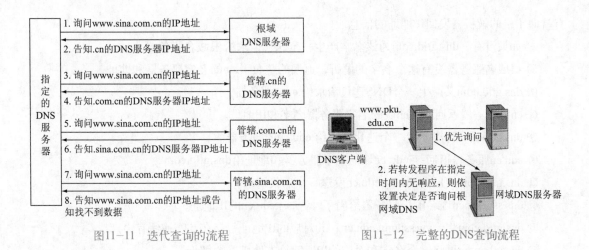

图11-11　迭代查询的流程　　　　　图11-12　完整的DNS查询流程

11.2.2　域名解析过程

例如，gtld公司的一名员工通过浏览器要访问ssj.edu.cn大学的www服务器。

参阅图11-13，其域名解析的过程如下：

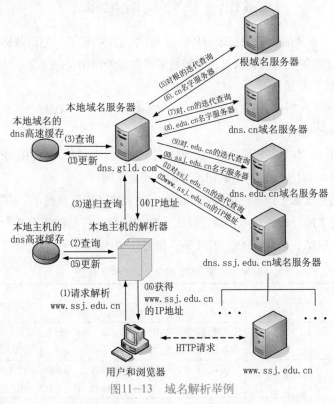

图11-13　域名解析举例

① Web浏览器认出有一个DNS请求，调用本机的名字解析器，把www.ssj.edu.cn传递给高速缓存。

② 解析器检查自己的高速缓存，看是否有这个域名的地址。

③ 如果有就返回给浏览器，如果没有就向dns.gtld.com 发送DNS请求。

④ 本地域名服务器dns.gtld.com首先检查自己的高速缓存，看有没有该名字的IP地址，如果

有就向主机的解析器发回IP地址的信息。

⑤ 如果没有，dns.gtld.com为该名字产生一个迭代请求给根域名服务器。

⑥ 根域名服务器没有这个名字的解析，返回的是负责.cn的名字服务器和地址。

⑦ dns.gtld.com又产生一个DNS迭代请求给.cn的服务器。

⑧ cn的服务器返回.edu.cn域的名字服务器名字和IP地址。

⑨ dns.gtld.com再次产生一个迭代请求给.edu.cn的服务器。

⑩ edu.cn服务器返回ssj.edu.cn域的名字服务器和地址给dns.gtld.com。

⑪ dns.gtld.com最后向dns.ssj.edu.cn发送一个迭代请求。

⑫ dns.ssj.edu.cn域名解析服务器给出了www.ssj.edu.cn的IP地址。

⑬ dns.gtld.com将www.ssj.cnu.edu.cn和其对应的IP地址暂存在其高速缓存中。

⑭ dns.gtld.com再将这个名字和对应的IP返回给本地机器的解析器。

⑮ 本地解析器更新高速缓存，将该信息加入进来。

⑯ 本地解析器把地址提供给浏览器。

11.3　DNS资源记录

在DNS服务器中存放的是资源记录（RR），也称为DNS记录，它以数据库的形式存放着主机名、主机名与IP地址的映射关系信息，为域名解析和额外路由提供服务，DNS数据库中的每一条记录包括五个字段，分别如下：

Domain_name　　　　Time_To_Live　　　　Class　　　　Type　　　　Value

① Domain_name：域名。

② Time_To_Live：寿命，表明该条记录的生存时间，如86400，表明该条记录的可存活的时间为一天中的86400 s，对于不同类型的记录寿命时间会不同。

③ Class：指明记录属于什么载体类别的信息，如因特网的信息属于"IN"类别。

④ Type：类型字段，指明该条记录是什么类型的记录，目前DNS有几十种类型。常用的有A、NS、CNAME、SOA、PTR、MX、TXT等，如表11-2所示。

表11-2　常用的DNS记录类型和描述

RR 类型值	文 本 编 码	类　　型	描　　　　　述
1	A	地址	最常用的，关联主机和 IP 地址
2	NS	名字服务器	用来记录管辖区域的名称服务器。每个地区都必须有一条 NS 记录指向其主主名字服务器，而且这个名字必须有一条有效的地址（A）记录
5	CNAME	规范名	用来定义某个主机真实名字的别名，一台主机可以设置多个别名。CNAME 记录在别名和规范名字之间提供一种映射，目的是对外部用户隐藏内部结构的变化
6	SOA	起始授权	用于记录区域的授权信息，包含主要名称服务器与管辖区域负责人的电子邮件账号、修改的版次、每条记录在高速缓存中存放的时间等
12	PTR	指针	执行 DNS 的反向搜索
15	MX	邮件交换	用于设置此区域的邮件服务器，可以是多台邮件服务器，用数字表示多台邮件服务器的优先顺序，数字越小顺序越高，0 为最高
16	TXT	文本字符	为某个主机或域名设置的说明

⑤ Value：每一条记录的具体值。

11.4　DHCP 基础

在 TCP/IP 的网络中，每一台计算机都必须有一个 IP 地址，而且这个 IP 地址必须是唯一的，不可与网络中其他计算机地址重复设置。因此，对于网络管理员来说，要确保每台计算机 IP 地址的唯一性。另外，如果要更改 TCP/IP 的相关设置时，也必须到每台计算机去修改。如果这个网络只有一、二十台计算机，还可以接受，但如果是上百台计算机的网络，要维护每台计算机的 TCP/IP 设置，这是个困难的问题。

动态主机配置协议（Dynamic Host Configuration Protocol，DHCP）可以有效解决上述问题。DHCP 可以动态地分配 IP 地址给网络上的每台计算机，而且也能指定 TCP/IP 的其他参数，大幅度减少网络管理员的负担。

11.4.1　DHCP 原理

从逻辑上来看，DHCP 结构由 3 部分组成，分别是 DHCP 客户端、DHCP 服务器及领域。

1. DHCP 客户端
要求使用 DHCP 服务的计算机，都为 DHCP 客户端。

2. DHCP 服务器
提供 DHCP 服务给 DHCP 客户端的设备就是 DHCP 服务器。

3. 领域
每台 DHCP 服务器至少管理一组 IP 地址，这组 IP 地址称之为领域。当 DHCP 客户端要求提供 IP 地址时，便从领域中取出一个没有使用的 IP 地址，分配给 DHCP 客户端。

当 DHCP 客户端开机时，通过广播方式向 DHCP 服务器请求指派 IP 地址，这时服务器返回一个没有被使用的 IP 地址，同时也可以将相关参数一起传送给客户端，如图 11-14 所示。

当 DHCP 客户端获得一个 IP 地址时，并不能永久使用（除非 DHCP 服务器有特别配

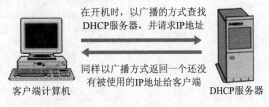

图 11-14　DHCP 客户端向服务器
请求 IP 地址的过程

置）。在正常的情况下，每个分配给 DHCP 客户端的 IP 地址都有使用期限，这个期限就是 IP 地址的租约期限。租约期限长短因 DHCP 服务器的设置而异。

11.4.2　DHCP 的优点

DHCP 的用途如同本节一开始所述，可以自动分配 IP 地址给予 DHCP 客户端，DHCP 的优点在于管理方便，在网络中部署 DHCP 服务器之后，可以在管理上获得事半功倍的效果，其原因如下。

1. 不易出错
因为 DHCP 服务器每出租一个 IP 地址时，都在数据库中建立一条相对应的租用数据，因此几乎不可能发生 IP 重复租用的状况。而且这个出租、登记操作，不需要人力介入，更可以避免人为的错误。

2. 易于维护

DHCP服务器不但可以自动分配 IP 地址，而且还可以指定各项 TCP/IP 参数（例如：DNS 服务器、WINS 服务器的 IP 地址），因此，当要更改相关的参数时，只要从 DHCP 服务器上修改，就可以让所有 DHCP 客户端都自动更新，大幅度节省维护成本。

3. 客户端不需要烦琐的设置

只要 DHCP 服务器设置合理，客户端只需设置为使用 DHCP 分配 IP 地址，即可完成 TCP/IP 的设置，快速又方便。

4. IP地址可重复使用

每当DHCP客户端开机时，DHCP服务器便分配1个IP地址，当客户端租约到期或取消租约后，服务器又可以将此 IP 地址分配给其他的 DHCP 客户端使用，能有效节省 IP 地址的数量。

11.5　DHCP 运行流程

1. IP的获取

从 DHCP 客户端向 DHCP 服务器要求租用 IP 开始，直到完成客户端的 TCP/IP 设置，简单来说由 4 个阶段组成，如图11-15所示。

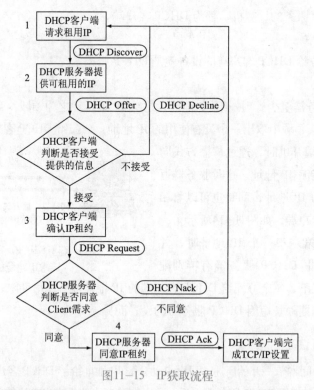

图11-15　IP获取流程

以下将说明4 个步骤的运行流程。

（1）请求租用 IP 地址

当刚为计算机安装好 TCP/IP 协议，并设置成 DHCP 客户端后，第一次启动计算机时即进入此阶段。首先由 DHCP 客户端广播一个 DHCP Discover（查找）信息包，请求任一部 DHCP 服务器提供 IP 租约。

（2）提供可租用的 IP 地址

因为 DHCP Discover 是以广播方式送出，所以网络上所有的 DHCP 服务器都将收到此信息包，而每一台 DHCP 服务器收到此信息包时，都将从本身的领域中，找出一个可用的 IP 地址，设置租约期限后记录在 DHCP Offer（提议）信息包，再以广播方式送给客户端。

（3）请求 IP 租约

因为每一台 DHCP 服务器都送出 DHCP Offer 信息包，因此 DHCP 客户端可以收到多个 DHCP Offer 信息包，按照默认值，客户端接受最先收到的 DHCP Offer 信息包，其他陆续收到的 DHCP Offer 信息包则不予理会。

客户端接着以广播方式送出 DHCP Request（请求）信息包，除了向选定的服务器申请租用 IP 地址，也让其他曾送出 DHCP Offer 信息包、但未被选定的服务器知道："你们所提供的 IP 地址落选了。不必为我保留，可以租用给其他的客户端。"

但是，如果 DHCP 客户端不接受 DHCP 服务器所提供的参数，就广播一个 DHCP Decline（拒绝）信息包，告知服务器："我不接受你建议的 IP 地址（或租用期限等）。"然后回到第一阶段，再度广播 DHCP Discover 信息包，重新执行整个取得租约的流程。

客户端不同意的最常见的原因是 IP 地址重复。因为客户端收到服务器建议的 IP 地址时，通常以 ARP 协议检查该地址是否已被使用，如果有其他的用户，手动设置 IP 地址时也占用了相同的地址，客户端当然就要拒绝租用此 IP 地址。

（4）同意IP租约

当被选中的 DHCP 服务器收到 DHCP Request 信息包时，如果同意客户端的租用要求，便广播 DHCP Ack（承认）信息包给 DHCP 客户端，告知可以将设置值写入 TCP/IP 中，并开始计算租用的时间。当然，可能也有不同意的状况出现，如果 DHCP 服务器不能给予 DHCP 客户端所请求的信息（例如：请求租用的 IP 已被占用，或者不能给予客户端所要求的租约期限等），则发出 DHCP Nack（拒绝承认）信息包。当客户端收到 DHCP Nack 信息包时，便直接回到第一阶段，重新执行整个流程。

2．IP的更新与撤销

（1）租约的更新

取得 IP 租约后，DHCP 客户端必须定期更新租约，否则当租约到期，就不能再使用此 IP 地址。按照 RFC 的默认值，每当租用时间超过租约期限的 1/2（50%）及 7/8（87.5%）时，客户端就必须发出 DHCP Request 信息包，向 DHCP 服务器请求更新租约。特别注意的是，更新租约时是以单点传送方式发出 DHCP Request 信息包，也就是指定哪一台 DHCP 服务器应该要处理此信息包，和前面确认 IP 租约阶段中，使用广播发送 DHCP Request 信息包不同。

以 Windows 2000 DHCP Server 为例，默认的租约期限为 8 天，当租用时间超过 4 天时，DHCP Client 向 DHCP Server 请求续约，将租约期限再延长为原本的期限（也就是 8 天）。如果重试 3 次之后，依然无法取得 DHCP Server 的响应（也就是无法和 DHCP Server 取得联系），则 DHCP Client 将继续使用此租约，并且直到租用时间超过 7 天时，再度向 DHCP Server请求续约，如果仍然无法取得续约的信息（一样重试 3 次），则 DHCP Client 改以广播方式送出 DHCP

Request 信息包，要求 DHCP 的服务。

也可以在租约期限内，手动更新租约。在 Windows NT/2000 中，手动更新租约的方式是在命令提示符方式下，执行 Ipconfig /renew 命令即可。

（2）撤销租约

在 Windows NT/2000 的命令提示符方式下，执行 Ipconfig /release 命令，即可撤销租约。但如果Windows 2000 安装有多块网卡，当直接执行Ipconfig / release 命令时，默认将撤销所有网卡的 IP 租约。如果只想撤销特定网卡的 IP 租约，则请执行 Ipconfig / release 连接名称命令。连接名称指的是在网络和拨号连接窗口中看到的连接名称，例如：区域连接、区域连接 2 等名称。

小　结

TCP/IP 协议族中，应用层包括 DNS、DHCP、HTTP、SMTP、FTP等许多常用的协议。本章主要内容包括 DNS 基础、DNS 的结构、DNS 查询流程、DNS 资源记录、DHCP 基础、DHCP 运行流程等，通过上述内容的学习，可以掌握 DNS 与 DHCP 这两种应用层协议。

拓 展 练 习

1．以下哪一个为标准的完整域名（　　）？

A．vito　　　　　B．vito@sina.com　　　　C．vito.sina.com.　　　　D．vito.sina.com.cn

2．利用 IP 地址来查询完整域名的操作称为（　　）。

A．递归查询　　　B．反复查询　　　　C．正向名称查询　　　D．反向查询

3．利用完整域名来查询 IP 地址的操作称为（　　）。

A．递归查询　　　B．反复查询　　　　C．正向名称查询　　　D．反向查询

4．下列哪一个不是 DNS 资源记录（　　）？

A．A　　　　　　B．B　　　　　　　C．CNAME　　　　　D．MX

5．DHCP 客户端默认在什么时候第一次更新租约（　　）？

A．租约期限到期时　　　　　　　　B．租约期限的 1/2

C．租约期限的 3/4　　　　　　　　D．租约期限的 7/8

6．列出 DNS 的 4 层域结构。

7．列出 3 种 DNS 服务器类型。

8．说明 DNS 服务器处理递归查询的步骤。

9．说明 DNS 转发程序的功能。

10．举出 2 项 DHCP 的优点。

第 ⑫ 章

互联网

本章主要内容

- 互联网的概念
- 互联网的结构
- 上网的方式
- 万维网
- 电子邮件
- 网络论坛

互联网是一个无国界、无地区性的超级大型网络，它的魅力席卷全球，它的资源取之不尽，用之不竭，它的应用不断被发掘出来，它已经成为许多人工作、生活中的必需品。

12.1　互联网的概念

互联网的出现是通信技术的一次革命，互联网从一开始就是为人们的交流服务。计算机或计算机网络的根本作用是为人们的交流服务，而不仅是用来计算。互联网就是能够相互交流，相互沟通，相互参与的互动平台。

互联网是由多个计算机网络相互连接而成，而不论采用何种协议与技术的网络，即广域网、局域网及单机按照一定的通信协议组成的大型计算机网络。互联网是指将两台计算机或者是两台以上的计算机终端、客户端、服务端通过计算机信息技术的手段互相联系起来的结果，人们可以与远在千里之外的朋友相互发送邮件、共同完成一项工作等。

互联网是全球性的。互联网的结构是按照包交换的方式连接的分布式网络。因此，在技术的层面上，互联网绝对不存在集中控制的问题。

互联网、因特网、万维网三者的关系是互联网包含因特网，因特网包含万维网。凡是能彼此通信的设备组成的网络就叫互联网。所以，即使仅有两台机器，不论用何种技术使其彼此通信，也叫互联网。国际标准的互联网写法是internet，字母i一定要小写。

因特网是互联网的一种。因特网可不是仅有两台机器组成的互联网，它是由上千万台设备组成的互联网。因特网使用TCP/IP协议使不同的设备可以彼此通信。但使用TCP/IP协议的网络并不一定是因特网，一个局域网也可以使用TCP/IP协议。判断自己接入的是否是因特网，首先是看自己计算机是否安装了 TCP/IP 协议，其次看是否拥有一个公网地址（所谓公网地址，就是所有私网地址以外的地址）。国际标准的因特网写法是Internet，字母I一定要大写。

因特网是基于TCP/IP协议实现的，TCP/IP协议由很多协议组成，不同类型的协议又被放在不同的层，其中，位于应用层的协议就有很多，比如FTP、SMTP、HTTP。只要应用层使用的是HTTP协议，就称为万维网（World Wide Web）。之所以在浏览器里输入百度网址时，能看见百度网提供的网页，就是因为个人浏览器和百度网的服务器之间使用的是HTTP协议在交流。

12.2　互联网的结构

本节将介绍互联网的组成，展望互联网的未来。

12.2.1　互联网的组成

互联网是由许多网络连接而成的，也就是由网络连接而成的网际间（Internetwork）超大型网络。不管在任何国家，互联网通常包括由政府机构、各大学、研究单位、军事单位和企业所构建的网络，而这些网络之间则是以快速、稳定的主干线路相互连接，如图12-1所示。

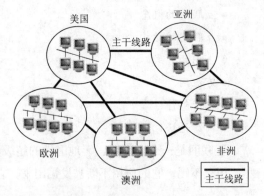

图12-1　互联网基本结构

1．主干线路

主干线路原义是动物的脊椎，也就是说主干线路扮演的角色就像是脊椎神经一般，是快速传递信息的神经主干道，脊椎一旦受损，就会瘫痪，而主干线路也是一样。

2．通信协议

事实上，只是用主干线路将各个网络连接起来，各网络之间还是无法通信。这是因为各网络在架设时，所使用的信息传输技术各有不同，而采用不同传输技术所载送的信息并不能相互沟通，因此必须建立一个共同沟通信息的技术，并且由各个网络共同遵守使用，这样信息才能在网络之间流通无碍，这种共同沟通信息的技术称为通信协议。

3．互联网服务供应商

互联网是由多个网络连接而成，所以能使用互联网的人就是各网络的用户，例如政府机构、各大学、研究单位、军事单位、企业等机构的人员，只有这些网络的用户才能访问互联网的资源，那么一般人并不能连上互联网，不过在互联网服务供应商（Internet Service Provider，ISP）出现后，每一个人就都能轻易的连上互联网，因此也可以说，ISP 是促成互联网兴盛的重要关键。ISP 的想法是要让每个人都能由家里或工作场所连上互联网，达到共享、访问资源的目的。基于这个理念，ISP 首先建立主干线路将自己和互联网连接起来，然后让用户通过它来访问互联网。通过图12-2所示的结构，个人用户便能轻易的连接互联网共享资源。

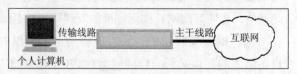

图12-2　家庭和中小企业的上网方式

12.2.2　互联网的未来

因为互联网是由全世界的人共同参与，去改进、去发展，也就是说互联网并没有一个绝对的主导力量，反而是由多向性的渠道去改变它。因此，没有人有绝对把握说出互联网未来的面貌，也没有人可以告诉我们互联网会对我们的生活造成多大的影响，网络的未来很难完整地预测出来。不过话虽如此，我们还是可以根据目前互联网的演变和网络用户的需求去了解互联网未来演变的大方向，以及可能对人们生活所造成的改变。

① 传输速度的加快；

② 更丰富的内容和更具可看性的网页；

③ 电子商务的发展；

④ 全天在线服务；

⑤ 越来越多公司开放在家上班；

⑥ 终身学习成为生活的一部分；

⑦ 互联网正在改变人类的文化与交流方式；

⑧ 互联网彻底改变了视频存在的目的和分发手段。

前面所提到的几点，只不过是网络未来的一小部分。随着互联网的商业运用日趋成熟普遍，所引起的变化和影响实在是难以估计与预测，而企业信息管理系统如果能与互联网结合，则又是一种翻天覆地的变革，所以无法一清二楚地说明互联网的未来发展和可能造成的改变，只希望用这几点抛砖引玉。

12.3　上网的方式

一般连接 ISP 的方式，可以通过电话线和有线电视（也就是俗称的有线台）的缆线，而这其中又因为带宽的不同，而分为一般拨号和宽带两种。一般拨号就是利用传统调制解调器，通过电话线拨号到 ISP，建立连接到互联网的信道；宽带则又分为 ADSL 和缆线调制解调器两种，前者和传统调制解调器一样，是利用电话线为传输线路，而后者则是利用有线电视的同轴电缆线为传输线路。下面我们分别来说明这 3 种上网方式。

12.3.1　拨号上网

拨号上网非常便捷，基本上只要安装好调制解调器（Modem），把电话线接上，然后拨号连上 ISP 即可访问网络了，所以称为拨号上网，如图12-3所示。

图12-3　拨号上网

使用这种方式上网，首先必须向 ISP 公司申请一组拨号用的账号和密码，然后通过调制解调器拨号到 ISP 的主机，使用这组账号、密码通过身份验证，就可以自由的访问互联网了。

12.3.2 利用 ADSL 上网

ADSL (Asymmetric Digital Subscriber Line，非对称式数字用户线路) 在近年来应用广泛。

1. ADSL 的特点

传统调制解调器是利用电话网络连接互联网，目前最大的下载/上传速度只能达到56 Kbit/s，为了突破这个限制，ADSL 运用先进的数字信号处理技术与创新的数据演算方法，在一条电话线上使用更高频的范围来传输数据，并将下载、上传与语音数据传输的频道各自分开，形成一条电话线路上同时可以传输 3 个不同频道的数据；这 3 个频道分别为：高速下行频道、上行频道和语音传输的 POTS （Plain Old Telephone System） 频道。而利用这种传输技术，ADSL的传输速度将可高达 24 Mbit/s，远比调制解调器拨号上网的速度快上数百倍。

ADSL 的关键是数字信号与模拟信号能否同时在电话线上传输的问题，在于其上行与下行的带宽不对称。也就是从 ISP 到客户端（下行频道）传输的带宽比较高，客户端到ISP（上行频道）的传输带宽则比较低。这样的设计一方面是为了与现有的电话网络频谱相容，另一方面也符合一般使用互联网的习惯与特性（接收的数据量远大于送出去的数据量）。

2. ADSL 的瓶颈

ADSL 的问题就是 ADSL 的速度和客户端与电信机房之间的距离密切相关。也就是说，用户距离电信机房越远，连线速度就越慢，因此在没有妥善的解决方案前，距离电信机房超过 4 km 的用户，将无法申请 ADSL 服务。

3. ADSL 的结构

ADSL 的基本结构如图12-4所示。

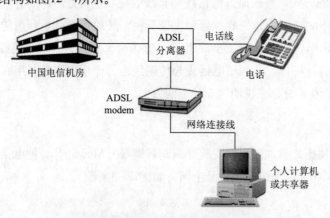

图12-4 ADSL利用电话线达到宽带上网的目的

在这个结构中，也有一台调制解调器，即ADSL 调制解调器。不过它的功能和拨号上网用的调制解调器有所不同。拨号调制解调器，利用调制/解调的功能，将数据资料放在电话线路中传输，因此语音与数据资料不能同时传输，而 ADSL 调制解调器则是将电话线分成 3 个频道，借以同时传输数据和语音资料。

另外和拨号上网不同的是，在 ADSL 结构中，还多了一台 ADSL 分离器。这台设备的功能是用来分离语音与数据信号。因为 ADSL 调制解调器将数据资料和语音资料同时放到电话线路上传输，所以必须通过分离器将信号分离出来，否则将数据资料送到电信交换机房，将语音资料送到 ISP 机房，那就出问题了。

12.3.3　利用缆线调制解调器上网

利用同轴电缆线（有线电视的缆线，Cable）连接互联网的技术，其实在 1994 年就已经有人提出了，而且也推出缆线调制解调器这种产品，不过因为当时的有线电视普及率还不高，利用缆线调制解调器上网的成本相对较为昂贵，因此一直都无法在市场上占有一席之地。而那时候有线电视系统才刚开始萌芽，当然更不会有厂商敢尝试。如今有线电视系统高度普及，中国有线电视的普及率也高达 50%，可说是每个家庭不可或缺的休闲主流，而且其电缆线布设范围几乎含盖了所有县市。在这种情形下，利用同轴电缆线连接互联网，水到渠成。

1．缆线调制解调器的特点

有线电视运用同轴电缆线，传送近百个电视频道给用户观赏。现在缆线调制解调器利用相同的技术，将数据放置于未使用到的频道传输，使用户可以通过同轴电缆线访问互联网的数据。理论上，如果仅用一个频道来上网，速度大概介于 27～38 Mbit/s，而一条 T1 专线也不过 1.544 Mbit/s，相比较之下这个数字巨大，不过理论值不等于实际运作的速度，线路质量、距离机房的距离，以及无法独享带宽等问题，都会让实际使用的带宽大幅度减少，所以实际上每一个用户所能分到的带宽通常都不超过 1500 Kbit/s。如果能多频道同时上网，那带宽将剧增。目前有线台的频道大概在 70 台左右，再加上安全频道及法规所禁用的频道，也不过用掉 80 个频道，以目前有线台所用的新规格电缆线而言，一条同轴电缆线可以容纳 100 个以上的频道，也就是说一条同轴电缆上可供上网的频道最少也有 10 个，所以有非常充裕的频道数量可供上网使用，不过因为技术及其他特殊因素，短期内还是仅能使用一个频道来上网。旧规格的同轴电缆线能容纳的频道数较少，有时候甚至没有空的频道，因此如果采用旧规格的电缆线，很有可能无法使用缆线调制解调器。

2．缆线调制解调器的瓶颈

目前利用缆线调制解调器上网还有一个很大的问题，就是上传数据必须使用传统调制解调器拨号的方式。理论上，同轴电缆线可以双向传输，也就是不需要依靠电话线，完全可以只使用同轴电缆线来上传/下载数据，然而有线台只能将同轴电缆线用于单向传输，例如：收看电视节目便是单向传输（从业者传送给用户）。但是访问互联网必须要双向传输，因此只好采取折中的方式，用电话线上传数据。缆线调制解调器的另一个问题就是用户无法独享整个频道的带宽。这是因为有线电视布线的方式为树状结构，所以分支后的带宽就必须分割。目前各家缆线调制解调器厂商大都宣称单一用户可使用最高带宽为 1500 Kbit/s，一般使用则可以达到 200～500 Kbit/s 的速度。

3．缆线调制解调器的结构

利用缆线调制解调器上网的基本结构有两种，如图12−5 和图12−6 所示。

从这两个结构中可以看出缆线调制解调器的用途如下：

① 将数据资料放到电缆线上传输，以及把在电缆线上的数据资料取回给用户。

② 在单向服务中，尚需兼具调制解调器的功能，也就是要有调制/解调制的功能。

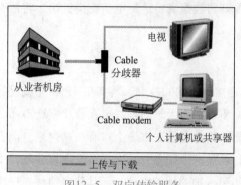

图12-5 双向传输服务

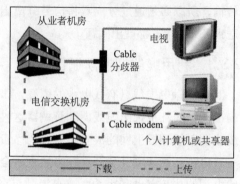

图12-6 单向传输服务

本节所介绍的 3 种上网方式，ADSL是目前一般用户最常使用的方式，调制解调器拨号因其过慢的速度已被淘汰，缆线调制解调器上网因无法提供双向传输服务，只占有少量用户。

12.4 万 维 网

万维网是目前在互联网上最流行、最受人欢迎的服务，它拥有色彩缤纷的网页，还能搭配符合网页风格的悠扬乐声，令人心旷神怡，流连忘返。而在宽带网站里，我们可以收听电台广播、看视频短片，甚至在未来的购物网站里，还能以虚拟实境来观看想要购买的产品。

12.4.1 万维网的源起

万维网（World Wide Web，WWW）是在 1989 年 3 月，由欧洲核子研究组织（European Organisation for Nuclear Research，CERN）所提出，而发明人就是当时任职于该实验室的英国人伯纳斯李（Tim Berners-Lee）。伯纳斯李当初的构想，只是为了设计一个能让分布在世界各地的物理研究人员，以简单又有效率的方式，共享资源、分工合作，也就是希望创造一个共同的信息空间，没想到他所开发出来的技术，最后却成为全球最受欢迎的信息传播方式。

12.4.2 万维网的运行原理

万维网之所以能够呈现各种各样的变化，是依靠许多标记语言（HTML、XML）、脚本语言（JavaScript、VBScript）、JAVA、ActiveX 组件、Plug-in 等的强大功能，因为客户端的浏览程序支持这些语言，所以能解读出正确的显示方式，例如：闪烁、跑马灯、动画等效果。至于服务器所要负担的则是数据处理、数据查询与更新、产生网页文件等操作，这些工作是由CGI、SSI、LiveWire、ASP 或 PHP 包办。

客户端指的是访问网页的计算机，服务器指的则是提供网页数据的远程计算机。为了方便说明，都以客户端和服务器来表示。也就是说，当在浏览网页时，看到一些美丽的图片、跑马灯文字，其实都是由浏览器处理而产生的，服务器只是提供了文字、文件和文件位置的信息而已，但如果是搜索数据、计数器这类和数据库相关的操作，则是由服务器处理过后，再将结果返回给客户端，如图12-7所示。

简言之，不管是要显示图片、要查询数据库，如果不能先建立信息流通的桥梁，客户端

和服务器根本是各自独立、互不
相关。所以在传送信息前，必须
先通过HTTP（HyperText Transfer
Protocol，超文本传输协议）在两端
建立信道，让信息可以在两者之间

图12-7　使用搜索引擎查找网络数据的流程

传递。HTTP设计的目的是为了传送包含文字、图片、声音、视频等夹杂非纯文本的数据，而万
维网即是遵循这种协议，使客户端与服务器得以沟通。它定义了在服务器和客户端之间所传输
的数据格式，使得包含文字、图片、声音等内容的网页能够呈现在客户端的浏览器中。这个协
议最主要的特性在于它是一个跨平台的标准，因此在不同计算机系统中所存放的数据，都可以
通过互联网传送给其他计算机，达到资源共享的目的。

12.4.3　文件传输服务

自从有了网络后，通过网络来访问文件就一直是很平常的工作，例如：添加、删除、复
制、移动等，但是客户端要如何上传文件给服务器，或者如何从服务器下载文件。这个问题有
多个答案，但是较常见的方式是利用 FTP（File Transfer Protocol，文件传输协议）。在互联网
上，FTP 一直占有最大的数据流量，直到 1995 年才被万维网的 HTTP 协议超越过。

原本 FTP 是一个文件传输协议，但是现在 FTP 不只是协议，在很多情况下，已经成为文
件传输服务的代名词，因此在了解 FTP 时，要特别注意它何时代表"协议"，何时是代表"服
务"。本节在说明时，出现 FTP 表示的是"文件传输协议"，如果是要表示服务则会使用"文
件传输服务"的文字，避免混淆。

在互联网诞生的初期，FTP 就已经被应用在文件传输服务上，而且一直是文件传输服务
的主角，不过时至今日，许多网络操作系统所推出的文件传输解决方案，无论是通过共享文
件夹或共享驱动器，还是整合到文件系统（例如：Sun的NFS），整合性都远优于FTP，用户
通过网络操作系统便可直接操作远程服务器的文件数据，相比之下FTP的操作方式就显得烦
琐而难用。

为了对 FTP 进行改革，TFTP（Trivial FTP）、SFTP（Simple FTP）这类的精简版协议不断
地被提出来，但仍无法挽回 FTP 的风光。其中 TFTP 由于核心码精简，可以顺利置入 ROM 中，
因而转战至无磁盘系统上继续奋斗，供机器开机时通过网络向服务器读取开机数据，算是延续
了 FTP 的生命。

在互联网上，目前提供文件传输服务的技术还有"电子邮件"和"万维网"。相较于电子
邮件以"附加文件"夹带文件的方式，FTP的文件传输功能的传输效率高。然而随着互联网越来
越普及，许多用户仍选择直接以电子邮件发送文件，为的是操作上的方便，显然 FTP 在传输效
益上的优势，还是无法挽回用户使用电子邮件。如果和万维网相比，则 FTP 的劣势更是显而易
见。万维网可以提供清楚、完整、即时性的说明，甚至还能显示出欲下载的文件展示图，目前
在万维网上提供软件下载的网站，例如：Sohu、中国下载、Sina，都是如此，而 FTP 在这方面
是完全无法与之竞争。事实上，当使用 FTP 软件连接到 FTP 服务器时，只能看到许多的文件名
称。虽然大多数的服务器上会提供帮助文件，但还是纯文本的内容，而且即时性也不够（要先

下载帮助文件，看完后再去找文件），对于忙碌、追求速度又为了方便的人来说，FTP 实在是不够个性化，因此 FTP 的没落是必然的。

FTP 的运作原理如下所述。

与其他 TCP 应用协议所不同的是，FTP 在运作时会使用到两条 TCP 连线，一条传输控制指令，一条传输数据。FTP 服务器的规格一开始便保留了 "20" 与 "21" 这两个连接端口（Port），其中 Port 21 用在控制连线，Port 20 则用在数据连线。在 FTP 连线期间，控制连线随时都保持在畅通的状态下，但数据连线却是等到要传输文件时，才临时建立起来的，文件一传输完毕，就中断掉这条临时的数据连线，如图12-8所示。

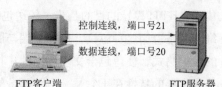

图12-8 FTP运作原理

以实际运作的状况来看：FTP 服务器在启动后会持续检测 Port 21，当使用 FTP 软件连接到 FTP 服务器的 Port 21 时，便会建立控制连线。但是等到要下载文件时，才会建立起数据连线，开始传输数据。而数据传输结束时，数据连线也会随之中断，最后当结束 FTP 软件时，控制连线也就跟着结束，完成整个 FTP 的操作。

更换连接端口编号注意：有些 FTP 服务器只开放给特定的用户，会故意不用 Port 20 与 Port 21，而改用其他较不常用到的连接端口。但是这两个 Port 的编号有连带关系，如果以 Port X 用在控制连线，则 Port X-1 就必然用在数据连线。例如：以 Port 49151 当作控制连线连接端口，那么 Port 49150 便是它的数据连线连接端口。

虽然 FTP 的战场逐渐消失，但 FTP 仍然是一种很可靠的文件传输协议，而且新版本又加入了错误恢复功能（也就是一般所谓的文件续传功能），更是让它的身价加分。因此 FTP 虽已风光不再，但它仍旧是需要经常进行大量文件传输操作的用户的最爱，例如：许多网页制作者，按旧习惯通过 FTP 将制作好的网页文件传送到网站服务器上，而提供免费网页空间的公司也仍旧支持 FTP。

12.5 电子邮件

12.5.1 SMTP简介

简易邮件传输协议（Simple Mail Transfer Protocol，SMTP）之所以能成为互联网中主要的电子邮件传输协议，主要是因为当初设计 SMTP 时，设计者希望它是一个小巧、简洁、可适用于各种网络系统的应用协议。结果在互联网普及化后，这些特点正好符合互联网的复杂性，于是便迅速地成为最受欢迎的电子邮件传输协议。SMTP 的运行程序很简单，能适用于各种网络系统，如图12-9所示。

用户代理程序（User Agency，UA）可以协助我们编辑信件内容，然后将信件转交给邮件传输代理程序（Mail Transfer Agent，MTA）发出。两个 MTA 之间便以 SMTP 作为沟通的语言，顺利完成信件的传送与接收工作。而收件人则可以通过用户代理程序阅读别人发给他的电子邮件，并进一步回复或转发他所收到的信件。

发信计算机　　　　　　　　　　收信计算机

图12-9　SMTP应用广泛

不过在实际应用中，用户代理程序和邮件传输代理程序其实都已经被整合在一起了。也就是说，如Outlook Express、Netscape 这些用来收发信件的软件，本身就能协助我们编辑信件内容（用户代理程序的角色），而且在编辑完成后，还可以帮我们把信件发出去（邮件传输代理程序的角色），省去设置与使用上的麻烦。

12.5.2　POP简介

电子邮件的传递是即时性的，发件人将信件发送过去，收件人马上就收到了，这是电子邮件的一大特点，也是能逐渐取代传统邮寄信件的主要原因之一，但相对地也会产生一个问题：发送信件时，两边计算机都要在正常的连接状态下，否则无法收发信件。

电子邮件和传统邮寄信件最大的区别有 3 点：即时性高、成本低、遗失率低。这 3 点也是电子邮件的最大优点。用户上网多半是通过 ISP 转接，而 ISP 则会提供几台 24 小时运行、全年无休的邮件服务器，并给收件者一个电子邮件账号。凡是要寄到这个账号的信件，都将暂存于这台服务器，直到收件者连接到这台服务器取回信件，解决了 STMP 需要两端都在线才能运作的问题。

通常利用 POP（Post Office Protocol）通信协议来从邮件服务器取回信件。目前大多数邮件服务器都支持 POP 协议的第 3 个版本，简称为POP3，如图12-10所示。

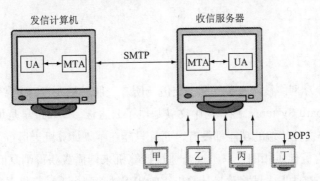

发信计算机　　　　　　　　收信服务器

图12-10　POP3可以不用随时在线收信

POP3（Post Office Protocol - Version 3）协议的结构简洁而易于实际操作，已成为信件下载的业界标准。此外，在这个简洁的结构下，邮件服务器仅负责信件下载的相关工作，其他的邮件处理工作则交由用户的电子邮件软件负责，一方面减轻了邮件服务器的负担，一方面也让电子邮件软件有更大的发挥空间，可以设计出更多更好用的邮件编辑与显示功能，POP3服务器的设置如图12-11所示。

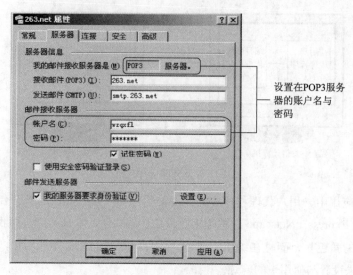

图12-11 POP3服务器设置

　　电子邮件高即时性、低成本的特性，使用电子邮件的人口逐日递增，而邮件服务器的任务也越来越重，成为互联网里不可或缺的主角。用户要发送电子邮件时，只要通过 SMTP 直接将邮件发给服务器，而收件者再通过 POP3 将邮件下载回自己的计算机即可，快速又方便，再加上现在的电子邮件可以夹带各种文件，方便性更加显著。

　　电子邮件的安全问题主要有两点：

　　① 发送的安全性：大家都知道网络黑客的厉害，甚至可以说，只要他们有心，几乎可以侵入任一部邮件服务器，因此信件发送的安全性一直是令人困扰的问题。

　　② 来源的可信度：在网络上，要伪装成另一名用户发送信件非常简单，而又很难追查，因此要如何确认信件来源，将是未来电子邮件发展的方向之一。

12.6　网　络　论　坛

12.6.1　网络论坛的概念

　　网络论坛是一个和网络技术有关的网上交流场所。一般就是大家口中常提的BBS。BBS的英文全称是Bulletin Board System，翻译为中文就是电子公告板。BBS最早是用来公布股市价格等信息的，当时BBS连文件传输的功能都没有，而且只能在苹果计算机上运行。早期的BBS与一般街头和校园内的公告板性质相同，只不过是通过计算机来传播或获得消息而已。一直到个人计算机开始普及之后，有些人尝试将苹果计算机上的BBS转移到个人计算机上，BBS才开始渐渐普及开来。近些年来，由于爱好者们的努力，BBS的功能得到了很大的扩充。因为现在的网络知识流行太快，每个行业都有一个自己在网络中进行交流的一块区域。论坛是最好的地方。网络论坛是一个可使人们发表意见、交换心得的园地，在论坛中，可以看到别人的高见，并能发表自己的意见参与讨论。可以将网络论坛想象为一个会议室，而这个会议室可以是全球性的，也可以是区域性的，可以是自由参加的，也可以是组织成员才能参与的。

12.6.2　网络论坛分类

论坛的发展也如同网络，雨后春笋般的出现，并迅速发展壮大。现在的论坛几乎涵盖了我们生活的各个方面，几乎每一个人都可以找到自己感兴趣或者需要了解的专题性论坛，而各类网站，综合性门户网站或者功能性专题网站也都青睐于开设自己的论坛，以促进网友之间的交流，增加互动性和丰富网站的内容。

（1）综合类论坛

综合类的论坛包含的信息比较丰富和广泛，能够吸引几乎全部的网民来到论坛，但是由于广便难于精，所以这类的论坛往往存在着弊端，即不能全部做到精细和面面俱到。通常大型的门户网站有足够的人气和凝聚力以及强大的后盾支持能够把门户类网站做到很强大，但是对于小型规模的网络公司，或个人简历的论坛站，就倾向于选择专题性的论坛，来做到精致。

（2）专题类论坛

此类论坛是相对于综合类论坛而言，专题类的论坛，能够吸引真正志同道合的人一起来交流探讨，有利于信息的分类整合和搜集，专题性论坛对学术科研教学都起到重要的作用，例如军事类论坛、情感倾诉类论坛、电脑爱好者论坛、动漫论坛，这样的专题性论坛能够在单独的一个领域里进行版块的划分设置，但是有的论坛，把专题性直接做到最细化，这样往往能够取得更好的效果，如养猫人论坛、吉他论坛等。

（3）BBS

BBS多用于大型公司或中小型企业，是开放给客户交流的平台，对于初识网络的新人来讲，BBS就是在网络上交流的地方，可以发表一个主题，让大家一起来探讨，也可以提出一个问题，大家一起来解决等，是一个人与人语言文化共享的平台，具有实时性、互动性。随着时代的发展。"新新人类"的出现。同时也使得论坛中新型词语或一些不正规的词语飞速蔓延，例如：斑竹（版主）、罐水（灌水）、沙发（第一个回帖人）、板凳（第二个回贴人）因此，在交流的时候请注意，同时避免不正规的词语蔓延。

（4）教学型论坛

这类论坛通常如同一些教学类的博客。或者是教学网站，中心放在对一种知识的传授和学习，在计算机软件等技术类的行业，这样的论坛发挥着重要的作用，通过在论坛里浏览帖子，发布帖子能迅速地与很多人在网上进行技术性的沟通和学习。譬如金蝶友商网。

（5）推广型论坛

这类论坛通常不是很受网民的欢迎，因其生来就注定是要作为广告的形式，为某一个企业，或某一种产品进行宣传服务，从2005年起，这样形式的论坛很快的成立起来，但是往往这样的论坛，很难具有吸引人的性质，单就其宣传推广的性质，很难有大作为，所以这样的论坛寿命经常很短，论坛中的会员也几乎是由受雇佣的人员非自愿的组成。

（6）地方性论坛

地方性论坛是论坛中娱乐性与互动性最强的论坛之一。不论是大型论坛中的地方站，还是专业的地方论坛，都有很热烈的网民反响，比如百度长春贴吧、北京贴吧，或者是清华大学论坛、一汽公司论坛等，地方性论坛能够更大距离地拉近人与人的沟通，另外由于是地方性的论坛，所以对其中的网民也有了一定行的局域限制，论坛中的人或多或少都来自于相同的地方，这样即有一些真实的安全感，也少不了网络特有的朦胧感，所以这样的论坛常常受到网民的欢迎。

　　（7）交流性论坛

　　交流性的论坛又是一个广泛的大类，这样的论坛重点在于论坛会员之间的交流和互动，所以内容也较丰富多样，有供求信息，交友信息，线上线下活动信息，新闻等，这样的论坛是将来论坛发展的大趋势。

　　网络论坛的确是一个非常好的功能，特别是它的主题成千上万，用户遍及全球，学者、专家不计其数，只要在上面发问，几乎保证在 24 h内，必能获得解答。不过目前网络论坛有一个很大的问题就是：垃圾信件充斥。这是因为网络论坛是一个开放式的园地，每天张贴出来的信件数以万计，要以人工逐封过滤根本是不可能的任务。虽然有些网络论坛会利用邮件过滤的功能，自动滤除掉含有特定关键字或特定发信人所送出的信件，可是发送垃圾信件的人，总是想办法避开过滤的操作，因此垃圾信件的问题依旧严重。

　　由于垃圾信件的问题，网络论坛渐趋弱势，不过由于万维网所赐，目前网络论坛逐渐由电子邮件的接口，转而成为万维网的接口，不但查找主题方便，过滤的功能更好，而且可以选择只看最近一天的文章或热门话题等以前论坛所做不到的事，因此又让网络论坛浴火重生，也让我们有更方便、更动的空间来切磋、交流彼此的意见。

12.7　博　客

12.7.1　博客的概念

　　博客又译为网络日志、部落格或部落阁等，是一种通常由个人管理、不定期张贴新的文章的网站。博客上的文章通常根据张贴时间，以倒序方式由新到旧排列。许多博客专注在特定的课题上提供评论或新闻，其他则被作为比较个人的日记。一个典型的博客结合了文字、图像、其他博客或网站的链接及其他与主题相关的媒体。能够让读者以互动的方式留下意见，是许多博客的重要要素。大部分的博客内容以文字为主，仍有一些博客专注在艺术、摄影、视频、音乐、播客等各种主题。博客是社会媒体网络的一部分。

　　博客最初的名称是Weblog，由web和log两个单词组成，按字面意思就为网络日记，后来喜欢新名词的人把这个词的发音故意改了一下，读成we blog，由此，blog这个词被创造出来。中文意思即网志或网络日志，往往也将 Blog本身和 blogger（即博客作者）均音译为"博客"。"博客"有较深的涵义："博"为"广博"；"客"不单是"blogger"更有"好客"之意。看Blog的人都是"客"。认为Blog本身有社群群组的意含在内，借由Blog可以将网络上网友集结成一个大博客，成为另一个具有影响力的自由媒体。

　　Blogger即指撰写Blog的人。Blogger在很多时候也被翻译成为"博客"一词，而撰写Blog这种行为，有时候也被翻译成"博客"。因而，中文"博客"一词，既可作为名词，分别指代两种意思Blog（网志）和Blogger（撰写网志的人），也可作为动词，意思为撰写网志这种行为，只是在不同的场合分别表示不同的意思罢了。

Blog是一个网页，通常由简短且经常更新的帖子（作为动词，表示张贴的意思，作为名字，指张贴的文章）构成，这些帖子一般是按照年份和日期倒序排列的。而作为Blog的内容，它可以是你纯粹个人的想法和心得，包括你对时事新闻的个人看法，也可以是在基于某一主题的情况下或是在某一共同领域内由一群人集体创作的内容。它并不等同于"网络日记"。作为网络日记带有很明显的私人性质，而Blog则是私人性和公共性的有效结合，它绝不仅仅是纯粹个人思想的表达和日常琐事的记录，它所提供的内容可以用来进行交流和为他人提供帮助，可以覆盖整个互联网，具有极高的共享精神和价值。一个Blog就是一个网页，它通常是由简短且经常更新的Post所构成；这些张贴的文章都按照年份和日期排列。Blog的内容和目的有很大的不同，从对其他网站的超级链接和评论，有关公司、个人、构想的新闻到日记、照片、诗歌、散文，甚至科幻小说的发表或张贴都有。许多Blog是个人心中所想之事情的发表，其他Blog则是一群人基于某个特定主题或共同利益领域的集体创作。Blog好像是对网络传达的实时讯息。撰写这些Weblog或Blog的人就叫做Blogger或Blog writer。

简言之，Blog就是以网络作为载体，简易迅速便捷地发布自己的心得，及时有效轻松地与他人进行交流，再集丰富多彩的个性化展示于一体的综合性平台。不同的博客可能使用不同的编码，所以相互之间也不一定兼容。而且，目前很多博客都提供丰富多彩的模板等功能，这使得不同的博客各具特色。Blog是继Email、BBS、ICQ之后出现的第四种网络交流方式，是网络时代的个人"读者文摘"，是以超级链接为武器的网络日记，是代表着新的生活方式和新的工作方式，更代表着新的学习方式。具体说来，博客这个概念解释为使用特定的软件，在网络上出版、发表和张贴个人文章的人。

随着Blogging快速扩张，它的目的与最初的浏览网页心得已相去甚远。目前网络上数以千计的 Blogger发表和张贴Blog的目的有很大的差异。不过，由于沟通方式比电子邮件、讨论群组更简单和容易，Blog已成为家庭、公司、部门和团队之间越来越盛行的沟通工具，因为它也逐渐被应用在企业内部网络（Intranet）中。

12.7.2　博客分类

博客主要可以分为以下几大类。

1. 基于功能分类

（1）基本博客

基本博客是博客中最简单的形式。单个的作者对于特定的话题提供相关的资源，发表简短的评论。这些话题几乎可以涉及人类的所有领域。

（2）微型博客

微型博客是目前全球最受欢迎的博客形式，博客作者不需要撰写很复杂的文章，而只需要写140字（这是大部分的微博字数限制，网易微博的字数限制为163个）内的心情文字即可（如twitter、新浪微博、随心微博、Follow5、网易微博、搜狐微博、腾讯微博等）。

2. 基于个人和企业来分类

按照博客主人的知名度、博客文章受欢迎的程度，可以将博客分为名人博客、一般博客、热门博客等。按照博客内容的来源、知识版权还可以将博客分为原创博客、非商业用途的转载性质的博客以及二者兼而有之的博客。

3．基于功能分类

（1）个人博客

① 亲朋之间的博客（家庭博客）：这种类型博客的成员主要由亲属或朋友构成，他们是一种生活圈、一个家庭或一群项目小组的成员。

② 协作式的博客：与小组博客相似，其主要目的是通过共同讨论使得参与者在某些方法或问题上达成一致，通常把协作式的博客定义为允许任何人参与、发表言论、讨论问题的博客日志。

③ 公共社区博客：公共出版在几年以前曾经流行过一段时间，但是因为没有持久有效的商业模型而销声匿迹了。廉价的博客与这种公共出版系统有着同样的目标，但是使用更方便，所花的代价更小，所以也更容易生存。

（2）企业博客

① 商业、企业、广告型的博客：对于这种类型博客的管理类似于通常网站的Web广告管理。商业博客分为：企业博客、产品博客、"领袖"博客等。以公关和营销传播为核心的博客应用已经被证明将是商业博客应用的主流。

② CEO博客。CEO博客处在公司领导地位者撰写的博客。这些博客所涉及的公司虽然以新技术为主，但也不乏传统行业的国际巨头，如波音公司等。

③ 企业高管博客。即以企业的身份而非企业高管或者CEO个人名义进行博客写作。

④ 企业产品博客。即专门为了某个品牌的产品进行公关宣传或者以为客户服务为目的所推出的博客。

⑤ "领袖"博客。除了企业自身建立博客进行公关传播，一些企业也注意到了博客群体作为意见领袖的特点，尝试通过博客进行品牌渗透和再传播。

⑥ 知识库博客，或者叫K－LOG：基于博客的知识管理将越来越广泛，使得企业可以有效地控制和管理那些原来只是由部分工作人员拥有的、保存在文件档案或者个人计算机中的信息资料。知识库博客提供给了新闻机构、教育单位、商业企业和个人一种重要的内部管理工具。

4．基于存在方式分类

① 托管博客：无须自己注册域名、租用空间和编制网页，只要去免费注册申请即可拥有自己的博客空间，是最多快好省的方式。

② 自建独立网站的博客：有自己的域名、空间和页面风格，需要一定的条件。（例如自己需要会网页制作，需要懂得网络知识，当然，自己域名的博客更自由，有最大限度的管理权限。）

③ 附属博客：将自己的博客作为某一个网站的一部分（如一个栏目、一个频道或者一个地址）。这三类之间可以演变，甚至可以兼得，一人拥有多种博客网站。

12.7.3 博客的作用

① 个人自由表达和出版；

② 知识过滤与积累；

③ 深度交流沟通的网络新方式。

要真正了解什么是博客，最佳的方式就是亲身去实践，实践出真知；如果现在对博客还很陌生，建议直接去找一个博客托管网站。开设一个自己的博客账号。

博客之所以公开在网络上，就是因为它不等同于私人日记，博客的概念肯定要比日记大很多，它不仅可以记录关于自己的点点滴滴，它提供的内容也能帮助到别人，让更多人知道和了解。博客永远是共享与分享精神的体现。

12.7.4　博客的其他用处

① 作为网络个人日记。

② 个人展示自己某个方面的空间，让更多人了解自己。

③ 网络交友的地方，能认识各行各业形形色色的人。

④ 学习交流的地方。

⑤ 抒发个人感情的地方，把自己所想写在日志里，不受局限，言论自由。

⑥ 通过博客展示自己的企业形象或企业商务活动信息。

⑦ 话语权是博客的最重要的作用。一个成功博客就像一个媒体，一个旗帜。

小　结

互联网的出现是通信技术的一次革命，互联网从一开始就是为人们的交流服务。计算机或计算机网络的根本作用是为人们的交流服务，而不仅是用来计算。互联网就是能够相互交流，相互沟通，相互参与的互动平台。

本章主要内容包括互联网的概念、互联网的结构、上网的方式、万维网、电子邮件和网络论坛等通过本章内容的学习，可以为进一步学习互联网建立基础。

拓 展 练 习

1. 组成互联网的各个网络间，通常是通过什么来进行实体的连接（　　）？

A. 基本线路　　　　B. 主干线路　　　　C. 核心线路　　　　D. 通信协议

2. ADSL 的关键概念是什么（　　）？

A. 上行与下行的带宽对称　　　　　　　B. 上行与下行的带宽不对称

C. 传输速度高达 8 Mbit/s　　　　　　　D. 能利用电话网络来连接互联网

3. 设计万维网时，其构想是什么（　　）？

A. 创造一个共同的信息空间　　　　　　B. 建立一个便宜的信息传输通道

C. 设计一个安全的信息传输机制　　　　D. 提供一个更快速的信息传输方式

4. 下列哪一个是目前无磁盘系统上的文件传输技术（　　）？

A. FTP　　　　　B. SFTP　　　　　C. TFTP　　　　　D. CFTP

5．按 FTP 的规格来说，其所定义用来进行控制连线的连接端口号为（　　）。

A．49150　　　　　　B．49151　　　　　　　C．20　　　　　　　　D．21

6．ISP 的用途是什么？

7．简述 ADSL 的特点。

8．是什么原因导致各种浏览程序所支持的功能略有差异？

9．简述电子邮件的运作过程。

10．什么是网络论坛？

11．什么是博客？分几类？

12．阐述博客的主要用处。

第 13 章

网络安全

本章主要内容

- 网络安全概念
- 数据加密技术
- 网络攻击、检测与防范技术
- 计算机反病毒技术
- 因特网的安全技术

13.1 网络安全概念

安全性是互联网技术中最关键且最容易被忽视的问题。随着计算机网络的广泛使用和网络之间数据传输量的急剧增长，网络安全的重要性愈加突出。

13.1.1 网络安全的重要性

黑客的威胁已经屡见不鲜，而内部工作人员能较多地接触内部信息，工作中的任何大意都可能给信息安全带来危险。无论是有意的攻击，还是无意的误操作，都将给系统带来不可估量的损失。虽然目前大多数的攻击者只是恶作剧似地使用撰改网站主页面、拒绝服务等攻击，但当攻击者的技术达到了某个层次后，就可以窃听网络上的信息，窃取用户密码、数据库等信息。还可以篡改数据库内容，伪造用户身份，否认自己的签名。更有甚者，可以删除数据库内容，摧毁网络结点，释放计算机病毒等。

综上所述，网络必须有足够强大的安全防护措施。无论是在局域网中，还是在广域网中，无论是单位还是个人，网络安全的目标是全方位地防范各种威胁，以确保网络信息的保密性、完整性和可用性。

13.1.2 网络安全现状

在Internet上，由于黑客入侵事件不断发生，不良信息在网上大量传播，所以网络安全监控管理理论和机制的研究备受重视。黑客入侵手段的分析、系统脆弱性检测技术、报警技术、信息内容分级标识机制、智能化信息内容分析等研究成果已经成为众多安全工具软件的基础。

从已有的研究结果可以看出，现在的网络系统中存在着许多设计缺陷和有意埋伏的安全陷阱。例如在CPU芯片中，发达国家利用现有技术条件，可以植入无线发射接收功能，在操作系统、数据库管理系统或应用程序中能够预先安置从事信息收集、受控激发的破坏程序。通过这些功能，可以接收特殊病毒。接收来自网络或空间的指令来触发CPU的自杀功能，搜集和发送敏感信息。而且，通过唯一识别CPU个体的序列号，可以主动、准确地识别、跟踪或攻击一个使用该芯片的计算机系统，根据预先设定收集敏感信息或进行定向破坏。

作为信息安全关键技术的密码学，近年来发展活跃。1976年出现了公开密钥密码体制，克服了网络信息系统密钥管理的困难同时解决了数字签名问题，并可用于身份认证。随着计算机运算速度的不断提高，各种密码算法面临着新的密码体制，如量子密码、DNA密码、混沌理论等的挑战。基于密码理论的综合研究成果和可信计算机系统的研究成果、构建公开密钥基础设施、密钥管理基础设施成为当前的另一个研究热点。

13.1.3 网络安全的主要威胁

影响计算机网络安全的因素很多，如有意的或无意的、人为的或非人为的，外来黑客对网络系统资源的非法使用更是影响计算机网络的重要因素。归结起来，网络安全的威胁主要有以下几个方面。

1. 人为的无意失误

人为的疏忽主要指失误、失职和误操作等。例如操作员安全配置不当所造成的安全漏洞，用户安全意识不强，用户密码选择不慎，用户将自己的账号随意转借他人或与别人共享等都将对网络安全构成威胁。

2. 人为的恶意攻击

人为的恶意攻击是计算机网络所面临的最大威胁，人为的攻击和计算机犯罪就属于这一类。此类攻击又可以分为以下两种：一种是主动攻击，它以各种方式有选择地破坏信息的有效性和完整性；另一类是被动攻击，它是在不影响网络正常工作的情况下，进行截获、窃取、破译以获得重要机密信息。人为恶意攻击具有下述特性。

（1）智能性

从事恶意攻击的人员大都具有相当高的专业技术和熟练的操作技能。他们的文化程度高，在攻击前都经过了周密的预谋和精心策划。

（2）严重性

涉及金融资产的网络信息系统恶意攻击，往往由于资金损失巨大，而使金融机构、企业蒙受重大损失，甚至破产。

（3）隐蔽性

人为恶意攻击的隐蔽性很强，不易引起怀疑，作案的技术难度大。一般情况下，其犯罪的证据，存在于软件的数据和信息资料之中，如果无专业知识很难获取侦破证据。而且作案人可以很容易地毁灭证据。计算机犯罪的现场也不像传统犯罪现场那样明显。

（4）多样性

随着计算机互联网的迅速发展，网络信息系统中的恶意攻击也随之发展变化。出于经济利益的巨大诱惑，攻击手段日新月异，新的攻击目标包括偷税漏税、利用自动结算系统洗钱以及在网络上进行盈利性的商业间谍活动等。

3．网络软件的漏洞

网络软件不可能无缺陷和无漏洞，这些漏洞和缺陷恰恰是黑客进行攻击的首选目标，曾经出现过的黑客攻入网络内部的事件大多是由于安全措施不完善所导致。另外，软件的陷门都是软件公司的设计编程人员为了自己方便而设置的，一般不为外人所知，但一旦陷门被打开，后果将不堪设想，不能保证网络安全。

4．非授权访问

没有预先经过同意，就使用网络或计算机资源被视为非授权访问，例如对网络设备及资源进行非正常使用，擅自扩大权限或越权访问信息等。主要包括：假冒、身份攻击、非法用户进入网络系统进行违法操作、合法用户以未授权方式进行操作等。

5．信息泄露或丢失

信息泄露或丢失是指敏感数据被有意或无意地泄露出去或者丢失，通常包括信息在传输中丢失或泄露，例如黑客们利用电磁泄漏或搭线窃听等方式可截获机密信息，或通过对信息流向、流量、通信频度和长度等参数的分析，进而获取有用信息。

6．破坏数据完整性

破坏数据完整性是指以非法手段窃数据的使用权，删除、修改、插入或重发某些重要信息，恶意添加，修改数据，以干扰用户的正常使用。

网络安全是指为保护网络不受任何损害而采取的所有措施的总和。当正确采用这些措施后，能使网络得到保护，得以正常运行。网络安全的定义中包含3方面的内容：保密性、完整性和可用性。

（1）保密性

保密性是指网络能够阻止未经授权的用户读取保密信息。

（2）完整性

完整性包括资料的完整性和软件的完整性。资料的完整性是指在未经许可的情况下，确保资料不被删除或修改。软件的完整性是指确保软件程序不被错误、怀有恶意的用户或病毒修改。

（3）可用性

可用性是指网络在遭受攻击时可以确保合法用户对系统的授权访问正常进行。

13.2　数据加密技术

数据加密与解密在宏观上非常简单，很容易理解。加密与解密的方法非常直接，而且很容易被掌握，可以很方便地对机密数据进行加密和解密。

加密是指发送方将一个信息（或称明文）经过加密钥匙及加密函数转换，变成无意义的密文，而接收方则将此密文经过解密函数、解密钥匙还原成明文。密码是实现秘密通信的主要手段，是隐藏语言、文字、图像的特种符号。凡是用特种符号按照通信双方约定的方法把电文的原形隐藏起来，不为第三者所识别的通信方式统称为密码通信。在计算机通信中，采用密码技术将信息隐藏起来，再将隐蔽后的信息传输出去，使信息在传输过程中即使被窃取或被截获，窃取者无法了解信息的内容，从而保证信息传输的安全。

加密技术是网络安全技术的基石。任何一个加密系统至少包括下面四个组成部分：明文（未加密的报文）、密文（加密后的报文）、加密解密设备或算法、加密解密的密钥。数据加密可以分为两种途径：一种是通过硬件实现数据加密，另一种是通过软件实现数据加密。通常所说的数据加密是指通过软件对数据进行加密。常用的软件加密方法分为对称加密和非对称加密。

通过硬件实现网络数据加密的方法有3种：链路层加密、结点加密和端对端加密。链路层加密是将密码设备安装在结点跟调制解调器之间，使用相同的密钥、在物理层上实现两通信结点之间的数据保护。结点加密是在传输层上进行的数据加密，其加密算法依附于加密模型实现，每条链路使用一个专用密钥，明文不通过中间结点。端对端加密是在表示层上对传输的数据进行加密，数据在中间结点不需要解密，其加密的方法可以用硬件实现，也可以用软件实现。目前，多用硬件实现而且采用脱机的方式进行。

13.2.1 数据加密的原理

首先通过一个例子来介绍数据加密的原理。例如银行传递一张支票，采取步骤如下：

① 在一张空白支票上填写接收者的姓名和金额。

② 在支票上签上自己的姓名（称为授权过程）。

③ 把支票放在一个信封内，以防其他人看见。

④ 把支票交给邮局来投递。

接收者：

① 接收者收到信件后，检查信件的完整性。

② 如果对支票的真实性有怀疑，可以到银行去检查签名的正确性。

③ 如果签名正确，银行可以转移支票的金额，从而实现整个交易。

但是在电子环境下，这个支票在计算机网络上传递可能产生如下问题：

① 由于网络（特别是Internet）上很多人能截取和阅读这个支票，所以需要私有性。

② 由于其他人可能伪造这样的支票，所以需要身份鉴别。

③ 由于原签署者可能否认这个支票，所以需要不可复制性。

④ 由于其他人可能改变支票的内容，所以需要完整性。

为了克服这些问题，委托者需要采取以下一些数据处理方式：

1. 私有性和加密

一个电子支票可以通过一些高速数学算法对数据进行变换，一般需要使用一个密钥，这个过程称为加密。

2. 数字签名

数字签名可以解决支票的身份鉴别、不可复制性、完整性等问题。

3. 明文

需要被加密的信息称为明文。

4. 密文

明文通过加密函数变换后的信息称为密文。

5. 密钥

加密函数以一个密钥（key）作为参数，可以用$C=E(P, Ke)$来表示这个加密过程。

13.2.2　传统数据加密模型

在计算机出现前，数据加密由基于字符的密码算法构成。不同的密码算法只是字符之间互相代替或换位，好的密码算法综合了以上两种方法，每次进行多次运算。

虽然现在变得复杂多了，但原理还是没变。重要的变化是算法对位而不是对字母进行变换，实际上这只是字母表长度上的改变，由原来的26个元素变为2个元素。大多数好的密码算法仍然是代替和换位的元素组合。传统加密的一般过程如图13-1所示。

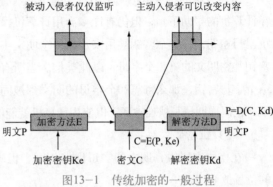

图13-1　传统加密的一般过程

1. 代替密码

代替密码就是明文中每一个字符被替换为另外一个字符。接收者对密文进行逆替换就能恢复明文。

在经典密码学中，有下述4种类型的代替密码：单字母代替密码、多名码代替密码、字母代替密码、换位密码。

（1）单字母代替密码

单字母代替密码是一种简单代替密码，这种方法就是把明文的一个字符用相应的一个密文字符代替。报纸中的密报就使用了这种方法。著名的凯撒密码就是一种简单的代替密码，它的每一个明文字符都由其右边第3个（模26）字符代替（A由D代替，B由E代替，W由Z代替，X由A代替，Y由B代替，Z由C代替）。它是一种很简单的代替密码，因为密文字符是明文字符的环移替换，并且不是任意置换。

ROT13是建在UNIX系统上的简单的加密程序，也是一种简单的代替密码。在这种加密方法中，A被N代替，B被O代替等，每一个字母是环移13所对应的字母。

用ROT13加密文件两遍便恢复出原始的文件：

P=ROT13（ROT13（P））

ROT13经常用来在互联网Vsenet电子邮件中隐藏特定的内容，以避免泄露一个难题的解答等。

单字母代替密码很容易破译，因为它没有把明文的不同字母的出现频率掩盖起来。

（2）多名码代替密码

这种方法与简单代替密码相似，唯一的不同是单个字符明文可以映射成密文的几个字符之一，例如，A可能对应于5、13、25或56，B可能对应于7、19、31或42等。多名码代替密码最早由Duchy Mantua公司使用，这些密码比简单代替密码更难破译，但仍不能掩盖明文的所有统计特性，用已知明文攻击，破译这种密码非常容易，在计算机上只需几秒钟就可以实现解密。

（3）字母代替密码

这种方法是把字符块成组加密，例如"ABA"可能对应于"RTQ"，"ABB"可能对应于"SLL"等。多字母代替密码是字母成组加密，是由普莱费尔在1854年发明的。在第一次世界大战中英国人就采用这种密码。希尔密码是多字母代替密码的又一个例子。Huffman编码是另一种不安全的多字母代替密码。

（4）多表代替密码

这种方法的特点是把明文用多个简单的代替密码代替。多表代替密码尽管容易破译（特别是在计算机的帮助下），但仍有许多商用计算机保密产品使用这种密码形式。多表代替密码有多个单字母密钥，每一个密钥被用来加密一个明文字母。第一个密钥加密明文的第一个字母，第二个密钥加密明文的第二个字母，以此类推。当所有的密钥用完后，密钥再次循环使用，如果有20个单个字母密钥，那么每隔20个字母的明文都被同一密钥加密，这称为密码的周期。在经典密码学中，密码周期越长越难破译，但使用计算机就能够轻易地破译具有很长周期的代替密码。

2. 换位密码

在换位密码中，明文的字母保持相同，但顺序被打乱，明文字符并没有被替换，而是出现的位置改变了。

例如：密钥是megabuck，对pleasetransferonemilliondollarstomyswissbankaccountsixtwotwo

进行加密，加密过程如下：

首先将密钥放在第一行，第二行是密钥中的字符按英文字母排序的序号，第三行到第十行是被加密的明文，最后一行如果不满时用abcde等填写。

```
m   e   g   a   b   u   c   k
(7  4   5   1   2   8   3   6)
p   l   e   a   s   e   t   r
a   n   s   f   e   r   o   n
e   m   i   l   l   i   o   n
d   o   l   l   a   r   s   t
o   m   y   s   w   i   s   s
b   a   n   k   a   c   c   o
u   n   t   s   i   x   t   w
o   t   w   o   a   b   c   d
```

然后按第二行的序号得到所有的密文，即加密时按列书写，次序按字母顺序，上述明文加密后的密文是：

afllsksoselawaiatoossctclnmomantesilyntwrnntsowdpaedobuoeririexb

13.2.3 加密算法分类

数据加密是保障数据安全的最基本、最核心的技术支持和理论基础。在多数情况下，数据加密是保证信息机密性的唯一方法。据不完全统计，到目前为止，已经公开发表的各种加密算法达数百种之多。数据加密一般分为两类：对称加密和非对称加密。

1. 对称加密

在对称密钥体制中，收信方和发信方使用相同的密钥，如图13-2所示。比较著名的对称密钥算法有美国的DES及其各种变形，比如Triple DES、GDES、NewDES和DES的前身Lucifer；欧洲的IDEA；日本的FEAL-N、LOKI-91、Skipjack、RC4、RC5以及以代换密码和转轮密码为代表的古典密码等，其中影响最大的是DES密码算法。

2. 非对称加密

非对称加密是指收信方和发信方使用的密钥互不相同，如图13-3所示。而且几乎不可能由加密密钥推导出解密密钥。比较著名的公钥密码算法有：RSA、背包密码、McEliece密码、Diffe-Hellman、Rabin、Ong-FiatShamir、零知识证明的算法、Elliptic Curve、ElGamal算法等。最有影响的公钥加密算法是RSA，它能够抵抗到目前所有的密码攻击。

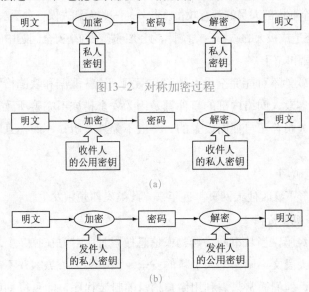

图13-2　对称加密过程

(a)

(b)

图13-3　非对称加密过程

在实际应用中，通常将对称加密和非对称加密结合在一起使用，例如利用DES或者IDEA来加密信息，而采用RSA来传递会话密钥。如果按照每次加密所处理的位数来分类，可以将加密算法分为序列密码和分组密码。前者每次只加密一位，而后者则先将信息序列分组，每次同时处理一个组。

13.3　网络检测与防范技术

随着计算机网络的广泛使用和发展，信息的共享给我们的工作和生活带来更多便利的同时，也引起了许多安全方面的问题。而且这一问题日趋严重，采取有效的措施解决这一问题就变得刻不容缓。

13.3.1　网络攻击简介

1. 网络攻击的定义

任何以干扰、破坏网络系统为目的的非授权行为都称之为网络攻击。法律上对网络攻击的定义有两种观点：第一种是指攻击仅仅发生在入侵行为完全完成，并且入侵者已在目标网络内；另一种观点是指可能使一个网络受到破坏的所有行为，即从一个入侵者开始在目标机上工作的那个时刻起，攻击就开始了。入侵者对网络发起攻击的地点是多种多样的，可以发生在家里、办公室或车上。

2. 常见的网络安全问题

常见的网络安全问题有以下几类。

(1) 病毒

病毒与计算机相伴而生，而Internet更是病毒滋生和传播的温床。从早期的"小球病毒"到引起全球恐慌的"梅丽莎"和CIH，病毒一直是计算机系统最直接的安全威胁。

(2) 内部威胁和无意破坏

大多数威胁来自企业内部人员的蓄意攻击。此外，一些无意失误，如丢失密码、疏忽大意、非法操作等都可以对网络造成极大的破坏。据统计，此类问题在网络安全问题中的比例高达70%。

(3) 系统的漏洞和陷门

操作系统和网络软件不可能完全没有缺陷和漏洞，这些漏洞和缺陷恰恰是黑客进行攻击的首选目标，大部分黑客攻入网络内部的事件都是因为安全措施不完善所致。另外，软件的陷门通常是软件公司编程人员为了自便而设置的，一般不为外人所知，而一旦陷门打开，造成的后果将不堪设想。

(4) 网上的蓄意破坏

在未经许可的情形下篡改他人网页。近年来，此类案件频频发生。

(5) 侵犯隐私或机密资料

很多人有这样的经验，当从事网络购物或信息搜索时，对方往往会要求你提供信用卡资料进行注册，并添加一大段文字确保个人资料的安全。但事实上，黑客并不需使用多么先进的技术便可获得此类资料，他们通常只需利用偷窥信息的封装程序，即可得知使用者的注册名称和密码，然后利用这些资料上网获取用户的个人资料。

(6) 拒绝服务

组织或机构因为有意或无意的外界因素或疏漏，导致无法完成应有的网络服务项目，称为拒绝服务。

3. 网络攻击的手段

(1) 服务器拒绝攻击

拒绝服务攻击可以由任何人发起。拒绝服务攻击是最不容易捕获的攻击，因为不留任何痕迹，安全管理人员不易确定攻击来源。由于其攻击目的是使得网络上结点系统瘫痪，因此是很危险的攻击。当然，就防守一方的难度而言，拒绝服务攻击是比较容易防御的攻击类型。这类攻击的特点是以潮水般的申请使系统在应接不暇的状态中崩溃；除此而外，拒绝服务攻击还可以利用操作系统的弱点，有目标地进行针对性的攻击。

(2) 利用型攻击

① 密码猜测。通过猜测密码进入系统，从而对系统进行控制是一种常见的攻击手段，因为它非常简单，只要能在登录次数范围内提供正确的密码，即可实现成功的登录。

② 特洛伊木马。特洛伊木马是一个普通的程序中嵌入了一段隐藏的、激活时可用于攻击的代码。特洛伊木马可以完成非授权用户无法完成的功能，也可以破坏大量数据。

(3) 信息收集型攻击

网络攻击者经常在正式攻击之前，进行试探性的攻击，目标是获取系统有用的信息。

① 扫描技术。

● 端口扫描：利用某种软件自动找到特定的主机并建立连接。

● 反向映射：向主机发送虚假消息。

● 慢速扫描：以特写的速度来扫描以逃过侦测器的监视。

● 体系结构探测：使用具有数据响应类型的数据库的自动工具对目标主机针对坏数据包传送所作出的响应进行检查。

② 利用信息服务。

● DNS域转换：利用DNS协议对转换或信息性的更新不进行身份认证，以便获得有用信息。

● Finger服务：使用finger命令来刺探一台finger服务器，以获取关于该系统的用户的信息。

● LDAP服务：使用LDAP协议窥探网络内部的系统及其用户信息。

（4）假消息攻击

① DNS调整缓存污染：DNS服务器与其他名称服务器交换信息时不进行身份验证。

② 伪造电子邮件：由于SMTP并不对邮件发送者的身份进行鉴定，所以有可能被内部客户伪造。

（5）逃避检测攻击

目前，黑客已经进入有组织计划地进行网络攻击的阶段，黑客组织已经发展出不少逃避检测的技巧。但是，攻击检测系统的研究方向之一就是要克服黑客逃避的企图。

13.3.2　网络攻击检测技术

攻击检测是防火墙的合理补充，帮助系统对付网络攻击，扩展了系统管理员的安全管理能力（包括安全审计、监视、进攻识别和响应），提高了信息安全基础结构的完整性。攻击检测技术从计算机网络系统中的若干关键点收集信息，并分析这些信息，确定网络中是否有违反安全策略的行为和遭到袭击的迹象。攻击检测被认为是防火墙之后的第二道安全闸门，在不影响网络性能的情况下能对网络进行监测，从而提供对内部攻击、外部攻击和误操作的实时保护，如图13-4所示。

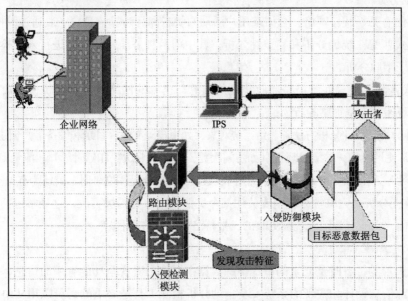

图13-4　网络攻击检测示意图

1. 攻击检测过程

（1）信息收集

攻击检测的第一步是信息收集，内容包括系统、网络、数据及用户活动的状态和行为。而且需要在计算机网络系统中的若干不同关键点收集信息，这除了尽可能扩大检测范围的因素外，还有一个重要的因素就是从一个来源的信息有可能看不出疑点，但从几个来源的信息的不一致性却是攻击的最好标识。攻击检测很大程度上依赖于收集信息的可靠性和正确性，因此，很有必要只利用精确的软件来报告这些信息。因为黑客经常替换软件以搞混和移走这些信息，攻击检测利用的信息一般来自以下3个方面。

① 系统和网络日志文件。黑客经常在系统日志文件中留下他们的踪迹，因此，充分利用系统和网络日志文件信息是检测攻击的必要条件。日志中包含发生在系统和网络上的不寻常和所不期望活动的证据，这些证据可以指出有人正在入侵或已成功入侵了系统。

网络环境中的文件系统包含很多软件和数据文件，包含重要信息的文件和私有数据文件经常是黑客修改或破坏的目标。目录和文件中的非期望改变（包括修改、创建和删除），很可能就是一种入侵信号。黑客经常替换、修改和破坏他们获得访问权的系统上的文件，同时为了隐藏系统中他们的表现及活动痕迹，都会尽力去替换系统程序或修改系统日志文件。

② 程序执行中的非期望行为。一个进程出现了非期望的行为可能表明黑客正在入侵你的系统。黑客可能会将程序或服务的运行分解，从而导致运行失败，或者是以非用户或管理员意图的方式操作。

③ 物理形式的攻击信息。物理形式的攻击信息包括两个方面的内容，一是未授权的对网络硬件连接；二是对物理资源的未授权访问。黑客会想方设法去突破网络的周边防卫，如果他们能够在物理上访问内部网，就能安装他们自己的设备和软件。因此，黑客就可以知道网上的由用户加上去的不安全（未授权）设备，然后利用这些设备访问网络。

（2）信号分析

收集到的有关系统、网络、数据及用户活动的状态和行为等信息，一般通过3种技术手段进行分析：模式匹配、统计分析和完整性分析。其中前两种方法用于实时进行入侵检测，而完整性分析则用于事后分析。

① 模式匹配。模式匹配就是将收集到的信息与已知的网络入侵和系统模式数据库进行比较，从而发现违背安全策略的行为。

② 统计分析。统计分析方法首先给系统对象（如用户、文件、目录和设备等）创建一个统计描述，统计正常使用时的一些测量属性（如访问次数、操作失败次数和延时等）。测量属性的平均值将被用来与网络、系统的行为进行比较，任何观察值在正常值范围之外时，就认为有入侵发生。

③ 完整性分析。完整性分析主要关注某个文件或对象是否被更改，这经常包括文件和目录的内容及属性，它能有效地发现被更改的、被特洛伊化的应用程序。

2. 攻击检测技术

为了从大量的、有时是冗余的审计跟踪数据中提取出对安全功能有用的信息，基于计算机系统审计跟踪信息设计和实现的系统安全自动分析检测工具是必需的，可以用从中筛选出涉及安全的信息。其思路与数据挖掘技术极其类似。

利用基于审计的自动分析检测工具可以进行脱机工作，即分析工具非实时地对审计跟踪文件提供的信息进行处理，从而确定计算机系统是否受到过攻击，并且提供尽可能多的有关攻击者的信息。

13.3.3　网络安全防范技术

1. 网络安全技术

传统的安全策略停留在局部、静态的层面上，仅仅依靠几项安全技术和手段达到整个系统的安全目的是不够的。现代的安全策略应当紧跟安全行业的发展趋势，在进行安全方案设计、规划时应遵循以下原则。

- 体系性：制定完整的安全体系，应包括安全管理体系、安全技术体系和安全保障体系。
- 系统性：安全模块和设计的引入应该体现其系统统一的运行和管理的特性，以确保安全策略配置、实施的正确性和一致性。应该避免安全设备各自独立配置和管理的工作方式。
- 层次性：安全设计应该按照相关的应用安全需求，在各个层次上采用安全机制来实现所需的安全服务，从而达到网络信息安全的目的。
- 综合性：网络信息安全的设计包括完备性、先进性和可扩展性方面的技术方案，以及根据技术管理、业务管理和行政管理要求相应的安全管理方案，形成网络安全工程设计整体方案，供工程分阶段实施和安全系统运行作为指导。
- 动态性：由于网络信息系统的建设和发展是逐步进行的，而安全技术和产品也不断更新和完善，因此，安全设计应该在保护现有资源的基础上，体现最新、最成熟的安全技术和产品，以实现网络安全系统的安全目标。

具体的网络安全策略有以下几种：

（1）物理安全策略

物理安全策略目的是保护计算机系统、网络服务器、打印机等硬件实体和通信链路免受自然灾害、人为破坏和搭线攻击；验证用户的身份和使用权限，防止用户越权操作；确保计算机系统有一个良好的电磁兼容工作环境；建立完备的安全管理制度，防止非法进入计算机控制室和各种偷窃、破坏活动的发生。

（2）访问控制策略

访问控制是网络安全防范和保护的主要策略，其主要任务是保证网络资源不被非法使用和非法访问。访问控制是保证网络安全最重要的核心策略之一。下面介绍各种访问控制策略。

① 入网访问控制。它控制哪些用户能够登录到服务器并获取网络资源，同时也控制准许用户入网的时间和从哪台工作站入网。用户入网访问控制通常分为三步：

- 用户名的识别与验证。
- 用户密码的识别与验证。
- 用户账号的默认限制检查。

三步中只要有一步未通过，该用户便不能进入网络。对网络用户的用户名和密码进行验证是防止非法访问的第一道防线。用户注册时首先输入用户名和密码，服务器将验证所输入的用户名是否合法。如果验证合法，才继续验证用户输入的密码，否则，用户将被拒之于网络之外。用户密码是用户入网的关键所在，必须经过加密，加密的方法很多，其中最常见的方法有：基于单向函数的密码加密、基于测试模式的密码加密、基于公钥加密方案的密码加密、基于平方剩余的密码加密、基于多项式共享的密码加密以及基于数字签名方案的密码加密等。经过上述方法加密的密码，即使是系统管理员也难以破解它。用户还可采用一次性用户密码，也可用便携式验证器（如智能卡）来验证用户的身份。用户名和密码验证有效之后，再进一步履行用户账号的默认限制检查。

② 网络的权限控制。网络权限控制是针对网络非法操作提出的一种安全保护措施。用户和用户组被赋予一定的权限。网络控制用户和用户组可以访问哪些目录、子目录、文件和其他资源，以及用户可以执行的操作。

③ 客户端安全防护策略：

● 切断病毒的传播途径，尽可能地降低感染病毒的风险。

● 使用现成浏览器必须确保浏览器符合安全标准。

● 除浏览器的安全标准之外，有些附加功能也必须列入考查重点。

（3）安全的信息传输

从本质上讲，Internet网络本身就不是一种安全的信息传输通道。网络上的任何信息都是经过中介网站分段传送至目地。由于网络信息的传输并无固定路径，而是取决于网络的流量状况，且通过哪些中介网站也难以查证，因此，任何中介站点均可能拦截、读取，甚至破坏和篡改封包的信息。所以应该利用加密技术确保安全的信息传输。

（4）网络服务器安全策略

在Internet上，网络服务器的设立与状态的设定相当复杂，而一台配置错误的服务器将对网络安全造成极大的威胁。例如，当系统管理员配置网络服务器时，若只考虑高层使用者的特权与方便，而忽略整个系统的安全需要，将造成难以弥补的安全漏洞。

（5）操作系统及网络软件安全策略

由许多程序组成防火墙通常设置于某一台作为网间连接器的服务器上，主要是用来保护私有网络系统不受外来者的威胁。一般而言，操作系统是任何应用的基础，最常见的Windows 2000 Server或UNIX即使通过防火墙与安全交易协议也难以保证100%的安全。

（6）网络安全管理

在网络安全中，除了采用上述技术措施之外，加强网络的安全管理、制定有关规章制度，对于确保网络的安全、可靠运行，将起到十分有效的作用。网络安全管理包括确定安全管理等级和安全管理范围、制订有关网络操作使用规程和人员出入机房管理制度、制定网络系统的维护制度和应急措施等。

2. 常用安全防范技术

（1）防毒软件

防毒解决方案的基本方法有5种：信息服务器端、文件服务器端、客户端防毒软件、防毒网关以及网站上的在线防毒软件。

（2）防火墙

防火墙是计算机硬件和软件的组合，运作在网络网关服务器上，在内部网与Internet之间建立起一个安全网关,保护私有网络资源免遭其他网络使用者的擅用或侵入。

(3) 密码技术

用密码技术对信息加密是最常用的安全保护手段,加密技术主要分为下述两类。

① 对称算法加密。其主要特点是加解密双方在加解密过程中要使用完全相同的密密钥码,DES算法是最常用的对称算法。对称算法是在发送和接收数据之前,必须完成密钥的分发。因此,密钥的分发成为该加密体系中最薄弱的环节。由于各种基本手段很难完成这一过程,致使密码更新的周期加长,给其他人破译密码提供了机会。

② 非对称算法加密与公钥体系。建立在非对称算法基础上的公开密钥密码体制是现代密码学最重要的进展。保护信息传递的机密性,仅仅是当今密码学的主要方面之一。对信息发送人的身份验证与保障数据的完整性是现代密码学的另一重点。公开密钥密码体制对这两方面的问题都给出了解答,并正在继续产生许多新的方案。

在公钥体制中,加密密钥不同于解密密钥,加密密钥公开的,而解密密钥只有解密人知道。分别称为公开密钥和私有密钥。

(4) 虚拟专有网络(VPN)

相对于专属某公司的私有网络或是租用的专线,VPN是架设于公众电信网络之上的私有信息网络,其保密方式是使用信道协议及相关的安全程序。

在外联网及广域的企业内联网上了使用VPN。VPN的使用还牵涉到加密后送出资料,及在另一端收到后解密还原资料等问题,而更高层次的安全包括加密收发两端。Microsoft、3Com等公司提出了点对点信道协议标准,如建于Windows NT Server之内的Microsoft PPTP等,这些协议的采用提高了VPN的安全性。

(5) 安全检测

安全检测采取预先主动的方式,对客户端和网络的各层进行全面有效的自动安全检测,以发现并避免系统遭受攻击伤害。

13.4　计算机病毒与反病毒

计算机病毒传播途径、计算机病毒的特征如下所述。

13.4.1　计算机病毒传播途径

在互联网得到广泛应用之前,计算机病毒主要依靠软盘进行传播,然而在互联网普及之后,计算机病毒便可以在全世界范围内互相传播,随时向计算机系统发起攻击。当前病毒传播主要方式如图13-5所示。

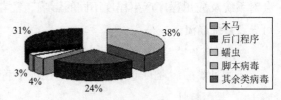

图13-5　病毒传播的主要方式

13.4.2　计算机病毒定义

1994年12月28日,在《中华人民共和国计算机信息系统安全保护条例》中,计算机病毒被定义为:"计算机病毒,是指编制或者在计算机程序中插入的破坏计算机功能或者毁坏数据,影响计算机使用，并能自我复制的一组计算机指令或者程序代码。"这个定义指出了计算机病毒的本质和最基本特征。

计算机病毒不是天然存在的，是某些人利用计算机软、硬件所具有的脆弱性，编制具有特殊功能的程序。由于它与生物医学上的病毒同样有传染和破坏的特性，因此计算机病毒是由生物医学上的病毒概念引申而来。

从广义上定义，凡能够引起计算机故障，破坏计算机数据的程序统称为计算机病毒。依据此定义，诸如逻辑炸弹，蠕虫等均可称为计算机病毒。

13.4.3　计算机病毒的特征

1. 传染性

传染性就是指计算机病毒具有把自身的备份放入其他程序的特性。传染性是计算机病毒最基本的属性，是判断某些可疑程序是否是病毒的最重要依据。病毒的复制与传染过程只能发生在病毒程序代码被执行过后。

2. 隐蔽性

一般正常的程序是由用户调用，再由系统分配资源，完成用户交给的任务。对用户透明。病毒通常附在正常程序中或磁盘较隐蔽的地方，也有个别的以隐含文件形式出现。病毒程序的执行是在用户所不知的情况下完成的。

3. 潜伏性

潜伏性是指病毒具有依附于其他媒体而寄生的能力，一个编制巧妙的计算机病毒程序可以在几周或者几个月，甚至几年内隐蔽在合法的文件中，对其他系统进行传染，而不被发现。

4. 可触发性

病毒因某个事件或数值的出现，诱使病毒实施感染或进行攻击的特性称为可触发性。病毒既要隐蔽又要维持攻击力，必须具有可触发性。

计算机病毒一般都有一个触发条件，触发的条件有以时间、计数器、特定字符作为触发条件，也可以上几个条件组合作为计算机病毒的触发条件。

5. 破坏性

病毒破坏文件或数据，扰乱系统正常工作的特性称为破坏性。任何病毒只要侵入系统，都会对系统及应用程序产生程度不同的影响。轻者会降低计算机工作效率，占用系统资源，重者可导致系统崩溃。

6. 不可预见性

不同种类的病毒的代码千差万别，出现了病毒的不可预见性。

7. 非授权性

病毒未经授权而执行，因而具有非授权性。计算机病毒隐藏在合法的正常程序或数据中，当用户调用正常程序时，病毒趁机得到系统的控制权，先于正常程序执行，对用户是未知的，是未经用户允许的。

13.5　防火墙技术

13.5.1　防火墙的基本概念

防火墙是指隔离在本地网络与外界网络之间的防御系统。在互联网上，防火墙是一种非常有效的网络安全模型，通过它可以隔离风险区域与安全区域（局域网）的连接，同时不会妨碍用户对风险区域的访问。防火墙可以监控进出网络的通信量。它只让安全、核准的信息进入，同时又抵制对企业构成威胁的数据。由于对网络的入侵不仅来自高超的攻击手段，也有可能来自配置上的低级错误或不合适的密码选择。因此，防火墙可以防止不希望的、未授权的通信进出被保护的网络，使得单位可以加强自己的网络安全。

防火墙可以由软件或硬件设备组合而成，通常处于企业的内部局域网与Internet之间。防火墙一方面限制Internet用户对内部网络的访问，另一方面又管理着内部用户访问外界的权限。换言之，一个防火墙在内部网络和外部网络（通常是Internet）之间提供一个封锁工具，如图13-6所示。在逻辑上，防火墙是一个分离器，一个限制器，同时也是一个分析器，有效地监控了内部网和Internet之间的任何活动，保证了内部网络的安全。

由于防火墙设定了网络边界和服务，因此更适合于相对独立的网络，例如Intranet等。防火墙成为控制对网络系统访问的非常流行的方法。事实上，在Internet上的Web网站中，超过三分之一的Web网站都是由某种形式的防火墙加以保护，这是对黑客防范最严格而安全性较强的一种方式，任何关键性的服务器都应放在防火墙之后。

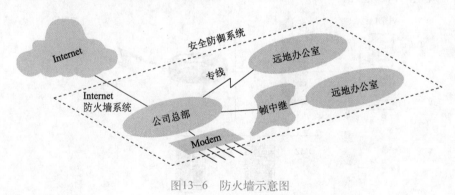

图13-6　防火墙示意图

13.5.2　防火墙的功能

防火墙能增强机构内部网络的安全性，加强网络间的访问控制，防止外部用户非法使用内部网的资源，保护内部网络的设备不被破坏，防止内部网络的敏感数据被窃取。防火墙系统可决定外界可以访问哪些内部服务，以及内部人员可以访问哪些外部服务。一般来说防火墙应该具备以下功能。

① 支持安全策略。即使在没有其他安全策略的情况下，也应该支持"除非特别许可，否则拒绝所有的服务"的设计原则。

② 易于扩充新的服务和更改所需的安全策略。

③ 具有代理服务功能（例如：FTP、TELNET等），包含先进的鉴别技术。

④ 采用过滤技术，根据需求允许或拒绝某些服务。

⑤ 具有灵活的编程语言，界面友好，且具有很多过滤属性，包括源和目的IP地址、协议类型、源和目的TCP/UDP端口以及进入和输出的接口地址。

⑥ 具有缓冲存储的功能，提高访问速度。

⑦ 能够接纳对本地网的公共访问，对本地网的公共信息服务进行保护，并根据需要删减或扩充。

⑧ 具有对拨号访问内部网的集中处理和过滤能力。

⑨ 具有记录和审计的功能，包括允许等级通信和记录可以活动的方法，便于检查和审计。

⑩ 防火墙设备上所使用的操作系统和开发工具都应该具备相当等级的安全性。

⑪ 防火墙应该是可检验和管理的。

13.5.3 防火墙的优缺点

1. 防火墙的优点

Internet防火墙负责管理Internet和机构内部网络之间的访问，如图13-7所示。

在没有防火墙时，内部网络上的每个结点都暴露给Internet上的其他主机，极易受到攻击。这就表明内部网络的安全性要由每一个主机的坚固程度来决定，防火墙具有如下优点。

（1）防火墙能加强安全策略

因为Internet上每天都有大量用户收集和交换信息，防火墙执行站点的安全策略，只容许认可的和符合规则的请求通过。

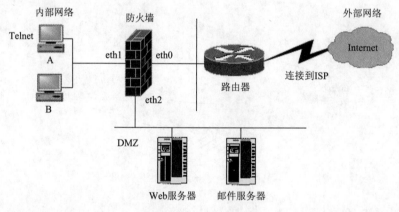

图13-7　Internet防火墙

（2）防火墙能有效地记录Internet上的活动

因为所有进出信息都必须通过防火墙，所以防火墙非常适用于收集关于系统和网络使用和误用的信息。作为访问的唯一经过点，防火墙能在被保护的网络和外部网络之间进行记录。

（3）防火墙限制暴露用户点

防火墙能够隔开网络中的不同网段。从而防止影响一个网段的问题通过网络传播而影响整个网络。

（4）防火墙是一个安全策略的检查站

所有进出的信息都必须通过防火墙，防火墙便成为安全问题的检查点，使可疑的访问被拒之门外。

（5）可作为中心扼制点

Internet防火墙允许网络管理员定义一个中心扼制点来防止非法用户，如黑客、网络破坏者等进入内部网络。禁止安全脆弱性的服务进出网络，并抗击来自各种路线的攻击。

（6）产生安全报警

在防火墙上可以很方便地监视网络的安全性，并产生报警。网络管理员必须审计并记录所有通过防火墙的重要信息，及时响应报警并审查常规记录。

（7）缓解地址空间短缺

Internet防火墙可以作为部署NAT的逻辑地址。因此可以用来缓解地址空间短缺的问题，并消除机构在变换ISP时带来的重新编排地址的麻烦。

（8）WWW和FTP服务器的理想位置

Internet防火墙也可以成为向客户发布信息的地点。Internet防火墙可以作为部署WWW服务器和FTP服务器的理想地点。还可以对防火墙进行配置，允许Internet访问上述服务，而禁止外部对受保护的内部网络上其他系统的访问。

2．防火墙的缺点

防火墙内部网络可以在很大程度上免受攻击，防火墙是网络安全的重要一环，但并非全部。许多危险是在防火墙能力范围之外的。

（1）不能防范内部人员的攻击

防火墙只提供周边防护，并不控制内部用户滥用授权访问，而这正是网络安全最大的威胁。信息安全调查表明，一半以上的安全事件是由于内部人员的攻击所造成的。

（2）不能防范恶意的知情者和不经心的用户

防火墙可以禁止系统用户经过网络连接发送专有的信息，但用户可以将数据复制到磁盘、磁带上，放在公文包中带出去。如果入侵者已经在防火墙内部，防火墙是无能为力的。

（3）不能防范不通过它的连接

防火墙能够有效地防范通过它进行传输的信息，然而不能防范不通过它而传输的信息。例如，如果站点允许对防火墙后面的内部系统进行拨号访问，那么防火墙绝对没有办法阻止入侵者进行拨号入侵。在一个被保护的网络上有一个没有限制的拨出存在，内部网络上的用户就可以直接通过SLIP或PPP连接进入Internet，如图13-8所示。网络上的用户必须了解这种类型的连接，这对于一个具有全面的安全保护系统来说是绝对不允许的。

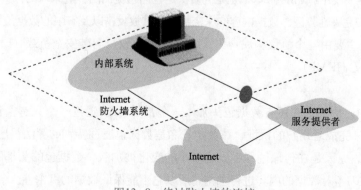

图13-8　绕过防火墙的连接

（4）防火墙不能直接抵御恶意程序

恶意程序可以通过E-mail附件的形式在Internet上迅速蔓延。许多站点都可以下载病毒程序甚至源码。许多用户不经过扫描就直接读入E-mail附件中的Word文档或HTML文件。此外，防火墙只能发现从其他网络来的恶意程序，但许多病毒是通过被感染的软盘或系统直接进入网络。

（5）防火墙无法防范数据驱动型的攻击。

数据驱动型的攻击表面上是无害的，数据被邮寄或复制到Internet主机上。但它一旦执行就成为攻击。

13.6　因特网的层次安全技术

因特网用户安全威胁分析如图13-9所示。

因特网中的三个协议：IPSec、SSL/TLS、PGP，它们分别应用在TCP/IP的网际层、传输层和应用层。

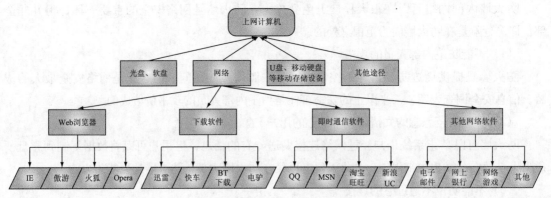

图13-9　因特网用户安全威胁分析

13.6.1　网际层安全协议

在TCP/IP体系结构中，网际层并不提供安全保障，例如IP数据报可能被监听、拦截或重放，IP地址可能会被伪造，内容会被修改，不提供源认证，所以无法保证原始数据的保密性和完整性，1995年互联网标准草案中颁布的IPSec，正是为解决这些问题提出的，它采取的保护措施包括：源验证、无连接数据的完整性验证、数据内容的保密性、抗重放攻击以及有限的数据流机密性保证。

IPSec协议族主要由三个协议构成：头认证（AH）协议、封装安全负载（ESP）协议以及互联网密钥管理协议（IKMP）。

1．头认证（AH）协议

头认证（AH）协议是在所有数据包头加入一个密码，AH通过一个只有密钥持有人知道的数字签名密钥，来完成对用户的认证，该数字签名是数据包通过特别的算法得出的，AH还能维持数据的完整性，原因是在传输过程中无论多小的变化被加载，数据包的头部的签名都能把它检测出来，由于AH不对数据的内容进行加密，所以它不能保证数据的机密性。

2. 封装安全负载（ESP）协议

封装安全负载（ESP）协议通过对数据包的全部数据和加载内容进行全加密的方法来严格保证传输信息的机密性，从而避免其他用户通过监听来打开信息交换的内容，只有受信任的用户拥有密钥打开内容。

3. 密钥管理协议（IKMP）

密钥管理包括密钥确定和密钥分发两个方面，最多需要4个密钥：AH和ESP两组发送和接收。密钥管理包括手动和自动两种方式，手动管理方式是管理员使用自己的密钥及其他系统的密钥手工设置每个系统，手动技术使用于较小的静态环境，扩展性不好，例如一个单位只在几个站点的安全网关使用IPSec建立一个虚拟专用网络。密钥由管理站点确定然后分发到所有的远程用户。使用自动管理系统可以动态地确定和分发密钥，自动管理系统的中央控制点集中管理密钥，随时建立新的密钥，对较大的分布式系统上使用的密钥进行定期的更新，IPSec的自动管理密钥协议为互联网安全组织及密钥管理协议（Internet Security Association and Key Management Protocol，ISAKMP）。

13.6.2　传输层安全协议SSL/TLS

传输层安全协议的目的是在传输层提供实现保密、认证和完整性安全的方法，保护传输层的安全。SSL是Netscape设计的一种安全传输协议，在TCP之上建立一个加密通道，这种协议在Web上得到广泛应用，IETF将SSL3.0进行了标准化，即RFC2246，并将其称为TLS（Transport Layer Security）。它为TCP/IP连接提供数据加密、服务器认证、消息完整性以及可选的客户机认证。

13.6.3　应用层的安全协议

因为因特网的通信只涉及客户端和服务器端，所以实现应用层的安全协议比较简单。下面以应用层的简单邮件传输协议SMTP中采用的PGP协议为例进行介绍。

1. PGP安全电子邮件概述

用于电子邮件的隐私协议PGP（Pretty Good Privacy）为电子邮件提供认证和保密服务，发送电子邮件是一次性的行为，发送方和接收方不建立会话进程，发送方将邮件发送到邮件服务器，接收方从邮件服务器接收邮件，每个邮件之间的关系是相互独立的。所以垃圾邮件的制造者可以不经收件人的同意，大量发送垃圾邮件，PGP协议是为解决邮件的一次性的行为中，通信双方的安全参数的传输问题，注意不是解决垃圾邮件的问题。在PGP中，邮件的发送方需要将报文的认证算法和密钥的值一起发送出去。PGP提供的安全访问如下：

① 发送明文：发送方产生一个电子邮件报文，然后发送到接收方的服务器的邮箱中。

② 加密：发送方产生一个一次性使用的会话密钥，如IDEA、3-DES或CAST-128算法得出，用它对报文和摘要进行加密，然后将会话密钥和加密后的报文一起发送出去，为了保护会话密钥，发送方利用接收方的公开密钥对会话密钥加密，如RSA或D-H算法。

③ 报文认证：发送方对产生的报文产生一个报文摘要，并用自己的私密密钥对它进行签名。当接收方收到此报文后，使用发送方的公开密钥来证实报文是否来自发送方。

④ 报文压缩：将电子邮件报文和报文摘要进行压缩可以减少网络流量。报文的压缩在报文签名和加密之间，即先对报文签名，后进行压缩，目的是为了保存未压缩的报文和签名；压缩

后再加密，目的是为了提高密码的安全性。

⑤ 代码转换：大部分电子邮件系统传输ASCII编码构成的文本邮件，如果要用电子邮件发送非ASCII码信息，PGP使用Radix 64转换方法将二进制数据转换为ASCII字符发送。接收方再还原为非ASCII的信息。

⑥ 数据分段：PGP具有分段和组装功能，通常邮件的最大报文长度限制在50000 octets，超过部分自动进行分段，接收端再将其重组。

2．PGP安全电子邮件的发送方处理过程

利用PGP协议实现电子邮件的认证和加密过程如图13-10所示。假定A向B发送电子邮件明文X，现在用PGP进行加密。A至少有三个密钥：B的公钥、自己的私钥和A自己生成的一次性会话密钥；B至少有两个密钥：A的公钥和自己的私钥。

发送方的工作过程如下：

① A产生一个对称密钥作为本次通信的一次性会话密钥，并将它与加密算法的代号（图中的SA）绑定，再用B的公开密钥对二者进行加密，再加入公开密钥算法的代号PA1构成图13-10 PGP报文右边的数据段，包括三个信息：会话密钥，对称密钥算法SA以及部分使用的非对称密钥算法PA1。

② A使用一个Hash算法生成电子邮件的摘要，用自己的私密密钥进行加密，实现签名认证。然后加入公开密钥算法的代号PA2，以及Hash算法的代号HA，此数据段包含：签名，加密算法和Hash算法的代号。

③ A用①步产生的一次性会话密钥对电子邮件报文和②步产生的数据段进行加密，形成图13-10中会话密钥加密的数据段。

④ A在上述三个步骤中产生的数据前面加入PGP头部，再将整个PGP包封装到电子邮件SMTP包中，发送到电子邮件服务器等待B接收。

上面所有的算法和代号如图13-10所示。

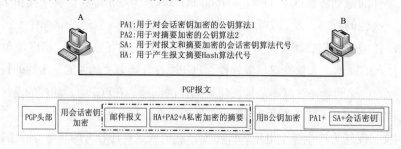

图13-10 PGP实现对电子邮件的认证和加密

3．PGP安全电子邮件的接收方处理过程

① B从电子邮件服务器中收到A发的邮件后，利用自己的私有密钥从尾部对数据解密，得到本邮件的一次性会话密钥，从代号SA知道采用的对称密钥加密算法。

② B使用一次性会话密钥对PGP包中电子邮件报文和摘要解密，即虚线框中的部分信息解密，得到邮件报文、Hash算法的代号HA，对摘要进行加密的公钥算法代号以及邮件报文摘要。

③ B利用A的公开密钥和PA2指定的算法对摘要解密。

④ B使用HA指定的Hash算法，从收到的邮件报文中产生报文摘要。

⑤ 将④步产生的摘要和③步解密的报文摘要进行比较，如果相同，说明邮件来自A，可以信赖，如果不同，说明不可信赖，将邮件报文丢弃。

PGP使用了加密、鉴别、电子签名和压缩等技术，很难攻破，因此目前认为是比较安全的。在Windows和UNIX等平台上得到广泛应用，但是要将PGP用于商业领域，则需要到指定的网站http://www.pgpinternational.com上获得商用许可证。

小　结

随着计算机网络的广泛使用和网络之间信息传输量的急剧增长，一些机构和部门在得益于网络加快业务运作的同时，其上网的数据也遭到了不同程度的破坏，或被删除或被复制，数据的安全和自身的利益受到了严重的威胁。由此，便产生了网络安全。本章主要介绍了网络安全的相关内容，内容包括：网络安全概述、网络安全的定义、数据加密技术、网络攻击、检测与防范技术、计算机病毒与反病毒及防火墙技术、因特网的层次安全技术等。

通过本章内容的学习，可以掌握网络安全方面的知识，进而具有构造安全网络、安全应用网络的能力。

拓 展 练 习

1．为什么要加强计算机网络的安全性？

2．一个加密系统至少由哪几个部分组成？

3．应用换位密码方式对明文iamagraduate进行加密，密钥是megabuck。

4．简述网络攻击有哪几种手段？

5．简述常用的安全防范技术？

6．具体的网络安全策略有哪几种？

7．简述计算机病毒产生的原因？

8．简述计算机病毒的特征？

9．简述防火墙的工作原理。

10．简述防火墙的功能以及其优缺点。

11．传送文件数据时，附上数字签名有什么好处？

第 ⑭ 章

网络管理

本章主要内容

- 使用交叉双绞线连接两台计算机
- 网络管理功能与模型
- 网络管理的模型
- 网络管理中的概念
- SNMP 协议

为了使分布广泛、构造复杂的计算机网络正常运行，必须建立一种有效的机制对网络的运行情况进行检测和控制，进而能够有效、安全、可靠、经济地提供服务。

14.1 网络管理功能与模型

网络管理简称为网管。网管包括了硬件、软件和用户的设置、综合与协调，监视、测试、配置、分析、评价和控制网络及网络资源，用合理的成本满足实时性、运营性能和服务质量。

14.1.1 网络管理的功能

网络管理的功能大致分为下述5类。

1. 配置管理

配置管理主要完成对配置数据的采集、录入、监测、处理等，必要时还需要完成对被管理对象进行动态配置和更新等操作。具体地说，就是在网络建立、扩充、改造以及业务的开展过程中，对网络的拓扑结构、资源配置、使用状态等配置信息进行定义、监测和修改。配置、管理、建立和维护配置信息管理信息库（MIB），配置MIB不仅为配置管理功能使用，还为其他的管理功能使用。

网络管理员首先要获取被管网络的配置数据，配置数据的获取方式有网络主动上报、网管系统自动采集、手工采集和手工录入。获得网络的配置数据后，就需要对这些配置数据进行实时监测，随时发现配置数据的变化，并对配置数据进行查询、统计、同步、存储等处理。除此之外，网管员通过网管系统可以完成对配置数据的增、删、改及响应状态变化的监测，及时调整网络的配置。

2．故障管理

故障管理的作用是发现和纠正网络故障，动态维护网络的有效性。故障管理的主要任务有报警监测、故障定位、测试、业务恢复以及修复等，同时维护故障日志。为保障网络的正常运行，故障管理非常重要，当网络发生故障后要及时进行诊断，给故障定位，以便尽快修复故障，恢复业务，故障管理的策略有事后策略和预防策略，事后策略是一旦发现故障迅速修复故障，预防策略是事先配备备用资源，在故障时用备用资源替代故障资源。网络管理中的故障排除操作执行步骤如图14-1所示。

图14-1　故障排除的步骤

（1）排定优先顺序

网络上出现问题时，首先要做的是根据问题的重要性与修复时间长短来排定解决问题的优先顺序。重要的问题先解决，较不重要的问题则可稍后解决。有时候网络问题之间也有关联性，这时就要从其中最主要的问题着手。举例来说，网络上的某个连接设备出现故障了，这时用户便纷纷回报网络各种异常状况，换掉故障的连接设备后，所有的网络问题就全解决了。此外，有些网络配置设置修改后，要将网络设备重新启动。为了不影响用户的正常操作，要等到所有的用户都下班之后，才能进行这项修改工作。

（2）收集信息

开始着手解决问题之前，先收集该问题的相关信息。可供参考的信息越多，越有助于接下来的故障排除操作。举例来说，如果有用户抱怨他无法收发电子邮件，那就要询问事情的发生时间，是完全无法收发还是收发状况时好时坏，是否有别人也遭遇同样的状况，最近修改过哪些计算机配置设置等，显然，信息越多，越有助于故障排除。

（3）设想可能的原因

收集了足够的信息之后，接下来就要根据这些参考信息，开始设想所有可能的原因。举例来说，会计部的张先生今天早上发现他无法收发电子邮件了，隔壁的李小姐也遭遇到同样的困扰，这几天都没有修改过任何配置设置。此时可以假设是邮件服务器故障或该部门的网络连接设备故障等。当然，在此期间还可以询问张先生，除了无法收发电子邮件外，是否也无法浏览网站。如果张先生还可以浏览网站，那就表示网络连接正常。

（4）排除问题

分析出问题发生的可能原因之后，接下来便要对症下药，来排除问题。举例来说，如果怀疑网络传输线坏掉了，那就换一条传输线试一试。

（5）测试结果

实际动手排除问题后，接着便要测试结果，检查故障排除操作是否已经解决了问题。如果问题依然存在，那就要设想另一种导致问题发生的可能原因，然后再回头根据新设想的原因进行故障排除操作。举例来说，如果换过一条好的传输线后，依旧无法收发邮件，那就再检查网卡是否安装好了。如果已经试过所有设想的可能原因后，却还是没有排除故障。那可能就要重新回到收集数据步骤，检查是否有其他遗漏之处。

3. 性能管理

性能管理的目的是维护网络服务质量和网络运营效率。提供性能监测功能、性能分析功能以及性能管理控制功能。当发现性能严重下降的时候启动故障管理系统。网络的运行效率直接影响到用户的生产力，网络传输堵塞，所有通过网络进行的操作就无法完成。所以严格说，网络管理中的性能管理也应该是故障管理的一部分。

不同类型的网络应用方式所造成的网络负担各不相同，比较起在网络上传送一张光盘容量的数据，通过网络收发几封电子邮件对网络的负担显然就轻多了。网络运行性能不佳时，有时只需改变几个网络配置设置就能解决，有时则只能以换用传输效率更高的传输技术来解决，依情况定。

一般而言，网络的主要性能指标可以分为面向服务质量和面向网络效率的两类，其主要指标有：有效性（可用性）、响应时间和传输正确率（面向服务质量的指标）；传输流量与线路使用率（面向网络效率的指标）。

（1）响应时间

使用 PING 工具程序来检测特定网络结点的响应时间。如果该结点的响应时间跟平常比起来较长，则需进一步检查。除了 PING 响应时间外，电子邮件收发的响应时间、浏览网页的响应时间等也是网管人员监控的项目之一。

（2）传输正确率

通过网络传送一个文件到各处后再传送回来，将返回文件与源文件进行比较，如果两者完全相同则表示网络传输正常。除此之外，网管人员也应通过网络管理程序定期监视网络上错误信息包的数量，借此评估网络的传输正确率。

（3）传输流量与线路使用率

网络系统是由一条又一条的传输连线所组成的，如果其中某些传输连线或网络连线设备上的数据传输流量与线路使用率增高，那就表示这里的网络连线需要重新调整，以增加传输带宽，进而提升网络运行效益。尽可能预留传输频宽，以后网络传输量增高时方能从容应付。否则等到以后网络传输带宽不足以应付时再谋求补救，那就会事倍功半了。

4. 计费管理

使用网络传输技术，是为了通过网络提高生产力。合理的使用网络资源可以提升生产力，但过度使用网络资源则会造成不必要浪费。以最少的投资得到最大的收益，是计费管理的目标。

计费管理的主要任务是正确地计算和收取用户使用网络服务的费用，进行网络资源利用率的统计和网络成本效益核算，计费管理主要提供数据流量的测量、资费管理、账单和收费管理。

（1）资产管理

记录网络传输线路、连接设备、服务器等资源的构建与维护成本，并记录各种网络资源的使用状况，以了解各种网络资源的成本效益。

（2）成本控制

对于网络上的消耗性资源（例如：打印纸张、碳粉、墨水箱、备份磁带等）必须控制其使用量，以避免不必要的资源浪费。

（3）使用计费

记录网络资源的使用状况，分析各部门资源的使用率，以计算出各部门实际所消耗的资源成本。

5. 安全管理

安全管理的功能是提供信息的保密、认证和完整性保护机制，使网络中的服务、数据以及网络系统免受侵害。目前采用的网络安全措施有通信伙伴认证、访问控制、数据保密和数据完整性保护等，一般的安全管理系统包含风险分析功能、安全服务功能、报警、日志和报告功能、网络管理系统保护功能等。

14.1.2　网络管理的模型

网络管理的模型如图14-2所示。

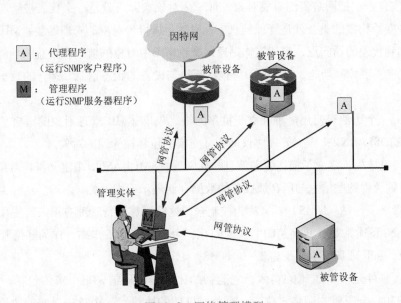

图14-2　网络管理模型

网络管理主要由管理站、被管设备以及网络管理协议构成。管理站是整个网络管理的系统核心，主要负责执行管理应用程序以及监视和控制网络设备，并将监测结果显示给网管员。管理站的关键构件是管理程序，管理程序在运行时产生管理进程，通常管理程序有较好的图形工作界面，网络管理员直接操作。被管设备是主机、网桥、路由器、交换机、服务器、网关等网络设备，其上必须安装并运行代理程序，管理站就是借助被管设备上的代理程序完成设备管理的，一个管理者可以和多个代理进行信息交换，一个代理也可以接受来自多个管理者的管理操作。在每个被管设备上建立一个管理信息库，包含被管设备的信息，由代理进程负责MIB的维护，管理站通过应用层管理协议对这些信息库进行管理。图14-3是管理进程/代理进程模型。

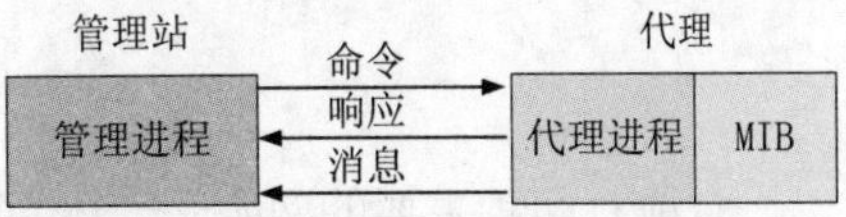

图14-3　管理进程/代理进程模型

网络管理的第三部分是网络管理协议，该协议运行在管理站和被管设备之间，允许管理站查询被管设备的状态，并经过其代理程序间接地在这些设备上工作，管理站通过网络管理协议获得被管设备的异常状态。网络管理协议本身不能管理网络，它为网络管理员提供了一种工具，网管员用它来管理网络。

14.2　网络管理中的概念

① 被管设备：又称网络元素，是指计算机、路由器、转换器等硬件设备。

② 代理：驻留在网络元素中的软件模块，它们收集并存储管理信息，如网络元素收到的错误包的数量等。

③ 管理对象：管理对象是能被管理的所有实体（网络、设备、线路、软件）。例如，在特定的主机之间的一系列现有活动的TCP线路是一个管理对象。管理对象不同于变量，变量只是管理对象的实例。

④ 管理信息库：把网络资源看成对象，每一个对象实际上就是一个代表被管理的一个特征的变量，这些变量构成的集合就是管理信息库。MIB存放报告对象的管理参数；MIB函数提供了从管理工作站到代理的访问点，管理工作站通过查询MIB中对象的值来实现监测功能，通过改变MIB对象的值来实现控制功能。每个MIB应包括系统与设备的状态信息，运行的数据统计和配置参数。

⑤ 语法：一个语法可使用一种独立于机器的格式来描述MIB管理对象的语言。因特网管理系统利用ISO的OSI ASN.1来定义管理协议间相互交换的包和被管理的对象。

⑥ 管理信息结构：定义了描述管理信息的规则后，SMI由ASN.1来定义报告对象及在MIB中的表示，这样就使得这些信息与所存放设备的数据存储表示形式无关。

⑦ 网络管理工作站（NMS）：又称为控制台，这些设施运行管理应用来监视和控制网络元素，在物理上NMS通常是具有高速CPU、大内存、大硬盘等的工作站，作为网络管理工作站管理网络的界面，在管理环境中至少需要一台NMS。

⑧ 部件：部件是一个逻辑的实体，它能初始化或接收通信，每个实体包括一个单一的唯一的实体标识和一个逻辑的网络定位、一个单一证明的协议、一个单一保密的协议。SNMPv2的信息是在两个实体间来通信。一个SNMPv2的实体可以定义多个部件，每个部件具有不同的参数。

⑨ 管理协议：管理协议是用来在代理和NMS之间转化管理信息，提供在网络管理站和被管设备间交互信息的方法。SNMP就是在因特网环境中一个标准的管理协议。

⑩ 网络管理系统：真正的网络管理功能的实现，它驻留在网络管理工作站中，通过对被管对象中的MIB信息变量的操作实现各种网络管理功能。

14.3　SNMP 协议

目前有两种主要的网络管理体系结构，一种是基于OSI模型的公共管理信息协议（CMIP）体系结构，另一种是基于TCP/IP模型的简单网络管理协议（SNMP）体系结构。CMIP体系结构是一种通用的模型，它能够对应各种开放系统之间的管理通信和操作，开放系统之间可以是平等的关系也可以是主从关系，所以既能够进行分布式管理，也能够进行集中式管理，其优点是通用完备。SNMP体系结构开始是一个集中式管理模型，从SNMPv2开始采用分布式模型，其顶层管理站可以有多个被管理服务器，其优点是简单实用。

在实际应用中，CMIP在电信网络管理标准中得到使用，而SNMP多用于计算机网络管理，尤其是在因特网管理中广泛使用，在这里主要介绍SNMP的网络管理技术。

14.3.1　SNMP体系结构特点

SNMP的体系结构是非对称的、三级体系结构。

1. 非对称的结构

SNMP的体系结构一般是非对称的，管理站和代理一般被分别配置，管理站可以向代理下达操作命令访问代理所在系统的管理信息，但是代理不能访问管理站所在系统的管理信息，管理站和代理都是应用层的实体，都是通过UDP协议对其提供支持，图14-4所示的为SNMP的体系结构。

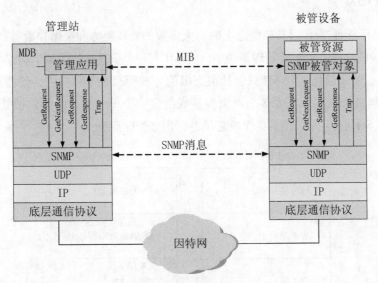

图14-4　SNMP体系结构

管理站和代理之间共享的管理信息由代理系统中的MIB给出，在管理站中要配置一个管理数据库（MDB），用来存放从各个代理获得的管理信息的值，管理信息的交换是通过GetRequest、GetNextRequest、SetRequest、GetResponse和TRAP等5条SNMP消息进行，其中前面3条消息是管理站发给代理的，用于请求读取或修改管理信息的，后2条为代理发给管理站的，GetResponse为响应请求读取和修改的应答，TRAP为代理主动向管理站报告发生的事件。也就是说当代理设备发生异常时，代理即向管理者发送TRAP报文。

2. 三级体系结构

如果被管设备使用的不是SNMP协议，而是其他的网络管理协议，管理站就无法对该被管设备进行管理，SNMP提出了代管（Proxy）的概念，代管一方面配备了SNMP代理，与SNMP管理站通信，另一方面要配备一个或多个托管设备支持的协议，与托管设备通信，代管充当了管理站和被管设备的翻译器。通过代管可以将SNMP网络管理站的控制范围扩展到其他网络设备或管理系统中，如图14-5所示。

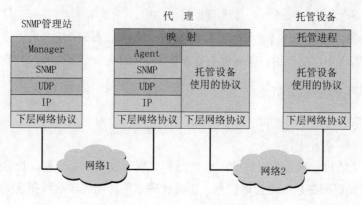

图14-5　SNMP托管体系结构

14.3.2　SNMP体系结构

SNMP是基于管理器/代理器模型之上的。大多数的处理能力和数据存数器都驻留于管理系统，只有相当少的功能驻留在被管理系统中。SNMP有一个很直观的体系结构，与OSI模型比较如图14-6所示。为了简化，SNMP只包括很有限的一些管理命令和响应。管理系统发送Get、GetNext和Set消息来检索单个或多个对象变量或给定一个单一变量的值。被管理系统在完成Get、GetNext或Set的指示后，返回一个响应消息，告知管理系统。

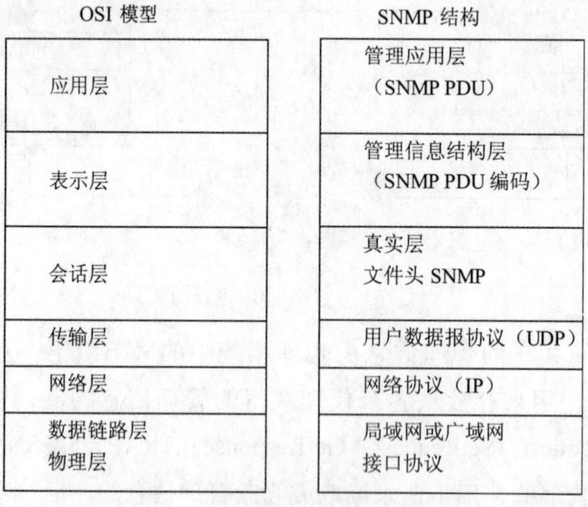

OSI 模型	SNMP 结构
应用层	管理应用层 （SNMP PDU）
表示层	管理信息结构层 （SNMP PDU 编码）
会话层	真实层 文件头 SNMP
传输层	用户数据报协议（UDP）
网络层	网络协议（IP）
数据链路层 物理层	局域网或广域网 接口协议

图14-6　SNMP结构与OSI模型比较

在SNMP中，信道是一个没有联系的通信子网，也就是说，在传输数据之前没有预先设定的信道，所以SNMP不能保证数据传递的可靠性。图14-7为SNMP体系结构图，从图中可以看出SNMP采用的主要协议是用户数据报协议（UDP）和国际协议（IP）。SNMP也要求数据链路层协议，例如，以太网或令牌环开辟从管理系统到被管理系统的通信渠道。

SNMP的简单管理和非联系通信也产生很大的作用。管理器和代管理器在操作中都无须依赖对方。这样，即使远程代理器失效，管理器仍能继续工作。如果代理器恢复工作，它能给代理器发送一个TRAP，通知它运行状态的变化。

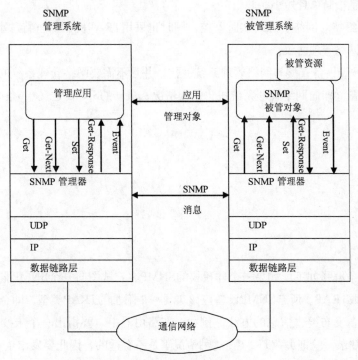

图14-7　SNMP网络管理协议体系

14.3.3　TRAP导致的轮询

SNMP的操作简单，可分为两种基本的管理功能。

● 通过Get的操作，来检测各被管对象的情况。

● 通过Get的操作，来控制各被管对象。

（1）轮询与TRAP

SNMP可通过轮询操作来实现功能，即SNMP管理程序定时向被管设备周期性地发送轮询信息。轮询时间间隔可以通过SNMP的管理信息库建立。轮询的优点如下：

① 可使系统相对简单。

② 能限制通过网络所产生的管理信息的通信量。但轮询管理协议也大大限制了管理元素对条件反映的灵活性和即时性，并限制了所能管理的设备数目。

但SNMP不是完全的轮询的协议，它允许某些不经询问就发送的信息，称为TRAP，但TRAP信息的参数受限制。TRAP同中断是有区别的。使用中断时，被管对象发送中断信息给网控中心，网控中心再对其做出反应，但中断使用了网络中计算机的CPU的周期。

使用轮询系统开销很大。如轮询频繁并未得到有用的报告，则通信线路和计算机的CPU周期就被浪费掉了。但轮询协议实现起来较为简单。

SNMP使用了修正的中断方法。被管对象的代理负责执行门限检查（通常称为过滤），并且只报告那些达到某些门限值的事件。即使这样，发送TRAP仍然还是属于一种中断。这种方法的优点如下：

① 仅在严重事件发生时才发送TRAP。

② TRAP信息很简单且短小。

使用轮询以维持对网络资源的实时监控，同时也采用TRAP机制报告特殊事件，使得SNMP称为一种有效的网络管理协议。

TRAP允许被管设备直接与网络管理系统通信，并且不需要网络管理系统的预先信息请求，它还允许管理设备立即向网络管理系统报告错误情况，最初的SNMP定义了6条必须遵循的TRAP原语。

- 热启动；
- 冷启动；
- 链接开；
- 链接关；
- 邻机丢失；
- 验证失败。

对于最后一条解释如下。如果一个非授权的SNMP客户试图向一个SNMP服务器发送命令，那么产生验证失败TRAP。所有SNMP设备应该实现一个附加的TRAP类型，即企业自陷；它是制造商对已制定设备发布警告信息的方法。例如，在路由器中，要指出一个未授权的使用是否企图在用户界面上登录。验证失败TRAP在这种情况下是不合适的，因此要发出企业自陷信息。

（2）轮询管理与异步报警管理

如果想知道网络中某些东西是否变化了，可采用以下方法：

① 网络管理系统进场询问被管理设备是否网络中一切正常，这种方法叫做轮询管理。

② 如果某个设备有故障，被管理设备立即告诉网络管理系统，这种方法叫做异步报警管理。

轮询管理比较容易执行，就是以规定的时间间隔，网络管理系统查询被管设备，检查它是否运行。这种策略不需要被管理设备有任何判断能力。网络管理系统根据从被管设备那里接收的信息判断是否某个设备出错。

异步报警式管理更复杂一些。SNMP系统能用前面提到的TRAP原语生成异步报警。SNMP中自陷设计的方法允许制造商为特殊设备设定报警进程。但是被管设备必须判定某设备是否出错。下面给出两个例子来说明这个问题。

例1：在令牌环网集线器中，每个站传送它的MAC地址作为加入环进程的一部分。集线器存储一个允许的MAC地址表。作为一种安全技术，如果某站地址不在表中但要加入这个环，集线器能够拒绝这个站。在发生这种情况时集线器能够向网络管理系统送一个SNMP自陷。

例2：在网桥中，网络管理器把学习表配制成含有最大数量的登记项，假定1000个地址。如果表满了，就再不能加帧地址了，数据流就会拥塞网桥上的所有端口（Port）。理想情况下，网络管理员要知道此表是否已经填满80%。并希望能把这个临界值设定在网桥中，已表示其向网络管理系统传送一个SNMP自陷。

在例1中，有一个是/否简单的断定，并能很容易设计和配置一个自陷系统。另外，自陷生成过程能作为安全非法码插入相同的自码路径。

例2更复杂。首先，检测是否已经超过这个临界值，仅有的实现方法是让网桥CPU以某个规则轮询表。当然轮询得越勤，就越快检测出问题，但占用的CPU资源越多，所以需要设定轮询一次的间隔。第二，临界值应该设定为多少合适？在非常复杂的设备如多协议路由器，临界值是SNMP自陷过程主要的工具。路由器在供货时就有一些合适的默认临界值，但网络管理员能够将其进行复位。

由于网络的规模不断增加，从利益的角度选择管理策略，轮询式管理完全不使用了。越来越多具有SNMP功能的设备开始装备自陷功能，某些设备开始采用临界值。

如果被管理设备认为某件设备出错时就产生一个自陷，但这个自陷对网络管理系统应该仅是一个简单的帮助信息。SNMP在其空闲时间轮询被管设备到其他所需要的设备状态的信息。

14.4　远程监控（RMON）

SNMP协议是基于TCP/IP并在Internet互联网中应用最广泛的网管协议，但是SNMP明显的不足主要有以下4点。

- 由于SNMP使用轮询采集数据，所以在大型网络中轮询导致网络交通拥挤甚至阻塞，不适合管理大型网络。
- 不适合回收大信息量的数据，例如一个完整的路由表。
- SNMP仅提供一般的验证，不能提供可靠的安全保证。
- 不支持管理员到管理员的分布式管理，它将收集数据的负担加在网管站上，使其成为瓶颈。

为了提高传送管理信息的可用性，减少管理站的负担，满足网络管理员监控网段性能的需求，RMON解决了SNMP上述的局限性。

14.4.1　远程监控简介

远程网络监视首先实现了对异构环境进行一致的远程管理，它为通过端口远程监视网段提供了解决方案。RMON是对SNMP标准的扩展，它定义了标准功能以及在基于SNMP管理站和远程监控者之间的接口，主要实现对一个网段乃至整个网络的通信流量的监视功能，目前已成为成功的网络管理标准之一。它可以对数据网进行防范管理，使SNMP更有效、更积极主动地监测远程设备，使网络管理员可以更快地跟踪网络、网段或设备出现的故障，然后采用防范措施，防止网络资源的失效。RMON MIB的实现可以记录网络事件。另外，RMON MIB也用于记录网络性能数据和故障历史，可以在任何时候访问故障历史数据以进行有效地故障诊断。使用这种方法减少了管理者同代理间的通信流量，使简单而有力的管理大型互联网络成为可能。

RMON监视器可用两种方法收集数据：一种是通过专用的RMON探测仪，网管站直接从探测仪获取管理信息并控制网络资源，这种方式可以获取RMON MIB的全部信息；另一种方法是将RMON代理直接植入网络设备（路由器、交换机、Hub等），网管站用SNMP的基本命令与其交换数据信息，收集网络管理信息，但这种方式受设备资源限制，一般不能获取RMON MIB的所有数据，大多数只收集4个组的信息。图14-8给出了网络管理站与RMON代理通信的例子。

RMON MIB对网段数据的采集和控制通过控制表和数据表完成。RMON MIB按功能分成9个组。每个组有自己的控制表和数据表（有些组二者合一，如统计组）。其中，控制表可以读写，数据表只能读，控制表用于描述数据表所存放数据的格式。配置的时候，由管理站设置数据收集的要求，存入控制表。开始工作后，RMON 监视器根据控制表的配置，把收集到的数据存放到数据表。

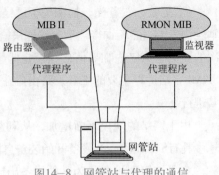

图14-8 网管站与代理的通信

14.4.2 RMON2应用

尽管RMON有很多优点，但也有其局限性。RMON的MAC层探测器不能确定由服务器进入本地网段的数据包的源点和终点，或者是不能确定经过被监视网段的通信数据包的源点和终点。

1994年，RMON2工作组开始致力于提高现存的物理层和数据链路层之间的RMON规范，以实现在网络和应用层提供历史和数据统计服务。图14-9说明了OSI参考模型层与RMON相关的规范。在网络层，RMON2通过监视点对点通信来记录网络使用的模式。另外，RMON2还显示单个应用所占用的带宽，以及出现疑难故障的关键因素。

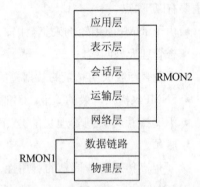

图14-9 RMON和RMON2所支持的协议层

RMON2提供的性能参数如下：

- RMON2为网络层和应用层提供通信流统计数据，这些信息对明确企业网通信模式发展情况，保证用户与资源都达到最优的合理配置以及降低成本等方面发挥着关键作用。
- 利用RMON2，网络管理员可以为系统任意一个计数器历史存档。这允许在整个Intranet范围内收集系统通信对之间有关通信流的信息。
- RMON2增强了RMON的数据过滤和数据捕获性能，支持高层协议更灵活和更有效的过滤器。
- RMON2支持地址转换，将MAC层与网络层的地址绑定在一起。这种方式尤其适用于结点寻找、结点辨识和管理、创建拓扑结构图的应用程序。
- RMON2互操作性也得到了提高，通过定义一个标准，它允许供应商的管理程序远程配置另外一个供应商的RMON探测器。

14.4.3 使用RMON/ROMN2监控局域网通信流量

要想使用RMON/RMON2进行交互式管理，网络设计者必须确定出对网络的运行起关键作用的那些网段。一般情况下，这些网段包括园区骨干网、重要工作组、交换机到交换机链路、提供应用服务器和服务器组接入的网段。如果决定在这些关键网段中安装完全RMON/RMON2设备，那么应当安装在最关键的部分。

在这些关键的网段配置好RMON/RMON2之后，就要制定一个方案，以便能够有效地在整个环境中安装探测器。制定的方案必须保证RMON/RMON2所接收的统计数据和通信信息来自网络中的合适的位置。这些位置包括网卡、网络设备和单机探测器等。如果探测器配置有效，管理员就能够监控每个共享资源的广域网、交换机端口和VLAN。

14.4.4 使用RMON/ROMN2监控广域网环境

网络管理员的兴趣主要集中在对广域网链接的监控。除了简单的通信故障排除外，管理员希望在广域网昂贵的带宽中让客户实现投资最优化。如果广域网网络超负载运转，就会导致错误量增加，网络性能下降，拥挤的数据出现丢失或者传输缓慢的情况，从而降低了带宽的利用率。

1. RMON 广域网探测器

由于广域网探测器监控标准没有数据链路层，其广域网监控标准是建立在专用所有权技术之上，不能与其他供应商提供的探测器一起使用，但它只需校验载波信号。并且这样的探测器都能提供用户界面，反映数据链路层和带宽利用率的情况，并能记录、保存有关基于IP地址的点对点通信的信息。

2. RMON2 广域网探测器

虽然RMON2广域网监测工具也是专用的，但RMON2的确是广域网链路监测通信流量的优秀工具。管理员通过使用它能够运用应用程序而不是通过链路层技术规范来调整网络和吞吐量。图14-10中，RMON2探测器安装在承担广域网范围通信流量的共享局域网网段上。在这里，探测器可以看到

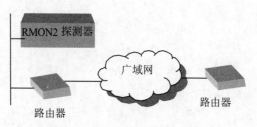

图14-10 RMON2 广域网探测器

所有进出的信息，并且能为整个Intranet提供高层协议分析。

小　　结

通过本章内容的学习，可以掌握网络管理功能与模型；网络管理中的概念和SNMP协议等，进而使分布广泛、构造复杂的计算机网络正常运行，通过建立一种有效的机制对网络的运行情况进行检测和控制，能够有效、安全、可靠、经济地提供服务。

拓 展 练 习

1.（　　）位于互联网与局域网之间，用来保护局域网，避免来自互联网的入侵。

A．防火墙　　　　　　　B．防毒　　　　　　　C．避雷针设备

2. 网络管理优劣的关键在于（　　）。

A．网络系统　　　　　　B．操作系统　　　　　C．人

3. MIB位于（　　）。

A．网络管理站　　　　　B．被管理的网络设备　C．网络线中

4．SNMP 代理程序位于（　　）。

A．网络管理站　　　　　　B．被管的网络设备　　C．网络线中

5．SNMP 管理程序位于（　　）。

A．网络管理站　　　　　　B．被管理的网络设备　　C．网络线中

6．网络管理的方向可分为哪五大类？

7．故障排除操作的五大步骤是什么？

8．网络资源访问的安全模式有哪两种？

9．可远程控制网络设备的通信协议有哪些？

10．传送文件数据时附上数字签名有哪些好处？

第 15 章

网络规划与设计

本章主要内容

- 使用交叉双绞线连接两台计算机
- 使用集线器或交换机连接多个结点
- 使用集线器连接多个局域网
- 使用交换机连接多个局域网
- 利用路由器分割网络
- LAN 与 WAN 的连接
- 主机代管
- 大型局域网的规划
- 网络生命周期

如果一个网络系统在构建之前经过很好的规划，应可以花费最少的成本，获得最高的效益。不但网络构建成本可以大幅度节省，而且以后也能顺利扩充网络性能。经过周密规划的网络，除了提高运行效率之外，提高了管理与维护的效率。

本章介绍从最小的局域网规划开始扩增网络规模，完成一次网络规划。在局域网构建中，采用了100BASE-TX 以太网络传输技术。构建网络传输主干与广域网连接时，使用了实用的网络传输技术与网络连接设备。

15.1 使用交叉双绞线连接两台计算机

假设拥有一间个人工作室，并且使用两台计算机工作，为了让两台计算机能共享文件、打印机和连接互联网，需要将两台计算机用网络连接起来。如果两台计算机都有安装10BASE-T 或 100BASE-TX 的网卡，就可以通过一条交叉双绞线将两台计算机连接起来，如图15-1所示。

使用交叉双绞线连接计算机的考虑：

① 节省了购买集线器的费用。

② 如果两台计算机的网卡都支持全双工传输模式，则通过交叉双绞线所形成的就是全双工传输连接。

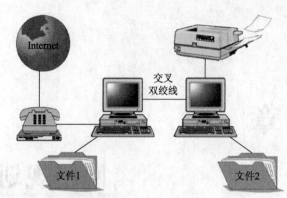

图15-1　只有2台计算机的网络

③ 用来连接两台计算机的交叉双绞线长度不能超过 100 m。

④ 只能用来连接两台计算机，无法再行扩充。当所要连接的计算机数量超过两台时，交叉双绞线连接法就不可用了。

15.2　使用集线器或交换机连接多个结点

对于有 6 个人的团队占用一间办公室，内部并没有任何隔间，所有人都在同一个房间内，且每人桌上都有一台工作计算机（共 6 台）。为了方便共用文件及备份数据，另外还加了一台共用的服务器，如图15-2所示。

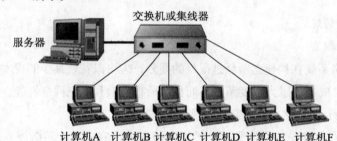

图15-2　通过集线器或交换机连接的多台计算机

集线器是星形布线网络不可缺少的网络连接设备，使用集线器连接计算机的考虑的问题如下所述。

1. 带宽

如果网络上的数据传输量不大，网络使用率不高（例如：只是共享一些文件与打印机），那么通过集线器将 6 台计算机与服务器直接连接起来即可。反之，如果网络上的数据传输量大或是网络使用率高（例如：计算机之间常常会传送大型文件），可改用交换机将6台计算机与服务器连接起来。

2. 传输距离

对于 10BASE-T 的局域网，最多可以串接 4 台集线器，两台计算机间的传输线路最长可达 500 m（途中经过 4 台集线器时）；但对于100BASE-TX 的局域网，最多只能串接 2 台集线器，两台计算机间的传输线路最长只到 205 m（途中经过 2 台集线器，集线器之间的连线再加上2台计算机连接集线器的连线，总长不能超过 205 m）。如果以交换机来连接计算机，则无此限制，只需注意每段连线不超过 100 m即可。如果交换机与集线器混杂相接，则集线器串接部分的传输长度仍然受 205 m 的限制，交换机串接部分则不受限制，如图15-3所示。

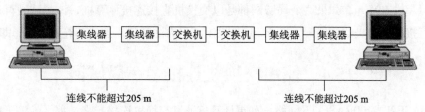

连线不能超过205 m　　　　　连线不能超过205 m

图15-3　集线器或交换机传输距离

3. 预留传输端口

如果目前只需要连接 5 台计算机，但一个月后还要新增 2 台计算机，那建议选择一台具备 8 个传输端口的集线器（或交换机）。如果选择一台 5 个传输端口的集线器（或交换机）。那么一个月后还是要重新买一台 8 个传输端口的集线器（或交换机），才能将 7 台计算机都串联起来。但是，如果一个月后还要架设另外一个 4 台计算机的局域网，那么先前准备 5 个传输端口的集线器（或交换机）就可以挪过来用，所以，该预留多少传输端口，就看未来的需求而定。此外要提醒一点，集线器（或交换机）之间互接时双方都会用掉一个传输端口（但堆叠式集线器例外）。换句话说，如果一台 8 传输端口集线器与另一台 5 传输端口集线器互接，则两台集线器就只剩下 8 + 5 - 2 = 11个传输端口可用，如图15-4所示。

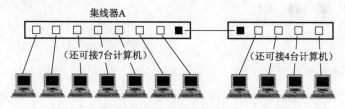

集线器A

（还可接7台计算机）　　　　（还可接4台计算机）

图15-4　集线器的互连

15.3　使用集线器连接多个局域网

集线器除了可以直接连接计算机外，也可以通过集线器串联成更大的局域网，延长局域网的传输距离与涵盖范围，如图15-5所示。

使用集线器连接多个局域网的规划如下所述。

1. 带宽

如果使用的是 10BASE-T 的集线器，那么4个局域网之间的连通带宽就只有半双工的 10Mbit/s 可用；如果使用的是 100BASE-TX 的集线器，那么4个局域网之间的连通带宽也只有半双工的 100Mbit/s 可用。所以

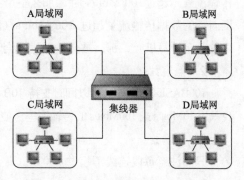

A局域网　　　　　　　B局域网

C局域网　　集线器　　D局域网

图15-5　用集线器连接多个局域网

如果各局域网间的数据传输量不大，通过集线器相连还可胜任；如果各局域网间的数据传输量大，那么就要改用交换机来取代集线器。

2. 传输距离

以图15-5所示的内容为例，假设4个局域网都是用100BASE-TX 集线器直接连接计算机，并

且将这4个局域网再通过集线器连接起来，那么所形成的大型局域网中，任两台计算机之间的线路总长不得超过 205 m。如果这个局域网都是以交换机直接连接计算机，该局域网再通过交换机传输端口直接连上中央的集线器，则无205 m限制，只需注意每段连线不超过 100 m即可。

15.4　使用交换机连接多个局域网

在10BASE-T或100BASE-TX网络，如果计算机通过交换机连接起来，那么就等于所有计算机都直接接到网桥上（因为两台计算机之间的数据传输，都不会外传到其他不相干的计算机去），所以在10BASE-T或100BASE-TX网络上，都直接使用交换机当作网桥来使用，如图15-6所示。

如果通过交换机将各个局域网连接起来，除了可以形成更大的局域网，延长局域网的传输距离与涵盖范围之外，还可以进一步隔离各局域网络之间的数据传输，使各局域网内的数据传输不会干扰到其他局域网，如图15-7所示。

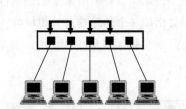

特定两台计算机之间的传输数据不会传到其他计算机中

图15-6　交换机也就是多端口网桥

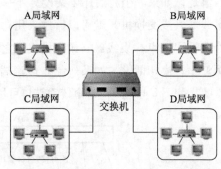

图15-7　使用交换机连接多个局域网

利用交换机连接多个局域网的规划考虑如下。

1. 带宽

以图15-7所述内容为例，假设中心是一台 100BASE-TX 的交换机，如果大多数的数据传输都在局域网内进行，4 个局域网之间的数据传输量不大，换句话说，也就是各局域网对外的数据传输流量不超过100 Mbit/s 时，那么整个网络的运行状况还可以维持在流畅的阶段。如果各局域网对外的数据传输流量超过 100 Mbit/s（例如A 局域网内有 3 台计算机同时传送数据给B局域网内的 3 台计算机），那么被传输数据就会堵塞在交换机内，成为传输的瓶颈。

2. 兼容性

100BASE-TX交换机可以同时支持 10BASE-T 与 100BASE-TX 传输规格，允许其上的传输端口各自采用 10Mbit/s 或 100Mbit/s 的传输速率。使旧网络标准与新网络标准相互连接，大大扩增了兼容性。

3. 传输距离

只需注意每段连线不超过 100 m。

15.5　利用路由器分割网络

与网桥（或 L2 交换机）相比，路由器（或 L3 交换机）增加了能查看信息包内通信协议报头的能力，因此可以担任 OSI 第三层的路由工作，可以根据 IP（或 IPX 或其他可路由通信协议）网络地址将局域网分割成数个子网。在下列三种情况下用到路由器。

1. 过滤广播信息包，提高网络传输效益

虽说网桥（或 L2 交换机）可以根据 MAC 地址过滤数据信息包，但对于目的地址为所有结点的广播信息包可就没办法了。局域网的规模大到某个程度后，数百台的计算机之间不断传来传去的广播信息包，也就成了整个局域网的巨大负担。这时就有必要通过路由器（或 L3 交换机）将整个局域网分割成多个较小的子网，使子网内的广播信息包只在该子网内传递，而不会扩散干扰到其他的子网。为了要使路由器（或 L3 交换机）发挥正常的功能，要先做好适当的配置设置。子网之间如果要通过 TCP/IP 通信协议互连，事先要规划好 IP 地址的分割方式。

2. 连接广域网

局域网要连上广域网要用到路由器，将广域网连线传来的数据信息包转换成局域网可以接受的格式，并将局域网要传出去的数据信息包转换成广域网连线所能接受的格式。

3. 串联不同种类的局域网

由于路由器具备查看信息包内通信报头的能力，能够转换不同结构的信息包，也就成了不同种类网络传输技术互通的桥梁。尤其当两个局域网的间隔距离过长时，例如：一个局域网在北京，另一个局域网却在广州，两个局域网之间就要通过广域连线串联。这时候两个局域网就要分别通过路由器连上同一广域网，进而达到互通目的，如图15-8所示。

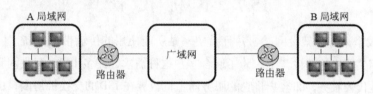

图15-8　通过广域网连接两个局域网

15.6　LAN 与 WAN 的连接

连接到局域网外的世界就要通过广域网连线或其他可以突破布线限制的传输技术，例如无线传输技术。至于该选择哪种广域网连接，就要根据需求而定。为此本节将以各种可能的需求，规划各种适用的方案。

1. 连上互联网访问互联网资源

如果连上互联网的目的是获取互联网资源，浏览网页、收发电子邮件、阅读新闻组文章。可以根据网络使用量来决定要采用何种连接方式连上互联网。如果只是偶尔上网收电子邮件，那么采用调制解调器拨号连接似乎是个最省钱的选择。如果上网的时数很长，那么调制解调器拨号连接所耗掉的电话费过高，这时便可采用计时制 ADSL 连接或双向缆线调制解调器连线，并获得更高的连线带宽。如果一周七天，一天 24 小时，随时都要访问互联网上的资源，且需要很高的连线带宽时，便可以考虑采用价位稍高的专线。除了传输速率更快以外，连线的稳定度也更高。如果有数台计算机想同时通过广域网连线连上互联网，但是 IP 地址的数量却不够，则可以通过操作系统提供的"Internet 连接资源共享"功能解决，让多台计算机可以共用一个 IP 地址连上互联网。本功能是通过"网络地址转译"（Network Address Translation，NAT）机制完成的。

2．连上互联网提供网络服务

如果要架设对外提供服务的网络服务器，那么配发动态 IP 地址的拨号连接、缆线调制解调器连接与计时制 ADSL 连接就不适用了，只剩下固接式 ADSL 连线与专线连线可以选择。除了在自己的局域网上架设网络服务器外，许多网络公司也提供了主机代管服务，由网络公司负责包办网络服务器的安置与维护工作。本章将于 15.7 节介绍主机代管服务的特点。

3．串联局域网

如果只是想通过广域网传输技术串联两个或多个距离较远的局域网，那就不一定要连上互联网。许多 ISP 都提供这种纯专线的连接服务，可以通过这种专线服务连接分隔两地的局域网。不但北京与天津两地的局域网可以连接起来，有些 ISP 公司甚至还提供了可以连到海外的对接连接服务。许多大专院校校园或大工厂的厂区也需要通过广域网传输技术串联分布在各处的局域网。然后视带宽需求与构建成本的考虑，再决定是要布设双绞线还是光纤传输线路。有时两个局域网之间之所以无法直接串联起来，是因为两边有着实际上的布线困难，例如相隔一条河流或一条大马路，这时就可以考虑以无线网络传输技术来串联这两个局域网。

15.7　主机代管

许多公司或个人自行架设网站，并且希望网站所能使用的传输带宽很高，但却不希望花太多钱在专线与相关网络连接设备上。为了迎合客户这种需求，许多 ISP（互联网服务提供者）公司还提供了主机代管服务，即客户将它的服务器主机放置在 ISP 的交换机房内，由网络公司负责服务器的安置与维护工作。主机代管的特点如下。

1．降低网站构建成本

有了主机代管服务，用户就可以省下自己设置网络服务器主机所需的维护人力与资源及专线的租用成本。

2．享用超高的连接带宽

ISP 的机房与机房之间都会通过高带宽的广域网连线连接起来，不同的 ISP 之间也会以高带宽的广域网连线连接起来。将网络服务器安置在 ISP 的机房，可享用 ISP 机房内又快又稳定的连接带宽。

3．空调系统

服务器主机与网络设备在适当的温度与湿度环境下运行，除了使用寿命可以大幅度延长外，随机出错故障的概率也会降低。ISP 的机房内完善的空调系统，正是主机代管的优势之一。

4．不断电系统的保护

ISP 机房内不断电系统与备用发电机系统的支持，可以确保网络设备与服务器主机不会受因意外断电而造成数据流失或故障。

5．机房内有专人监看服务器的运行

ISP 机房内随时都有专业人员监看网络设备与服务器主机的运行状态，能在最短的时间内解决突发性问题。

15.8　大型局域网的规划

在构建一个大型的局域网之前，首先经过完善的规划，避免最后构建完成的网络系统不符合实际的需求。规划网络时要考虑到网络的涵盖范围、结点与网络连接设备之间的距离、网络结点数、传输流量等。

网络的规划不仅要满足目前的需求，还必须顾虑到网络维护、管理与以后的可扩充性。在前面的例子中，因为网络规模都很小，可以不必考虑太多。一旦网络上的结点数量增多、传输范围扩大、传输距离拉长、数据传输量变大，需要从多方面考虑一体化规划。如果网络管理与可扩充性没有一起规划，那么在以后网络管理与扩充时将会遭遇到麻烦，不但浪费宝贵的时间与金钱，扩充网络功能时有可能还要全部重新施工与布线。

1. 工作组

将数台或数十台计算机通过集线器或交换机连接起来所形成的局域网称为网络工作组规模的局域网，如图15-9所示。

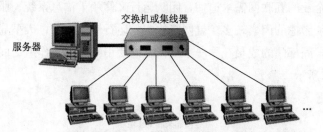

图15-9　工作组规模的局域网

根据工作组所连接的结点数，可以将工作组细分成两类：

① 小型工作组：工作组所连接的计算机少于 20 台。

② 大型工作组：工作组所连接的计算机超过 20 台。

2. 传输主干

在大型的网络系统中，负责连接所有网络工作组的核心线路称为网络传输主干。常见的传输主干构建方式有两种，分别是分布式传输主干与集中式传输主干。

（1）分布式传输主干

分布式传输主干是一种由各个网络工作组互连所形成的传输主干，如图15-10所示。

图15-10　分布式传输主干

（2）集中式传输主干

通过一台专门的传输主干交换机来连接所有的网络工作组便形成了集中式传输主干，如图15-11所示。

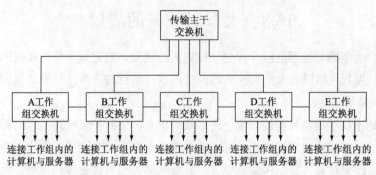

图15-11　集中式传输主干

3．工作组与传输主干的规划

对于三五十人的中小企业来说，常占有较大的地方，空间上也有较大的变动，但多半还是以同一层楼居多，最大的特点就是隔间多，且职务分工较细。面对这样的方案，必须深入了解全公司企业的需求。首先小型网络的基本功能一定要齐备，不管是文件共用或资源共享都要一应俱全，而且现代企业的互联网需求迫切，团队运行又仰赖于信息系统，服务器要备份，即多准备一台，显然必须考虑的因素较多。就网络的实际运行情况来说，大型局域网也是由许多的网络工作组所组成。同部门的成员在同一个工作组内使用网络，工作组之间则通过传输主干连接起来，如图15-12所示。

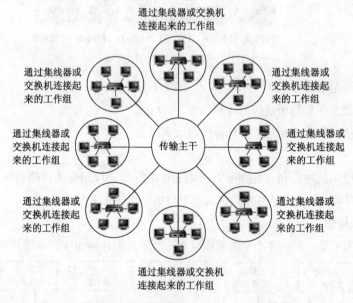

图15-12　利用工作组与传输主干规划网络

4．工作组交换机的最大带宽

100BASE-TX 交换机的最大传输带宽为100 Mbit/s ×传输端口数／2 。这个估算值，也就是厂商设计工作组交换机时，所参考的带宽上限值。以一个 8 端口的工作组交换机来说，如果同一时间其中 4 台计算机分别传送数据给另外 4 台计算机，交换机内部的数据总传输流量便高达100 ×8／2 = 400 Mbit/s。但是，对许多网络使用率不高的小型工作组来说，基本没有机会同时

有一半的计算机传输数据给另一半计算机的极端忙碌情况。有一些为这种小型网络工作组所设计的交换机，内部的最大带宽就远低于这个上限值了，成为传输性能与制造成本之间的折中方案。

5. 传输主干交换机的最大带宽

如果将数台工作组交换机全都连接到某一台带宽更大的交换机，由这台交换机负责所有工作组之间的数据传输，这台交换机便是传输主干交换机。由于传输主干交换机要负责转递所有工作组交换机所传来的数据，所以在设计这种高级的交换机时，就要假设所有的传输端口都有可能同时传送与接收数据，所以传输主干交换机的带宽上限值为：

100Mbit/s × 传输端口数 / 2 × 2，所有传输端口都同时进行传送与接收，故再乘以 2。

传输主干交换机比工作组交换机带宽更大，而且需要较大内存空间来暂存 MAC 地址。此外，为了网络管理上的方便，在高级交换机内建 SNMP 模组，供网络管理人员随时查看整个网络的传输情形。

6. 构建高带宽的网络传输主干

对于100BASE-TX网络来说，L2交换机扮演着网桥的角色，任意两台交换机之间只能有一条固定的传输路径，所以交换机之间只能以星形或树形拓扑串联起来，而无法以网形拓扑串联起来，如图15-13所示。

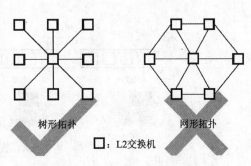

将以太网限制在星形拓扑下，可以让两个结点之间的传输路径只有一条，传输时就不必根据选径路由机制来传递信息包。其缺点是如果两个结点

树形拓扑　　网形拓扑

□：L2交换机

图15-13　以太网网桥的串联限制

之间的唯一传输路径上有某条传输线段或集线器出现故障，那这两个结点就无法互传数据了。为了解决这个缺点，IEEE 协会制定出了 802.1D 扩展树标准，只要网桥（也就是交换机）支持此项标准，便可以互接形成环形或网形拓扑。随后网桥之间会通过网桥协议数据单元（Bridge Protocol Data Unit，BPDU）信息包互相沟通，停用某几条网桥之间的连接，使剩下的可用连线形成一个星形拓扑，维护以太网络的正常运行。以图15-14 为例，4台交换机经过互相协调后，可能会停用 C 与 D 之间的连接。

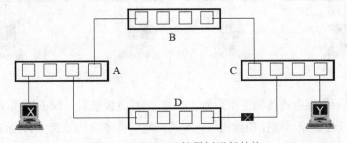

图15-14　802.1D扩展树运行结构

如果 B 与 C 之间的连线出现故障，这时所有的网桥会通过 BPDU 信息包重新协调，启动 C 与 D 之间的连接，重新产生一个可用的星形拓扑网络，如图15-15所示。

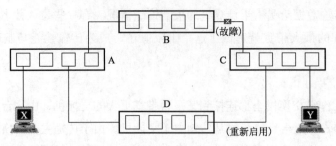

图15-15　802.1D扩展树运行结构

　　尽管支持 802.1D 标准的交换机在实际布线时可以采用环状或网状拓扑，但交换机之间经过协调后还是会去用掉其中几条连线，重新形成星形拓扑来维持以太网的正常运行。如果采用分布式传输主干，随着加入传输主干的交换机数量增多，传输主干所能涵盖的传输范围更广，所能连接的网络结点更多，但整个传输主干的总带宽却没有因而扩增。随着带宽需求的增高，所有的数据传输流量将拥塞在某几台交换机上，较大地降低整个传输主干的运行性能，如图15-16所示。

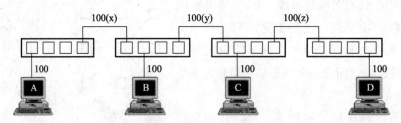

图15-16　分布式传输主干所能承载的数据量较低

　　以图15-16的分布式传输主干来看，A 与 D 互传数据，就会占用掉整个传输主干（线段 x + y + z）的带宽，这时如果 B 与 C 互传数据，则所有的数据都会阻塞在 y 线段上，因而降低了网络传输效益，如图15-17所示。

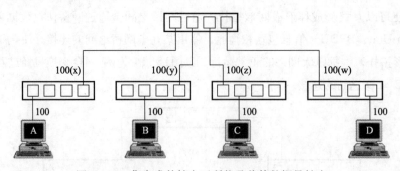

图15-17　集中式传输主干所能承载的数据量较高

　　如图15-17所示的集中式传输主干来看，A 与 D 互传数据时，仅占用线段 x + w 的带宽，这时如果 B 与 C互传数据，则使用线段 y + z 的带宽，并不会传输拥塞，由此看来集中式传输主干所能承载的数据传输量显然高。此外，分布式传输主干上较远的两个结点之间如果要传递数据，数据信息包也要经过数台交换机的传递才能到达目的地，无形中也让传输延迟的情况加重，如图15-18所示。

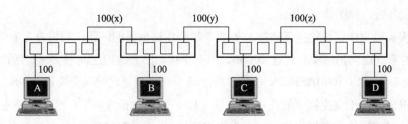

图15-18　分布式传输主干下，传输经过越多台交换机转递，传输延迟越严重

相对的，集中式传输主干上无论哪两个结点之间要通过传输主干传递数据，数据信息包所经过的交换机数量都是固定的，如图15-19所示。

随着带宽需求的增高，采用集中式传输主干将可以获得更高带宽，也可改善传输延迟状况。对于具备传输负载平衡功能的交换机，可以通过多条平行的传输线将两台交换机串接起来，显著提高两台交换机之间的传输带宽。以图15-20为例，在传输负载平衡机制的帮忙下，两条 100Mbit/s 全双工连线可以当作 1 条 200Mbit/s 的全双工传输连线使用，使得两台交换机之间的总数据传输量可高达 400Mbit/s，其中由左至右的 200Mbit/s + 由右至左的 200Mbit/s。

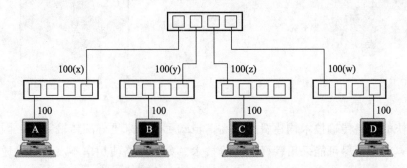

图15-19　在集中式传输主干下，传输途中经过的交换机数量是固定的

支持 IEEE 的 802.1Q 标准的交换机具备了传输负载平衡功能，两台交换机之间便可以有多条的平行传输线，如此一来，不但交换机之间可用的带宽加大，如果其中一条连线出现故障，其他剩余的连线还可担负起交换机之间的数据传输责任，也同时具备了备份的容错特性。

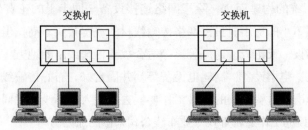

图15-20　传输负载平衡机制

7. 传输距离上的考虑

对于 100BASE-TX 的网络来说，集线器到计算机之间的传输线不能超过 100 m。假设有一个新落成的大楼，每层楼都有 120 m × 120 m 见方的空间，那么集线器的最好摆设位置自然就是每层楼的中央处。如果不巧每层楼的中央处刚好是梁柱，或因其他因素而无法摆设网络连接设备，那么就要在每层楼的两边各设置一个布线柜来安置网络连接设备，以确保网络传输范围可

以遍及办公室各处，如图15-21所示。

如果各楼层以集中式传输主干连接，也要考虑到传输距离的问题。假设办公室在 19 楼，与地下室之间的垂直距离虽然没有超过 100 m，但两个楼层的布线柜之间的实际布线距离却已经超过 100 m，也就无法以 100BASE-TX 连线串接这两个布线柜，这时就要换用 100BASE-FX 光纤连线，或是将传输主干交换机安置在中间楼层（如 9 楼）的布线柜里，可使传输主干交换机直接通过 100BASE-TX 连接各楼层的网络工作组交换机，如图15-22所示。

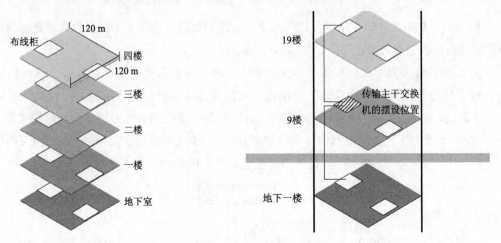

图15-21　布线柜的设置地点需考虑传输距离　　　图15-22　传输主干交换机的设置地点需考虑传输距离

8. 成本效益上的考虑

虽然较快的网络传输技术构建费用较高，但却可以带来更好的传输效益，因此我们建议在合理的成本考虑下尽可能采用较好的传输技术。如果网络使用率不高，可以通过集线器将网络工作组内的计算机连接起来。以后随着网络使用率节节升高，只需以交换机换掉原有的集线器，整个网络工作组的可用带宽便可大幅提高。当然，如果两者的价差有限，就无须多此一举。

9. 容错与扩充性上的考虑

对于一个网络系统的构建而言，除了网络连接设备与网卡上的花费外，网络传输线路布设上的花费也是一项不小的支出。虽说网络传输线材的成本其实不高，但是要将一束又一束的传输线置入办公室隔板、天花板、通风管道等适合放置传输线路的地方、避开电磁干扰源（例如：电源线、发电机、空调设备、高耗电设备等）并固定好，布好传输线路后还要测试线路的传输质量是否合乎标准。这些烦琐的布线工作要耗去布线人员不少的时间与精力，这也就是为什么这类网络线路布设的工作通常都找专业布线公司来做的原因。

10. 服务器专区

服务器专区是一台直接连接到传输主干的网络服务器。将所有网络服务器跟传输主干交换机放在一起，可以在此集中掌握、查看、管理与维护。举例来说，当架设一台电子邮件服务器供全公司员工使用，便可以将这台邮件服务器直接连上传输主干交换机，以确保全公司各处都能通过顺畅的网络连接访问这台邮件服务器。

15.9 网络生命周期

开发一个新的网络系统或修改一个已有的网络系统的过程称之为网络的生命周期。网络的生命周期体现的是一个新的网络或新特征的构思计划、分析设计、实时运行和维护的过程，这个过程在修改之后又要重新开始。这种生命周期与软件工程中的软件的生命周期非常类似。

虽然目前没有哪个生命周期可以完美地描述所有的项目开发，但是网络流程周期和网络循环周期这两种基本的生命周期模型得到了网络工程师的认可和应用。下面针对这两种网络生命周期进行介绍。

15.9.1 网络流程周期

网络流程周期由下述5个阶段组成：

- 需求规范。
- 通信规范。
- 逻辑网络设计。
- 物理网络设计。
- 实施阶段。

由上述5个阶段组成的生命周期又叫做一个流程，因为每一项工作是从一个阶段"流到"下一个阶段，具体的网络流程周期如图15-23所示。

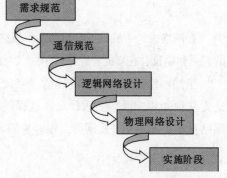

按照这种流程构建网络，在开始下一个阶段之前，前面的每个阶段的工作必须已经完成。一般情况下，不允许返回前面的阶段，如果出现前一阶段的工作没有完成就开始进入下一个阶段，则将造成工期拖延，随之带来严重的超支。

网络流程周期的主要优势在于所有的计划在较早的阶段完成。该系统的所有负责人对系统的具体情况以及工作进度都非常清楚，更容易协调工作。

图15-23 网络流程周期

网络流程周期的缺点是比较死板，不灵活。因为往往在项目完成之前，用户的需求经常会发生变化，这使得已开发的部分需要经常修改，从而影响工作的进程。网络流程周期适用于开发小型项目。

15.9.2 网络循环周期

网络循环周期是从网络流程周期演变而来。它克服了网络流程周期的不灵活性。变化管理是网络循环周期的指导性原则。与网络流程周期不同的是，网络循环周期能够快速适应新的需求，通过几次重复所有阶段来实现，每次循环将产生一个新的版本。网络循环周期由以下4个阶段组成，如图15-24所示。

网络循环周期有以下4个阶段。

- 构思与规划阶段。
- 分析与设计阶段。

- 实施构建阶段。
- 运行与维护阶段。

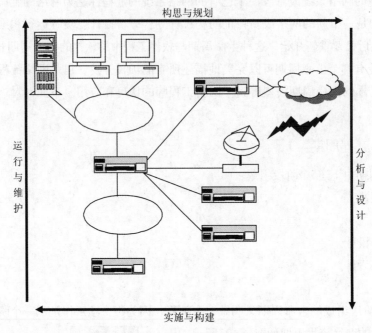

图15-24　网络循环周期

在网络设计中的每一个循环实现最终性能的一个子集，用户就有机会在项目完成之前反馈他们的意见和建议并在新的一轮循环中加以考虑，新的性能被加入，用户提出的问题随之得以解决。

虽然网络循环周期在处理需求变化方面比网络流程周期优越，但也有其自身的缺点，这就是无法预知用户以后要求什么，这样就很难估计出最终的经费和完工日期。更严重的是，按照网络循环周期模型开发网络，很容易陷入没有止境的更新循环中。

15.9.3　网络开发过程

网络开发过程描述了开发一个网络时必须完成的基本任务。网络流程周期和网络循环周期为描述网络项目开发提供了模型依据。同一个网络项目可能不止仅使用一个周期，例如，可以使用网络流程周期描述一个新网络的设计和实施过程，可以使用网络循环周期更好地描述网络升级和维护过程。

设计过程需要一份关于硬件、软件、连接和服务的详细说明书，以确保满足每个项目各自的独特需求。在网络计划者已经分析和确定以下事项后才开始进行设计。

- 现有的网络体系结构。
- 新的需求。
- 设计目标和约束。

将大型问题分解为多个小型可解的简单问题，这是解决复杂问题的常用方法。通过把一个大项目分成多个容易理解、容易处理的部分，分阶段地开发。每个阶段都包括将项目推动到下一个阶段必须做的工作。通常，网络开发过程由以下一系列阶段组成。

- 需求分析。
- 现有的网络体系分析，即通信规范分析。
- 确定网络逻辑结构，即逻辑网络设计。
- 确定网络物理结构，即物理网络设计。
- 安装和维护。

网络流程周期和网络循环周期都可以用图15-25的过程来描述。换句话说，图15-24所描述的过程只是定义了网络生命周期的各个阶段。

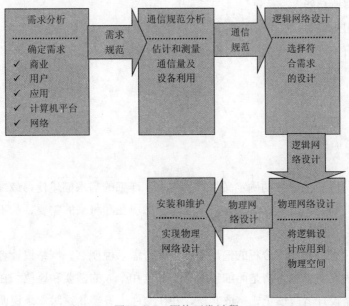

图15-25　网络开发过程

用户对一个项目的评价如何，是根据一个项目的"输出"效果来评价的。一个项目的输出是一个网络。但是为了达到构建实用网络的最终目标，开发小组必须整理出一些相关的材料，例如，需求分析文档、设计文档、评估和报告等。另外，每个阶段都有自己的输出，这些输出将作为下一个阶段的输入。这就像建筑物的地基一样，这些输出构成了强大的体系以支持整个设计。因此，所有记录设计规划、技术选择、用户信息以及上级审批的文件都应该保存好，以便以后查询和参考。

下面介绍网络开发过程的各个阶段，应说明的是，并不是所有的项目都需要所有这些阶段及其输出，小型项目可以跳过一些阶段，或将它们结合起来。只要理解了开发网络项目的各个阶段后，在实际开发过程中就可以灵活运用了。

1. 需求分析

需求分析是开发过程中最关键的阶段，也是经常被忽略的阶段，这是因为需求提供了网络设计应该达到的目标，但是很多时候甚至用户自己也不清楚具体需求是什么，或者需求渐渐增加而且经常发生变化，这就给从多方面搜集和整理信息的工作带来了很大的困难。

收集需求信息不仅要和不同的用户、经理和其他网络管理员交流，而且需要把交流所得信息归纳解释。这个过程意味着要解决不同用户群体之间的需求矛盾。往往是用户和网络管理员之间存在着很大的分歧，网络管理员不清楚用户的需求，用户不理解网络管理员的做法。

收集需求信息是一项费时的工作，也是一个不能立即提供一个确定结果的过程。但是，需求分析有助于设计者更好地理解网络应该具有什么功能和性能，最终设计出符合用户需求的网络，它为网络设计提供了下述的依据：

- 能够更好地评价现有的网络体系。
- 能够更客观地做出决策。
- 提供完美的交互功能。
- 提供网络移植功能。
- 合理使用用户资源。

不同的用户有不同的网络需求，收集需求考虑如下因素：

- 业务需求。
- 用户需求。
- 应用需求。
- 计算机平台需求。
- 网络需求。

在需求分析阶段应该尽量明确定义用户的需求。详细的需求描述使得最终的网络更有可能满足用户的要求。同时，需求收集过程必须同时考虑现在和将来的需要，如不适当考虑将来的发展，以后网络的扩展就很困难。

最后，需要注意的是需求分析的输出是产生一份需求说明书。网络设计者必须规范地把需求记录在一份需求说明书中，清楚而细致地总结单位和个人的需要和愿望。在写完需求说明书后，管理者与网络设计者应该正式达成共识，并在文件上签字。这时需求说明书才成为开发小组和管理者之间的协议，也就是说，管理者认可文件中对他们所要系统的描述，网络开发者同意提供这个系统。

需求说明正式通过后，开发过程就可以进入下一个阶段了。由于新的因素经常出现，引起需求经常有变化，因此主要相关人员应该对网络需求再协商，正式的需求分析过程也使每个人明白任何需求的改变都是有代价的。

2. 现有的网络体系分析

当需要将某一网络改进或升级时，必须分析该网络的体系结构和性能。分析阶段是对需求阶段的补充，需求分析是告诉网络设计者将要做的工作，而网络体系分析则是使网络设计者掌握网络现在所处的状态和情况。

在这一阶段，应给出一份正式的通信规范说明文档，作为下一个阶段（逻辑网络设计）的输入使用。网络分析阶段应该提供的通信规范说明文档内容如下：

- 现有网络的逻辑拓扑图。
- 反映网络容量、网段及网络所需的通信容量和模式。
- 详细的统计数据、基本的测量值和所有其他直接反映现有网络性能的测量值。
- Internet接口和广域网提供的服务质量（QoS）报告。
- 限制因素列表清单，例如，使用线缆和设备等。

３．确定网络逻辑结构

在确定网络的逻辑结构阶段，需要描述满足用户需求的网络行为及性能，详细说明数据是如何在网络上阐述的，此阶段不涉及网络元素的具体物理位置。

网络设计者利用需求分析和现有网络体系分析的结果来设计逻辑网络结构。如果现有的软、硬件不能满足新网络的需求，现有系统就必须升级。如果现有系统能够继续运行使用，可以将它们集成到新设计中来。如果不集成旧系统，网络设计小组可以找一个新系统，对它进行测试，确定是否符合用户的需求。

此阶段最后应该得到一份逻辑网络设计文档，输出的内容包括以下几点。

- 逻辑网络设计图。
- IP地址方案。
- 安全方案。
- 具体的软件、硬件、广域网连接设备和基本的服务。
- 招聘和培训网络员工的具体说明。
- 对软、硬件、服务、员工和培训的费用的初步估计。

４．确定网络物理结构

确定网络物理结构阶段的任务是如何实现给定的逻辑网络结构。在这一阶段，网络设计者需要确定具体的软件、硬件、连接设备、布线和服务。

如何选择和安装设备，由网络物理结构这一阶段的输出作依据，所以网络物理结构设计文档必须尽可能详细、清晰，输出的内容如下：

- 网络物理结构图和布线方案。
- 设备和部件的详细列表清单。
- 软件、硬件和安装费用的估算。
- 安装日程表，详细说明服务的时间以及期限。
- 安装后的测试计划。
- 用户的培训计划。

５．安装和维护

（1）安装

如果前面各个阶段的工作很细致，严格遵守了各个阶段的规范，那么安装工作一般是很顺利的。

安装阶段的主要输出是网络本身。一个好的安装阶段应该产生的如下输出：

- 更新的逻辑网络图和物理网络图。
- 对线缆、连接器和设备做了清晰的标识。
- 为以后的维护和纠错带来方便的记录和文档，包括测试结果和新的数据流量记录。

在安装开始之前，所有的软、硬件必须准备完毕，并对其进行过严格的测试。新的职员、顾问服务、培训和服务协议等资源必须在安装阶段开始前获得。

（2）维护

网络安装完成后，接受用户的反馈意见和监控是网络管理员的任务。网络投入运行后，需要做大量的故障监测和故障恢复以及网络升级和性能优化等维护工作。网络维护又称为网络产品的售后服务。

小　结

本章介绍将从最小的局域网规划开始，并扩增网络规模，完成一次网络规划。在局域网构建中，我们采用了100BASE-TX 以太网络传输技术；构建网络传输主干与广域网连接时，使用了实用的网络传输技术与网络连接设备。主要内容包括使用交叉双绞线连接两台计算机；使用集线器或交换机连接多个结点；使用集线器连接多个局域网；使用交换机连接多个局域网；利用路由器分割网络；LAN 与 WAN 的连接；主机代管；大型局域网的规划和网络生命周期等。通过上述内容的学习，可以在网络系统构建之前经过很好的规划，可以花最少的成本，获得最高的效益。经过周密规划的网络，除了运行效率提高之外，还提高了管理与维护的效率。

拓 展 练 习

1．使用交叉双绞线连接计算机需考虑哪些问题？
2．使用集线器连接计算机需考虑哪些问题？
3．说明使用集线器连接多个局域网的规划。
4．说明常见的传输主干构建方式。
5．什么是分布式传输主干与集中式传输主干。
6．网络流程周期由哪几个阶段组成？
7．网络开发过程由哪几个阶段组成？
8．收集需求考虑哪几个因素？
9．说明网络分析阶段应该提供的通信规范说明文档内容。
10．说明逻辑网络设计文档的输出内容。

第 16 章

物联网

本章主要内容

- 网络基本概念与性能指标
- 物联网的产生与发展
- 物联网概念、特点、分类
- 物联网的体系结构
- 物联网的应用领域

物联网的基本思想出现于20世纪90年代，1999年美国麻省理工学院自动标识中心首先提出物联网概念，提出万物皆可通过网络互连，阐明了物联网的基本含义。之后，国际电信联盟在2005年发布的《ITU互联网报告2005：物联网》年度技术报告中明确指出物联网通信时代已经到来。

16.1 概　　述

本节主要介绍物联网的基本概念、特点、分类，以及主要的应用领域。

16.1.1 物联网的发展

在2008年之后，为了促进科技发展，寻找新的经济增长点，世界各国将下一代的技术规划投向了物联网。同年11月在北京大学举行的第二届中国移动政务研讨会《知识社会与创新2.0》上提出了移动技术、物联网技术的发展代表着新一代信息技术的形成，并带动了经济社会形态、创新形态的变革。2009年欧盟委员会发表了欧洲物联网行动计划，描绘了物联网技术的应用前景，提出欧盟政府要加强对物联网的管理，促进物联网的发展。2009年，奥巴马就任美国总统后，将新能源和物联网列为振兴美国经济的两大重点。

在我国，物联网核心传感网技术研究始于1999年，研发水平处于世界前列。我国政府高度重视物联网的研究与发展，2009年，国务院总理温家宝在无锡视察时发表重要讲话，提出感知中国的战略设想，并指出要求尽快建立中国的传感信息中心，并指出要着力突破传感网、物联网的核心技术及早部署后IP时代相关技术研发，使信息网络产业成为推动产业升级、迈向信息社会的发动机。

物联网（The Internet of Things）的出现是计算机科学技术的新挑战。物联网通信无所不在，所有的物体，从洗衣机到冰箱、从房屋到汽车都可以通过物联网进行信息交换。物联网技术融入了射频识别（Radio Frequency Identification，RFID）技术、传感器技术、纳米技术、智能技术与嵌入技术。物联网技术是将改变人们生活和工作方式的重要技术。

利用物联网能够实现：在日常用品上嵌入一种短距离的移动收发器，在任何时空，人与人之间的沟通连接扩展到人与物和物与物之间的沟通连接。致使人类在信息与通信世界中将获得一个新的沟通维度。具体地说，就是把感应器嵌入和装备到各种物体中，并且连接形成物联网。总结近年来计算机科学技术的变革，得出十五年周期定律，即计算模式每隔15年发生一次变革。1965年前后出现大型计算机，1980年前后出现个人计算机，而1995年前后出现互联网。目前，物联网掀起了又一次科技革命。

可以看出，物联网的发展将经历下述阶段，2010年之前RFID被广泛应用于物流、零售和制药领域，2010~2015年物体互连，2015~2020年物体进入半智能化，2020年之后物体进入全智能化。预测到2020年，世界上物物互联的业务，跟人与人通信的业务相比，将达到30比1。

物联网拥有业界最完整的专业物联产品系列，覆盖从传感器、控制器到云计算的各种应用。产品服务智能家居、交通物流、环境保护、公共安全、智能消防、工业监测、个人健康等各种领域。构建了质量好、技术优、专业性强、成本低，满足客户需求的综合优势，持续为客户提供有竞争力的产品和服务。物联网产业是当今世界经济和科技发展的战略制高点之一，据了解，2011年，全国物联网产业规模超过了2500亿元，到2015年，预计2015年将超过5000亿元。发展前景将超过计算机、互联网、移动通信等传统IT领域。作为信息产业发展的第三次革命，物联网涉及的领域越来越广，其理念也日趋成熟，可寻址、可通信、可控制、泛在化与开放模式正逐渐成为物联网发展的演进目标。而对于智慧城市的建设而言，物联网将信息交换延伸到物与物的范畴，价值信息极大丰富和无处不在的智能处理将成为城市管理者解决问题的重要手段。

16.1.2　物联网概念

物联网技术是一门综合的技术，植根于计算机科学。物联网是一个基于互联网、传统电信网等信息承载体，让所有能够被独立寻址的普通物理对象实现互连互通的网络。物联网通过智能感知、识别技术与普适计算、泛在网络的融合应用，被称为继计算机、互联网之后世界信息产业发展的第三次浪潮。

顾名词义，物联网就是物物相连的互联网，一个覆盖世界上万事万物的互联网，如图16-1所示。

物联网是通过射频识别、红外感应器、全球

图16-1　物物相连的互联网

定位系统、激光扫描器等信息传感设备，按约定的协议，把任何物品与互联网连接起来，进行信息交换和通信，以实现智能化识别、定位、跟踪、监控和管理的一种网络。广义上说，当前涉及信息技术的应用，都可以纳入物联网的范畴，如图16-2所示。物联网的核心和基础仍然是互联网，是在互联网基础上的延伸和扩展的网络；其用户端延伸和扩展到了任何物品与物品之间，进行信息交换和通信。

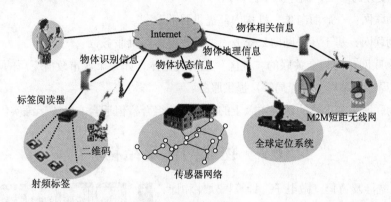

图16—2　物联网

物联网是一个基于互联网、传统电信网等信息承载体，让所有能够被独立寻址的普通物理对象实现互连互通的网络。国际电信联盟发布的ITU报告对物联网做了如下定义：通过二维码识读设备、射频识别装置、红外感应器、全球定位系统和激光扫描器等信息传感设备，按约定的协议，把任何物品与互联网相连接，进行信息交换和通信，以实现智能化识别、定位、跟踪、监控和管理的一种网络。

物联网就是物物相连的互联网。物联网的核心和基础仍然是互联网，是在互联网基础上的延伸和扩展的网络，其用户端延伸和扩展到了任何物品与物品之间，进行信息交换和通信。

16.1.3　物联网的特点

与传统的互联网相比，物联网主要具有实时性、泛在性和智能性。

1. 实时性

物联网是各种感知技术的广泛应用。物联网上部署了海量的多种类型传感器，每个传感器都是一个信息源，不同类别的传感器所捕获的信息内容和信息格式不同。传感器获得的数据具有实时性，按一定的频率周期性的采集环境信息，不断更新数据。

2. 泛在性

它是一种建立在互联网上的泛在网络。物联网技术的重要基础和核心仍旧是互联网，通过各种有线和无线网络与互联网融合，将物体的信息实时准确地传递出去。在物联网上的传感器定时采集的信息需要通过网络传输，由于其数量极其庞大，形成了海量信息，在传输过程中，为了保障数据的正确性和及时性，必须适应各种异构网络和协议。

3. 智能性

物联网不仅仅提供了传感器的连接，其本身也具有智能处理的能力，能够对物体实施智能控制。物联网将传感器和智能处理相结合，利用云计算、模式识别等各种智能技术，扩充其应用领域。从传感器获得的海量信息中分析、加工和处理出有意义的数据，以适应不同用户的不同需求，发现新的应用领域和应用模式。

16.1.4　物联网分类

物联网主要分为四类，简述如下。

① 私有物联网：一般面向单一机构内部提供服务；

② 公有物联网：基于互联网向公众或大型用户群体提供服务；

③ 社区物联网：向一个关联的"社区"或机构群体（如一个城市政府下属的各委办局：如公安局、交通局、环保局、城管局等）提供服务；

④ 混合物联网：是上述的两种或以上的物联网的组合，但后台有统一运维实体。

16.2　物联网体系结构

物联网系统涉及通信、微电子、计算机软件和计算机网络等较多技术领域。物联网体系结构分为三个层次，底层是感知层，中间层是网络层，最上面内容则是应用层。物联网的各层次之间既相对独立又紧密联系，如图16-3所示。

图16-4给出了物联网体系结构更详细的描述。

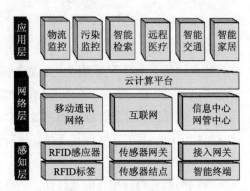

图16-3　物联网体系结构

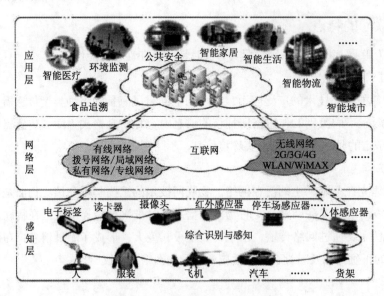

图16-4　物联网体系结构示意图

16.2.1　感知层

感知层处于物联网体系结构的最底层，主要用于采集温度、湿度、压强等各类物理量、物品标识、音频和视频等数据。

1. 感知层的功能

感知层主要完成识别物体和采集数据的功能，主要采集物理世界中发生的物理事件和数据，包括各类物理量、标识、音频、视频等数据。物联网的感知层主要包括安装在设备上的RFID标签和用来识别RFID信息的扫描仪和感应器。如图16-5所示，物联网中被检测的信息是RFID 标签内容。

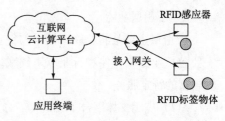

图16-5　RFID 感应方式

2. 感知层的主要技术

感知层涉及的主要技术有RFID技术、传感器、多媒体信息采集、二维码和实时定位技术、无线传感网络技术以及短距离无线通信技术等。

16.2.2　网络层

网络层处于物联网体系结构的中间层，主要包括移动通信网、因特网、网络管理系统和云计算平台等。

1. 网络层的功能

网络层是整个物联网的中枢，主要负责传递和处理感知层获取的信息。能够把感知到的信息无障碍、高可靠性、高安全性地进行传送与处理，网络层也包括信息存储查询，网络管理等功能。为了适应未来物联网的新业务特征，还需要对传统传感器、电信网、因特网进行优化，用于信息的传送。

2. 网络层技术

网络层中所使用的主要技术包括传感网数据的存储、查询、分析、挖掘、理解以及基于感知数据决策和行为的理论和技术。云计算平台作为海量感知数据的存储、分析平台，将是物联网网络层的重要组成部分，也是应用层众多应用的基础。

网络层又分为网络传输平台和应用平台两个子层。

（1）网络传输平台

网络传输平台是物联网的主干网，利用因特网技术、工业以太网技术、无线通信技术及M2M技术，将感知到的信息实时、无障碍、可靠、安全地进行传送，需要传感器网络与移动通信技术、互联网技术相融合。所以需要进一步研究传感网与无线通信网技术、工业以太网技术、RFID及其他数据集成技术。

（2）应用平台

应用平台主要实现各种数据信息集成，包括统一的数据描述、统一数据仓库、数据中间件技术、虚拟逻辑系统的构建等。在此基础之上，构成服务支撑平台，为应用层的各种服务提供开放的接口。应用平台是服务与网络解耦的核心、方便快捷部署逻辑子系统的关键所在。

16.2.3　应用层

应用层处于物联网体系结构的最高层，应用层主要分为应用支撑平台子层和应用服务子层。主要用于支撑不同行业、不同应用和不同系统之间的信息协同、共享和互通，以及各种行业应用。应用层是物联网和用户的接口，它与行业需求结合，实现物联网的智能应用。

1. 应用层功能

应用层主要是将物联网技术与行业专业系统结合，实现广泛的物物互联的应用解决方案，主要包括业务中间件和行业应用领域。物联网应用层利用经过分析处理的感知数据，为用户提供丰富的特定服务。

（1）应用支撑平台子层

应用支撑平台子层用于支持跨行业、跨应用、跨系统之间的信息协同、共享、互通等功能。

（2）应用服务子层

应用服务子层主要包括智能交通、智能医疗、智能家具、智能物流、智能电力、环境监测和工业监控等行业应用。应用可分为监控型（物流监控、污染监控），查询型（智能检索、远程抄表），控制型（智能交通、智能家居、路灯控制），扫描型（手机钱包、高速公路不停车收费）等。

2. 应用层技术

应用层技术主要有中间件技术和云计算技术。

16.3　物联网中的关键技术

16.3.1　RFID技术

射频识别技术是20世纪90年代出现的一种先进的非接触自动识别技术。以简单RFID系统为基础，结合已有的网络技术、数据库技术、中间件技术等，构筑一个由大量联网的阅读器和无数移动的标签组成的、比Internet更为庞大的物联网。RFID系统由电子标签、读写器、微型天线和信息处理系统组成，如图16-6所示。在物联网中，RFID标签中存储着规范的具有互用性的信息，通过无线数据通信网络把它们自动采集到中央信息系统，实现物品的识别，进而通过计算机网络实现信息交换和共享，实现对物品的透明管理。

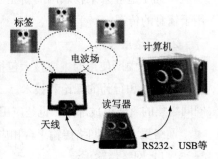

图16-6　射频识别技术

1. 电子标签信息的发射与识别

射频识别技术可以通过无线电讯号识别特定目标并读写相关数据，而无须识别系统与特定目标之间建立机械或光学接触。常用的有低频（125kHz~134.2kHz）、高频（13.56Mhz）、超高频，微波等技术。RFID读写器也分移动式的和固定式的，标签进入磁场后，接收解读器发出的射频信号，借助感应电流所获得的能量发送出存储在芯片中的产品信息（无源标签或被动标签），或者由标签主动发送某一频率的信号（有源标签或主动标签），某些标签可以从识别器发出的电磁场中就可以得到能量，并不需要电池。也有些标签本身拥有电源，并可以主动发出无线电波（调成无线电频率的电磁场）。标签中具有存储的信息，数米之内都可以识别。与条形码不同的是，射频标签不需要处在识别器视线之内。

2. 电子标签信息接收与处理

解读器读取信息并解码后，送至中央信息系统进行有关数据处理。

3．射频识别系统的优点

① 非接触识别，它能穿透雪、雾、冰、涂料、尘垢和条形码无法使用的恶劣环境阅读标签。

② 阅读速度极快，大多数情况下不到100 ms。有源式射频识别系统的速写能力也是重要的优点。可用于流程跟踪和维修跟踪等交互式业务。

③ 应用广泛，将标签附着在一辆正在生产中的汽车，便可以追踪此车在生产线上的进度，仓库可以追踪药品的所在。射频标签也可以附于牲畜与宠物上，方便对牲畜与宠物的积极识别（积极识别意思是防止数只牲畜使用同一个身份）。射频识别的身份识别卡可以使员工得以进入锁住的建筑部分，汽车上的射频应答器也可以用来征收收费路段与停车场的费用。

16.3.2　中间件技术

1．中间件的概念

软件是物联网的灵魂。而中间件就是这个灵魂的核心。中间件、操作系统和数据库已经成为并列的基础软件，而除了操作系统、数据库和直接面向用户的客户端软件之外，凡是能够批量生产的、高度复用的软件都属于中间件。

2．物联网中间件技术

中间件分有多种，例如通用中间件、嵌入式中间件、RFID中间件和M2M物联网中间件等，无处不在。物联网中间件技术的研究受两方面的制约。一方面，受限于底层不同的网络技术和硬件平台，研究内容主要还集中在底层的感知和互连互通方面，距离现实目标包括屏蔽底层硬件及网络平台差异，支持物联网应用开发、运行时共享和开放互连互通，保障物联网相关系统的可靠部署与可靠管理等还有很大差距；另一方面，当前物联网应用复杂度和规模还处于初级阶段，支持大规模物联网应用还存在环境复杂多变、异构物理设备、远距离多样式无线通信、大规模部署、海量数据融合、复杂事件处理、综合运维管理等诸多问题需要攻克。

16.3.3　传感技术

传感技术同计算机技术与通信技术一起被称为信息技术的三大支柱。从仿生学观点，如果把计算机看成处理和识别信息的大脑，把通信系统看成传递信息的神经系统，那么传感器就是感觉器官。传感技术是关于从自然信源获取信息，并对之进行处理（变换）和识别的一门多学科交叉的现代科学与工程技术，它涉及传感器（又称换能器）、信息处理和识别的规划设计、开发、制/建造、测试、应用及评价改进等活动。

1．传感器

获取信息靠各类传感器，它们有各种物理量、化学量或生物量的传感器。传感器的功能与品质决定了传感系统获取自然信息的信息量和信息质量，是高品质传感技术系统的构造关键。

2．无线传感网

由大量监测区域内的微型传感器结点构成的无线传感网，通过无线通信的方式智能组网，形成一个自组织网络系统，具有信号采集、实时监测、信号传输、协同处理、信号服务等功能，能感知、采集和处理网络所覆盖区域中感知对象的各种信息，并将处理后的信息传递给用户。

16.3.4 嵌入式技术

1. 基于物联网的嵌入式系统

物联网是基于互联网的嵌入式系统。物联网的产生是嵌入式技术高速发展的必然产物，更多的嵌入式智能终端产品有了连网的需求，物联网对嵌入式系统的发展提出了要求：第一要多功能化、低功耗、微型化，如无线传感器结点的智能汇集，传感器的设计趋向一体化。第二是嵌入式系统要网络化。

2. 嵌入式系统是固化的软件

嵌入式技术执行专用功能并被内部计算机控制的设备或者系统。嵌入式系统不能使用通用型计算机，而且运行的是固化的软件，终端用户很难或者不可能改变固件。

3. 嵌入式系统的作用

嵌入式系统技术是综合了计算机软硬件、传感器技术、集成电路技术、电子应用技术为一体的复杂技术。以嵌入式系统为特征的智能终端产品随处可见，小到人们身边的MP3，大到航天航空的卫星系统。嵌入式系统正在改变着人们的生活，推动着工业生产以及国防工业的发展。如果把物联网用人体做一个简单比喻，传感器相当于人的眼睛、鼻子、皮肤等感官，网络就是神经系统用来传递信息，嵌入式系统则是人的大脑，在接收到信息后要进行分类处理。

16.3.5 云计算技术

云计算是一种通过Internet，以服务的方式提供动态可伸缩的虚拟化的资源的计算模式。云计算是一种按使用量付费的模式，这种模式提供可用的、便捷的和按所需的网络访问，进入可配置的计算资源共享池。计算资源主要包括网络、服务器、存储、应用软件、服务等。在计算资源共享池中，只需投入少量的管理工作或与服务供应商进行少量的交互，就能够快速提供资源。

1. 云计算特征

云计算是分布式计算、并行计算、效用计算、网络存储、虚拟化、负载均衡等传统计算与网络技术融合与发展的产物。云计算具有以下几个主要特征。

（1）动态资源配置

云计算可为客户提供无限的IT资源扩展能力。根据消费者的需求动态划分或释放不同的物理和虚拟资源，当增加一个需求时，可通过增加可用的资源进行匹配，实现资源的快速弹性提供；如果用户不再使用这部分资源时，可释放这些资源。

（2）需求自助服务

云计算可为客户提供自助化的资源服务。云系统为客户提供一定的应用服务目录，客户可采用自助方式选择满足自身需求的服务项目和内容，用户无须与提供商交互就可自动得到自助的计算资源能力。

（3）便捷访问网络

客户可借助不同的终端设备，通过标准的应用实现对网络访问的可用的能力，进而实现对网络的访问无处不在。

（4）可计量服务

在云服务过程中，针对客户的不同服务类型，通过计量的方法来自动控制和优化资源配置。也就是说，资源的使用可被监测和控制，是一种即付即用的服务模式。

（5）虚拟的资源

借助于虚拟化技术，将分布在不同地区的计算资源进行整合，实现基础设施资源的共享。

2. 云计算的特点

① 数据在云端：不怕丢失，不必备份，可以任意的恢复。

② 软件在云端：不必下载自动升级。

③ 无所不在的计算：在任何时间，任意地点，任何设备登录后就可以进行计算服务。

④ 无限强大的功能：具有无限空间和无限速度。

3. 云计算的主要服务模式

云计算包括下述几个层次的服务。

（1）基础设施即服务

IaaS（Infrastructure as a Service）是基础设施即服务的英文缩写。消费者通过Internet可以获得计算机基础设施的服务。用户在基础设施上部署和运行各种软件，包括操作系统和应用程序。基础设施通过网络向用户提供计算机（物理机和虚拟机）、存储空间、网络连接、负载均衡和防火墙等基本计算资源。

（2）软件即服务

SaaS（Software as a Service）是软件即服务的英文缩写。它是一种通过Internet提供软件的模式，用户无须购买软件，而是向提供商租用基于Web的软件来管理企业经营活动。相对于传统的软件，SaaS解决方案有明显的优势，包括较低的前期成本，便于维护，快速展开使用等。云提供商在云端安装和运行应用软件，云用户通过云客户端（通常是Web浏览器）使用软件。云用户不能管理应用软件运行的基础设施和平台，只能做有限的应用程序设置。

（3）平台即服务

PaaS（Platform as a Service）是平台即服务的英文缩写。PaaS是指将软件研发的平台作为一种服务，以SaaS的模式提交给用户。平台包括操作系统、编程语言的运行环境、数据库和Web服务器，用户在此平台上部署和运行自己的应用。用户不能管理和控制底层的基础设施，只能控制自己部署的应用。因此，PaaS也是SaaS模式的一种应用。但是，PaaS的出现可以加快SaaS的发展，尤其是加快SaaS应用的开发速度。

16.4　传感网与泛在网

1. 传感器与RFID

RFID和传感器具有不同的技术特点，传感器是一种检测装置，能感受到被测量的信息，并能将检测感受到的信息，按一定规律变换成为电信号或其他所需形式的信息输出，以满足信息的传输、处理、存储、显示、记录和控制等要求。它是实现自动检测和自动控制的首要环节。传感器可以监测感应到各种信息，但缺乏对物品的标识能力，而RFID技术具有强大的标识物品能力。RFID是射频识别技术，不是传感器。它主要通过标签对应的唯一ID号识别标志物。 RFID是一种简单的无线系统，只有两个基本器件，该系统用于控制、检测和跟踪物体。尽管RFID也经常被描述成一种基于标签的，并用于识别目标的传感器，但RFID读写器不能实时感应当前环境的改变，其读写范围受到读写器与标签之间距离的影响。因此提高RFID系统的感应能力，扩大RFID系统的覆盖能力是亟待解决的问题。而传感器网络较长的有效距离将拓展RFID技术的应用范围。传感器、传感器网络和RFID技术都是物联网技术的重要组成部分，它们的相互融合和系统集成将极大地推动物联网的应用。

两者都是物联网技术，不同的是传感器技术可以对感知到的物品进行处理，RFID只是识别，没有处理的能力。

2. 物联网与传感网

感知层由智能传感结点和接入网关组成，智能结点感知信息（温度、湿度、图像等），并自行组网传递到上层网关接入点，由网关将收集到的感应信息通过网络层提交到后台处理，如图16-7所示。

无线传感网络技术可以使人们在任何时间、地点和任何环境条件下，获取大量准确、可靠的物理

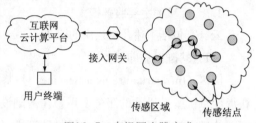

图16-7　自组网多跳方式

世界的信息，这种具有智能获取、传输和处理信息信息功能的网络化智能传感器和无线智能传感器和无线传感器，正在形成IT领域的新型企业。

传感网（Sensor Network）的概念起源于1978年美国国防部高级研究计划局（DARPA）开始资助卡耐基梅隆大学进行分布式传感网络的研究项目，当时此概念局限于由若干具有无线通信能力的传感器结点自组织构成的网络，如图16-8所示。随着近年来互联网技术和多种接入网络以及智能计算技术的飞速发展，2008年ITU-T发表了《泛在传感器网络（Ubiquitous Sensor Networks）》研究报告。在报告中指出传感网络已经向泛在传感网络的方向发展，它是由智能传感器结点组成的网络，可以以任何地点、任何时间、任何人、任何物的形式部署。该技术可以在广泛的领域中推动新的应用和服务。传感网络已成为物联网的重要组成部分，如果将智能传感器的范围扩展到RFID等其他数据采集技术，从技术构成和应用领域来看，泛在传感网络等同于现在的物联网。

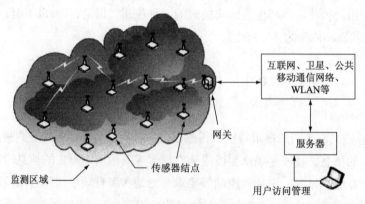

图16-8　无线传感网应用系统

3. 泛在网络

泛在网络是指无所不在的网络。无所不在的网络社会将是由智能网络、先进的计算技术

以及其他领先的数字技术基础设施武装而成的技术社会形态。泛在网络将以无所不在、无所不包、无所不能为基本特征，帮助人类实现在任何时间、任何地点、任何人、任何物都能顺畅地通信，即4A化通信。所以相对于当前可实现性的物联网技术来说，泛在网属于未来信息网络技术发展的理想的长期愿景。

物联网是一个基于互联网、传统电信网等信息载体，使所有能够可以独立寻址的物理对象实现互连互通的网络。在物联网中，每个物体都可以寻址，每一件物体都可以控制。物联网具有普通对象设备化，自治终端互连化和普适服务智能化的重要特征。物联网、泛在网络与传感网之间的关系如图16-9所示。

图16-9　物联网、传感器网与泛在网

16.5　物联网应用领域

物联网的主要应用领域如下所述。

1. 交通

在交通领域，物联网有广泛的应用，下面介绍几种较典型应用。

① 物联网技术可以自动检测并报告公路、桥梁的状况，可以避免过载的车辆经过桥梁，也能够根据光线强度对路灯进行自动开关控制。

② 在交通控制方面，可以通过检测设备，在道路拥堵或特殊情况时，系统自动调配红绿灯，并可以向司机预告拥堵路段、推荐行驶最佳路线。

③ 在公交方面，物联网技术构建的智能公交系统通过综合运用网络通信、GIS地理信息、GPS定位及电子控制等手段，集智能运营调度、电子站牌发布、IC卡收费、ERP（快速公交系统）管理等于一体。通过该系统可以详细掌握每辆公交车每天的运行状况。另外，在公交候车站台上通过定位系统可以准确显示下一趟公交车需要等候的时间；还可以通过公交查询系统，查询最佳的公交换乘方案。

④ 通过物联网技术可以帮助人们更好地找到车位。智能化的停车场通过采用超声波传感器、摄像感应、地感性传感器、太阳能供电等技术，第一时间感应到车辆停入，然后立即反馈到公共停车智能管理平台，显示当前的停车位数量。同时将周边地段的停车场信息整合在一起，作为市民的停车向导，这样能够大大缩短找车位的时间。

2. 建筑

在建筑领域，物联网也有广泛的应用，下面介绍两种较典型应用。

① 通过感应技术，建筑物内照明灯能自动调节光亮度，实现了建筑物的节能环保。

② 建筑物的运作状况也能通过物联网及时发送给管理者。同时，建筑物与GPS系统实时相连接，在电子地图上准确、及时反映出建筑物空间地理位置、安全状况、人流量等信息。

3. 数字图书馆和数字档案馆

在图书馆／档案馆中使用RFID设备之后，从文献的采访、分编、加工到流通，RFID标签和阅读器已经完全取代了原有的条码、磁条等传统设备。将RFID技术与图书馆数字化系统相结合，实现架位标识、文献定位导航、智能分拣等。自助图书馆应用物联网技术之后，借书和还书都是自助的。借书时只要把身份证或借书卡插进读卡器里，再把要借的书在扫描器上划过即可。还书过程更简单，只要把书投进还书口，传送设备就自动把书送到书库。同样通过扫描装置，工作人员也能迅速知道书的类别和位置以进行分拣。

4. 数字家庭

如果简单地将家庭里的消费电子产品连接起来，那么只是一个多功能遥控器控制所有终端，仅仅实现了电视与计算机、手机的连接，只有在连接家庭设备的同时，通过物联网与外部的服务连接，才能真正实现服务与设备互动。应用物联网之后，就可以在办公室指挥家庭电器的操作运行。可以实现个性化电视节目准点播放、家庭设施能够自动报修、冰箱里的食物能够自动补货与调整。

5. 食品安全

在食品安全领域，通过标签识别和物联网技术，可以随时随地对食品生产过程进行实时监控，对食品质量进行联动跟踪，对食品安全事故进行有效预防，极大地提高食品安全的管理水平。

6. 零售

在零售领域，物联网也有广泛的应用，下面介绍两种较典型应用。

① RFID取代零售业的传统条码系统，使物品识别的穿透性（主要指穿透金属和液体）、远距离以及商品的防盗和跟踪有了极大改进。

② 通过在物流商品中植入传感芯片（结点），供应链上的购买、生产制造、包装／装卸、堆栈、运输、配送／分销、出售、服务每一个环节都能无误地被感知和掌握。这些感知信息与后台的GIS／GPS数据库无缝结合，成为强大的物流信息网络。

7. 数字医疗

以RFID为代表的自动识别技术可以帮助医院实现对病人不间断地监控、会诊和共享医疗记录，以及对医疗器械的追踪等。而物联网将这种服务扩展至全世界范围。RFID技术与医院信息系统（HIS）及药品物流系统的融合，是医疗信息化的发展方向。

8. 智能电网

传统的电力输送网络缺少电力动态调度，进而致使电力输送效率不高。统计结果表明，传统电力输送网络上的大量电力消耗在输送途中。但是，通过物联网技术实现的智能电网可以通过信息系统与电网整合，将过去静态而低效的电力输送网络转变为动态可调整的智能网络，对能源系统实时检测，可以根据不同的时段的用电需求，对电力按最优分配。

9. 环境监测

环境监测的内容是通过检测对人类和环境有影响的各种物质的含量、排放量以及各种环境状态参数，跟踪环境质量变化，确保环境质量水平，为环境管理、污染治理、防灾减灾等提供基础信息、方法和质量保证。传统的以人工为主的环境监测模式受测量手段、采样频率、取样数量、分析效率和数据处理等方面的限制，不能及时地反映环境变化和预测变化趋势，以及不能根据监测结果及时产生有关应急措施的反应。物联网技术促进了自主监测方式的发展。大量低成本、小型无线传感器部署在被监控区域，传感器结点包含感知、计算、通信与电池，能够长期而准确地监测环境。结点间通过无线信道构成自组织网络，将感知数据提交到互联网，提供给上层使用。来自物联网的命令也可以通过汇聚结点传送到网中的每个传感器。

小　　结

本章介绍了物联网的产生与发展、物联网概念与相关概念、物联网的特点与分类、物联网研究的主要问题、物联网的体系结构、物联网应用领域等内容。通过这一章的学习，可以对物联网的主要内容有一个初步的了解，为学习与研究物联网技术建立基础。

拓 展 练 习

1．什么是物联网？什么是传感网？什么是泛在网？

2．简述RFID和传感器具有的不同技术特点。

3．说明物联网的特点与分类。

4．说出至少三种物联网的关键技术。

5．物联网具备那些基本特征？

6．物联网体系结构分为几层？

7．说明感知层的主要功能与主要技术。

8．说明网络层的主要功能与主要技术。

9．说明应用层的主要功能与主要技术。

10．说出物联网的五种以上的应用领域。

参 考 文 献

[1] 李环. 计算机网络[M]. 北京：中国铁道出版社，2010.

[2] 陈明. 计算机网络工程[M]. 北京：中国铁道出版社，2010.

[3] 施威铭研究室. 网络概论[M]. 北京：中国铁道出版社，2002.

[4] 谢希仁. 计算机网络[M]. 3版. 大连：大连理工大学出版社，2000.

[5] 华蓓，钱翔，刘永. 计算机网络原理与技术[M]. 北京：科学出版社，1998.

[6] 胡道元. 计算机局域网络[M]. 北京：清华大学出版社，1997.

[7] 陈明. 计算机网络实用教程[M]. 2版. 北京：清华大学出版社，2008.

[8] 陈明. 计算机广域网络教程[M]. 2版. 北京：清华大学出版社，2008.

[9] 陈明. 计算机网络设计教程[M]. 2版. 北京：清华大学出版社，2008.

[10] 陈明. 网络安全教程[M]. 北京：清华大学出版社，2004.

[11] 陈明. 计算机网络协议教程[M]. 2版. 北京：清华大学出版社，2008.

[12] 陈明. 计算机网络设备教程[M]. 2版. 北京：清华大学出版社，2009.

[13] 高传善. 局域网与城域网[M]. 北京：电子工业出版社，1998.

[14] 李海泉，李健. 计算机网络安全与加密技术[M]. 北京：科学出版社，2001.

[15] 王利. 计算机网络实用教程[M]. 北京：清华大学出版社，2001.

[16] 陈鸣. 网络工程设计教程[M]. 北京：北京希望电子出版社，2002.

[17] 张公忠. 现代网络技术教程[M]. 北京：电子工业出版社，2000.

[18] 陈明. 计算机网络[M]. 北京：中国铁道出版社，2012.

[19] 陈明. 物联网概论[M]. 北京：中国铁道出版社，2014.